教育部　财政部职业院校教师素质提高计划成果系列丛书
职教师资培养资源开发项目（VTNE066）
“营养与食品卫生”专业主干课程教材

项目牵头单位：哈尔滨商业大学
项目负责人：郑昌江

烹饪专业教学论

张传军　主编

科学出版社
北京

内 容 简 介

本书是根据教学论的一般原理，结合烹饪教学特点，在遵循教育教学普遍性与特殊性、复杂性与灵活性的基础上，积极对烹饪专业教育教学中出现的问题和现象进行深入研究，探索烹饪专业的教学目标、教学规律、教学过程及教学原则，其核心内容是研究教师怎样教和学生怎样学的专业教学理论，主要包括烹饪专业教学目标、教学过程、教学内容、教学媒体、教学评价、教学研究及相关课程教学方法的运用等问题，是指导烹饪专业教学实践的专业课程配套教材。

本书既可作为高等院校烹饪与营养教育专业本科教材，也可作为酒店管理和相关专业及培训的教材。

图书在版编目（CIP）数据

烹饪专业教学论 / 张传军主编．—北京：科学出版社，2017.6
教育部 财政部职业院校教师素质提高计划成果系列丛书
ISBN 978-7-03-053424-8

Ⅰ. ①烹… Ⅱ. ①张… Ⅲ. ①烹饪－高等职业教育－教材
Ⅳ. ① TS972.1

中国版本图书馆CIP数据核字（2017）第134267号

责任编辑：王玉时 韩书云 / 责任校对：王 瑞
责任印制：赵 博 / 封面设计：迷底书装

科学出版社 出版
北京东黄城根北街16号
邮政编码：100717
http://www.sciencep.com
中煤（北京）印务有限公司印刷
科学出版社发行 各地新华书店经销
*
2017年6月第 一 版 开本：787×1092 1/16
2025年7月第八次印刷 印张：12 1/2
字数：300 000

定价：78.00元

（如有印装质量问题，我社负责调换）

《烹饪专业教学论》编写人员名单

主　编　张传军

编　委　（按姓氏汉语拼音排序）

陈海云（吉林农业科技学院）

魏　登（吉林农业科技学院）

张传军（吉林农业科技学院）

钟　宝（吉林农业科技学院）

主　审　郑昌江（哈尔滨商业大学）

出版说明

《国家中长期教育改革和发展规划纲要（2010—2020年）》颁布实施以来，我国职业教育进入到加快构建现代职业教育体系、全面提高技能型人才培养质量的新阶段。加快发展现代职业教育，实现职业教育改革发展新跨越，对职业学校“双师型”教师队伍建设提出了更高的要求。为此，教育部明确提出，要以推动教师专业化为引领，以加强“双师型”教师队伍建设为重点，以创新制度和机制为动力，以完善培养培训体系为保障，以实施素质提高计划为抓手，统筹规划，突出重点，改革创新，狠抓落实，切实提升职业院校教师队伍整体素质和建设水平，加快建成一支师德高尚、素质优良、技艺精湛、结构合理、专兼结合的高素质专业化的“双师型”教师队伍，为建设具有中国特色、世界水平的现代职业教育体系提供强有力的师资保障。

目前，我国共有60余所高校正在开展职教师资培养，但由于教师培养标准的缺失和培养课程资源的匮乏，制约了“双师型”教师培养质量的提高。为完善教师培养标准和课程体系，教育部、财政部在“职业院校教师素质提高计划”框架内专门设置了职教师资培养资源开发项目，中央财政划拨1.5亿元，系统开发用于本科专业职教师资培养标准、培养方案、核心课程和特色教材等系列资源。其中，包括88个专业项目，12个资格考试制度开发等公共项目。该项目由42家开设职业技术师范专业的高等学校牵头，组织近千家科研院所、职业学校、行业企业共同研发，一大批专家学者、优秀校长、一线教师、企业工程技术人员参与其中。

经过三年的努力，培养资源开发项目取得了丰硕成果。一是开发了中等职业学校88个专业（类）职教师资本科培养资源项目，内容包括专业教师标准、专业教师培养标准、评价方案，以及一系列专业课程大纲、主干课程教材及数字化资源；二是取得了6项公共基础研究成果，内容包括职教师资培养模式、国际职教师资培养、教育理论课程、质量保障体系、教学资源中心建设和学习平台开发等；三是完成了18个专业大类职教师资资格标准及认证考试标准开发。上述成果，共计800多本正式出版物。总体来说，培养资源开发项目实现了高效益：形成了一大批资源，填补了相关标准和资源的空白；凝聚了一支研发队伍，强化了教师培养的“校—企—校”协同；引领了一批高校的教学改革，带动了“双师型”教师的专业化培养。职教师资培养资源开发项目是支撑专业化培养的一项系统化、基础性工程，是加强职教教师培养培训一体化建设的关键环节，也是对职教师资培养培训基地教师专业化培养实践、教师教育研究能力的系统检阅。

自2013年项目立项开题以来，各项目承担单位、项目负责人及全体开发人员做了大量深入细致的工作，结合职教教师培养实践，研发出很多填补空白、体现科学性和前瞻性的成果，有力推进了“双师型”教师专门化培养向更深层次发展。同时，专家指导委员会的各位专家以及项目管理办公室的各位同志，克服了许多困难，按照两部对项目开发工作的总体要求，为实施项目管理、研发、检查等投入了大量时间和心血，也为各个项目提供了专业的咨询和指导，有力地保障了项目实施和成果质量。在此，我们一并表示衷心的感谢。

教育部 财政部职业院校教师素质
提高计划成果系列丛书编写委员会
2016年3月

前　言

烹饪专业教学论是以烹饪教育过程和烹饪专业教学问题为研究对象，以烹饪专业教学基本理论和教学评价方法为主要内容，揭示烹饪教育的一般原理和烹饪教育教学的特殊规律并服务于烹饪专业教学实践的一门重要的专业课程。

本书是为适应我国烹饪教育迅速发展的需要，大力培养和提高具有现代知识水平的中高等职业院校专业教师和管理者，建立现代职业教育体系而编写的一本高等烹饪专业教材。在本书编写过程中，以烹饪技术为核心，以教育学、课程论、教学论等领域研究的成果为理论支撑，结合烹饪专业教育教学特点，力求做到：①普遍性与特殊性相融合，在遵循教育教学普遍性的同时，也体现了烹饪专业教学的实践性、复杂性和灵活性；②理论性与实践性相统一，反映出用教学理论来指导实践，而通过教学实践又能解决烹饪专业教学中的深层次矛盾；③通俗性与实用性相一致，在文字上力求具有通俗易懂、语言流畅、结构完整、实用性强的特点，展现了应用型人才培养的时代特征。

本书既是高等院校烹饪与营养教育专业本科教材，又可作为酒店管理和相关专业及培训教材。全书共分为三个部分，分别为绪论、第一篇烹饪专业教学的基础理论和第二篇烹饪专业主干课程的教学方法。具体分工如下：吉林农业科技学院张传军编写绪论、第七章、第九章；吉林农业科技学院钟宝编写第一章至第四章；吉林农业科技学院魏登编写第五章、第六章、第十章、第十一章；吉林农业科技学院陈海云编写第八章、第十二章、第十三章。哈尔滨商业大学郑昌江教授主审。在本书编写过程中，编者参考了大量的文献资料，在此一并向其作者致谢。

由于编者水平有限，加之本书又是我国正式出版的第一部烹饪专业教学论的教材，无论是内容上还是体例上都是一种新的尝试，难免存在不妥之处，敬请广大读者予以批评指正。

编　者

2017年1月

目　录

绪论……1
第一节　烹饪专业教学论概述……1
一、教学及教学论……1
二、烹饪专业教学论……2
三、烹饪专业教学论的研究对象……3
第二节　烹饪教育的起源与发展……5
一、烹饪教育的萌芽……5
二、烹饪教育的发展……6
三、烹饪教育的形成……9
四、烹饪教育未来的发展趋势……12
第三节　烹饪专业教学……12
一、烹饪专业教学的特点……12
二、烹饪专业教学改革……16
第四节　烹饪行业的岗位分析及人才素质要求……17
一、烹饪行业的岗位分析……17
二、烹饪行业技术人才的素质要求……21

第一篇　烹饪专业教学的基础理论

第一章　烹饪专业教育与教学目标……25
第一节　烹饪专业教育目标……25
一、烹饪专业教育目标的含义……25
二、烹饪专业教育目标的层次结构……25
第二节　烹饪专业教学目标……29
一、烹饪专业教学目标的基本内涵……29
二、烹饪专业教学目标的特性与功能……30
三、烹饪专业教学目标的制订……31
第二章　烹饪专业教学过程……40
第一节　烹饪专业教学过程的概述……40
一、烹饪专业教学过程的概念……40
二、烹饪专业教学过程的属性分析……41

三、烹饪专业教学过程的基本要素……42
四、烹饪专业教学过程的规律……57
五、烹饪专业教学过程的基本阶段……58
第二节　烹饪专业教学过程的动力……61
一、烹饪专业教学过程动力的内涵……61
二、烹饪专业教学过程动力矛盾说……61
第三节　烹饪专业教学过程的本质……70
一、烹饪专业教学过程的本质观……70
二、教学过程本质研究……73
三、烹饪专业教学原则……75
四、烹饪专业教学的优化路径……79

第三章　烹饪专业教学内容……83

第一节　烹饪专业教学内容的选择与组织……83
一、烹饪专业教学内容选择的影响因素……83
二、烹饪专业教学内容选择的依据……85
三、烹饪专业教学内容的组织原则……88
四、烹饪专业教学内容的组织方法……89
第二节　烹饪专业教学内容的类型与结构……90
一、烹饪专业教学内容类型的含义及其类型……90
二、烹饪专业教学内容的结构……91
第三节　烹饪专业教学内容的开发设计……91
一、烹饪专业教学内容开发设计的概念……91
二、烹饪专业教学内容开发设计过程……92
三、烹饪专业校本教材的开发……93
第四节　烹饪专业教学内容的实施与评价……94
一、烹饪专业教学内容的实施……94
二、烹饪专业教学内容的评价……96

第四章　烹饪专业教学媒体……101

第一节　烹饪专业教学媒体概述……101
一、媒体、教学媒体……101
二、教学媒体分类……101
三、烹饪专业教学媒体的功能……105
四、烹饪专业教学媒体在教学中的作用……105
第二节　烹饪专业教学媒体的应用及发展趋势……107
一、烹饪专业教学媒体的选择依据……107
二、烹饪专业教学媒体的应用……107
三、烹饪专业教学媒体的发展趋势……108

第五章 烹饪专业教学评价 ········ 110
第一节 烹饪专业教学评价概述 ········ 110
一、烹饪专业教学评价的含义 ········ 110
二、烹饪专业教学评价的功能 ········ 111
三、烹饪专业教学评价的原则 ········ 112
第二节 烹饪专业教学评价类型 ········ 114
一、按教学评价的作用分类 ········ 114
二、按教学评价的方式分类 ········ 117
三、按教学评价的分析方法分类 ········ 119
四、按教学评价的对象分类 ········ 119
第三节 烹饪专业教学评价的内容与步骤 ········ 120
一、烹饪专业教学评价的内容 ········ 120
二、烹饪专业教学评价的步骤 ········ 123
第六章 烹饪专业教学研究 ········ 133
第一节 烹饪专业教学研究概述 ········ 133
一、烹饪专业教学研究的含义 ········ 133
二、烹饪专业教学研究的内容及方法 ········ 133
三、开展烹饪专业教学研究的教师应具备的素质 ········ 135
第二节 烹饪专业教学研究选题 ········ 136
一、烹饪专业课题的来源 ········ 136
二、烹饪专业课题选择的一般步骤 ········ 138
三、烹饪专业课题选择的原则与方法 ········ 140
四、烹饪专业课题选择的策略 ········ 142
五、烹饪专业课题名称的表述 ········ 143
六、书写烹饪专业课题立项书 ········ 145
第三节 烹饪专业毕业论文写作指导 ········ 145
一、毕业论文写作的目的和意义 ········ 145
二、毕业论文写作的程序与要求 ········ 145
三、格式规范要求 ········ 149

第二篇 烹饪专业主干课程的教学方法

第七章 烹饪化学的教学方法 ········ 153
第一节 教学方法的选择 ········ 153
一、烹饪化学课程分析 ········ 153
二、适宜采用的教学方法 ········ 153
第二节 教学方法的运用 ········ 155

一、教学目标……156
二、教学重点……156
三、教学设备及原料……156
四、教学过程……156
第八章　烹饪原料学的教学方法……157
第一节　教学方法的选择……157
一、烹饪原料学课程分析……157
二、适宜采用的教学方法……157
第二节　教学方法的运用……158
一、教学目标……159
二、教学重点及难点……159
三、教学准备……159
四、教学过程……159
第九章　饮食营养卫生学的教学方法……160
第一节　教学方法的选择……160
一、饮食营养卫生学课程分析……160
二、适宜采用的教学方法……160
第二节　教学方法的运用……163
一、教学目标……163
二、教学重点及难点……163
三、教学准备……163
四、教学过程……163
第十章　烹饪工艺学的教学方法……164
第一节　教学方法的选择……164
一、烹饪工艺学课程分析……164
二、适宜采用的教学方法……164
第二节　教学方法的运用……169
一、教学目标……170
二、教学重点……170
三、教学工具及材料……170
四、教学过程……170
第十一章　烹调原理的教学方法……171
第一节　教学方法的选择……171
一、烹调原理课程分析……171
二、适宜采用的教学方法……171
第二节　教学方法的运用……172

一、教学目标……172
二、教学重点……173
三、教具……173
四、教学过程……173

第十二章　餐饮企业管理的教学方法……174

第一节　教学方法的选择……174
一、餐饮企业管理课程分析……174
二、适宜采用的教学方法……174
第二节　教学方法的运用……178
一、教学目标……178
二、教学重点……178
三、教学所用设备及软件……178
四、教学过程……178

第十三章　中国饮食文化课程的教学方法……179

第一节　教学方法的选择……179
一、中国饮食文化课程分析……179
二、适宜采用的教学方法……179
第二节　教学方法的运用……181
一、教学目标……182
二、教学重点……182
三、教具……182
四、教学过程……182

主要参考文献……184

绪　论

学习目标

烹饪专业教学论有着教学论的一般共性，但又有其独有的特点。通过本章的学习，使学生充分了解烹饪教育的发展、餐饮业的岗位种类及其作用，认识烹饪专业教学论的主要任务和研究对象，熟悉和掌握烹饪专业教学论的研究内容和教学规律。

知识导入

烹饪教育在我国起步较晚，到20世纪末才真正步入高等职业教育阶段。虽然培养的侧重点有所不同，但办学中也取得了良好的成果。另外，由于烹饪教育的特殊性，原有的普通烹饪教学法仅局限于教学方法的研究，对高等烹饪教育深层原理和规律涉及较少，已经不能满足高等烹饪教育的需求。烹饪专业教学论以烹饪教育现象和烹饪专业教学问题为研究对象，结合了烹饪教学的特点，研究内容包含了烹饪教学内容和烹饪专业教学理论，对烹饪专业教育教学进行了全方位的论述和分析。

第一节　烹饪专业教学论概述

一、教学及教学论

（一）教学

“教”在我国古代文献中记载有教授、教诲、教化、告诫、令使等含义。《说文解字》写道：“教，上所施，下所效也。”后人分析，“施”就是操作、演示，即传授蓍占和龟卜；“效”就是模仿、仿效，即学习蓍占和龟卜。《广雅》写道：“学，识也。”《礼记·中庸》中有“好学近乎知”等解释，因而“学”是学习、模仿的意思。“教”和“学”是被单独解释的。戴圣在《学记》中提出“教学相长”的观点后，“教学”才有“教与学”双向活动的含义，但与“教育”一词意义相近。

自近代教育开始以来，关于教学的定义有很多种，并形成了许多观点。在我国，主要继承了前苏联一些教育家的观点及解释，并形成了自己的表述：教学是教师的“教”和学生的“学”的活动，是学生在教师的指导下掌握各种知识技能、发展能力、提高修养、增强体质并具备一定的品德修为的动态过程。教学是教师依据一定的教育目的（或称教育目标），以传授和掌握知识为基础，促进学生整体素质发展的教与学相统一的教育活动。

教学的上位概念是教育，它是实施教育的一种基本形式，是授课教师向学生进行有意识、有目的的“教”与学生的“学”的双边活动。教学不仅要让学生掌握知识、技能，还要发展学生的智力、体力、道德人格、情感、美感和其他方面，因此可以这样说，教学也是一种人的社会交往活动。教育是指一切培养人的活动；广义上的教学概念与此相近，是教师指导学生进行学习的活动，而狭义的教学专指学校教育，是各级各类学校中教师和学生之间的教学活动，这种活动既可以在课堂上进行，也可以在课外进行。

（二）教学论

教学论也称教学法、教学理论，是研究教学一般规律的科学。

教学论是教育科学的一个重要分支，它研究的主要内容包括教学在整个教育活动中的地位与作用、目的与任务、教学过程、教学原则、教学内容、教学方法、教学组织形式、教学手段、教学评价等。在当代，随着教育科学的发展，它已成为相对独立的学科。教学论的研究是在教育学的一般理论基础上，对教学理论的历史遗产、现实的教学实践经验及各科教学法的研究成果加以理论概括。我国开设了诸多相应的学科理论教学课程，课程与教学论成为它的二级学科，在培养教学队伍的建设中将教学论的理论知识应用于实践。

在学术界，往往将课程论与教学论分开研究。在教育发展历程中，围绕着教学的现象和问题，探索教学规律，重视教学在整个教学过程中的地位，形成了教学论的研究领域；在西方国家，尤其在近代教育学发展的过程中，教育家及一些理论研究者往往倾向于课程的研究，因此形成了课程论这一研究领域。随着教育科学的深入发展，课程论与教学论一样，已形成为相对独立的学科。教学论和课程论研究的基础都建立在教育学的一般理论上。但是，教学与课程的关系问题，至今仍然是众说纷纭，梳理一下，大致有以下几种类型：一是重课程轻教学，认为先有课程才有教学，教学是为课程服务的；二是重教学轻课程，认为教学是第一位的，只有有了教学，才有可能去开发课程，为教学服务；三是教学与课程是相对独立的，教学与课程是两个相对独立的系统，两者是矛盾的关系；四是课程与教学既有区别又有联系，是相互统一的。我们认为，课程与教学是密切相关、相互统一的关系，教学离不开课程，课程更离不开教学。

作为教育学的组成部分，教学论应解决以下几个实际问题：根据国家的教育方针和教育目的，学生应该掌握哪些知识；根据学生的身心发展水平及个性特征，应该接受哪些系统的知识；学生的学习动机如何激发，应掌握哪些学习方法；在对学生的培养过程中，如何对他们的情感、道德及世界观进行塑造；教师在教授知识时应该具备哪些基本的素质等。因此可以说，教学论所要解决的问题，都来源于教育和教育学中最基本的原理和方法。掌握科学文化知识和技能及形成道德、情感、世界观等，是教育应该解决的问题。要获得教育，只有通过教学才能完成，教学是获得教育的一个途径。教学是教师与学生的双边活动，教师通过指导，使学生获得知识技能；学生通过学习，既获得相应的知识技能，又形成自己系统的人生观、世界观。由此可见，教学论将教育和教学这些问题紧密地联系在一起。值得注意的是，作者所讲的教学论，主要研究的是教学活动中的现象和问题，最主要的目的是探索怎样做到教师科学的“教”和学生有效的“学”。

二、烹饪专业教学论

烹饪专业教学论是根据教学论的一般原理，研究烹饪专业教育教学中的现象和问题，结合烹饪教学的特点，探索在烹饪教育过程中烹饪教学的规律、原则和方式、方法，用以指导烹饪专业教学的一门专业教学论。

普通意义上的教学论所阐述的原理是共性的，对不同阶段的学生及各门学科专业具有普遍的理论和实践指导意义。但是对于一些比较特殊的专业，考虑到学生的身心发展水平及特点，在教学过程中应该加以特殊对待，将教学论的普遍性指导与专业的特殊性紧密结合起来，才能更好地完成教学任务，提高教育教学质量。因而，烹饪专业教学论从普遍意义上的教学论中分离出来，成为一门独立的指导烹饪专业教育教学的专业教学论。烹饪专业教育历来都以培养烹饪专业人才为主要目标，带有明显的职业性，烹饪专业教学论就是研究烹饪专业领域内教育教学现象及问题的一门专业教学论课程。

当然，烹饪专业教学论作为一门相对独立的学科，它与普遍意义上的教学论有着紧密的联系，是由教学原理的共性结合烹饪专业教学的个性产生的。因为教学论所揭示的是教学的一般规律，与烹饪专业教学的特点和自身规律结合起来，才使教学论的研究工作得以不断深入发展；否则，一般性的理论就会和具体的教学脱节，成为一种模糊的、公式化的内容。无论是中等烹饪职业教育还是高等烹饪职业教育，在教学上既有相同点，又有不同之处，在教学任务、教学内容、教学组织形式和教学方法上都有其特殊性。它与其他学科具有的教学共性决定了教学论的一般原理对它的指导意义；它的个性，决定了研究烹饪教学论的必要性。烹饪专业教学论是以辩证唯物主义认识论、方法论及教育学、心理学的基本理论为指导，通过对烹饪教学历史和现状、理论和实践、经验和教训的总结，探讨烹饪教学过程的特殊规律、原则和方法，形成对烹饪教学实践的指导，它把教学论的一般原理和烹饪教学的实践相结合，是一般教学理论的具体化、特殊化。它的每一项研究成果都要立足于烹饪教学实践，运用科学的教育教学理论对烹饪教学实践作出理性的阐述，并提出烹饪教学应遵循的原则和应运用的方式、方法，从而实现帮助烹饪教学工作者自觉地认识、利用烹饪教学规律，采取恰当的教学组织形式，运用科学的教育、教学方法，取得最佳教学效果的目的。显然，它的每一项研究成果，又都需要回到烹饪教学实践中，接受实践的检验。

三、烹饪专业教学论的研究对象

烹饪专业教学论的核心内容是研究教师怎么教和学生怎么学的有关教学的理论，主要涉及教学内容、教学过程、教学目标、教学媒体、教学评价、教学研究、教学方法及教学问题。实质上，教学论离不开两大主题，即课程和教学。历来的研究多把这两者内容分开，课程研究主要以西方为主，而我国历来重视教学研究。当代许多学者研究发现，无论是课程还是教学，两者之间并不能独立的，二者之间有着千丝万缕的联系。在教学论研究中，将课程称为“教学内容”。

实践证明，课程与教学是密切联系、相互渗透、难以严格分割的整体，烹饪专业教学论实质上是通过对烹饪专业教学内容与教学问题的研究，来认识烹饪专业教学现象，并揭示教学规律和引领课程与教学实践。

（一）烹饪专业教学内容

烹饪专业教学内容，即烹饪专业课程，是以烹饪专业课程问题作为研究对象，围绕着烹饪专业课程这个中心研究烹饪专业课程体系的设置、教学内容的选择与组织、教学内容的编制、校本教材开发、教学内容实施及评价等。

烹饪专业教学内容的首要问题是内容选择，教学内容的选择不仅要考虑学科需要，更要考虑烹饪专业学生未来的职业发展需要。它受到学校、社会、专业本身、行业发展、企业等直接或间接的影响。烹饪专业教学论研究的教学内容问题或者说课程问题，集中在4个方面：一是指导性的课程规定，如课程大纲、课程标准、课程计划、教学指南、教材等；二是教学的开展，如课程设计、课程实施和课程评价等课程研制活动，这是一个动态的设计过程；三是处理课程的关系问题，如教学内容之间的兼容问题、教学内容中的内在逻辑关系问题、教学内容与教学目标及课程目标之间的关系、教学内容组织与文化结构及学生发展的关系、教学内容实施过程与结果评价之间的关系等；四是烹饪专业课程实践，如课程实施、课程评价及校本教材的开发等问题。

（二）烹饪专业教学过程

烹饪专业教学过程主要研究教学过程中的主要因素、教学原则的本质等问题，探明教学的本质及其规律等深层次的问题，揭示烹饪专业教学过程的内部关系及其之间的相互作用，是烹饪专业教学论的一个重要任务。具体包括：烹饪专业教学过程的概念、烹饪专业教学过程的属性分析、烹饪专业教学过程的基本要素、烹饪专业教学过程的规律、烹饪专业教学过程的基本阶段、烹饪专业教学过程的动力、烹饪专业教学过程的本质等。

（三）烹饪专业教学目标

教学目标是教学活动开展的指导性纲领，主要研究内容分为两个大方向：第一，烹饪专业教育目标，包括烹饪专业教育目标的含义和烹饪专业教育目标的层次结构；第二，烹饪专业教学目标，包括烹饪专业的基本内涵、烹饪专业教学目标的特性与功能、烹饪专业教学目标的制订。

（四）烹饪专业教学媒体

烹饪专业教学媒体主要研究教学媒体的概念、性质和教学功能，教学媒体的选择依据和思路，常规教学媒体和技术的设计模式，多媒体教学设计的过程，并能够在学习过程中合理选择现代教学媒体为烹饪专业教学提供帮助。

（五）烹饪专业教学评价

烹饪专业教学评价主要研究烹饪专业教学评价的基本含义、功能、分类及评价方法等内容，并能对烹饪专业教学进行评价，在内容实施过程中进行评价。

（六）烹饪专业教学研究

烹饪专业教学研究主要包括烹饪专业教学研究的概念、内容方法，开展教学研究的教师应具备的素质，烹饪专业教学研究选题，并能指导学生开展教学研究，进行毕业论文的写作。

（七）烹饪专业教学方法

烹饪专业教学方法种类很多，如讲授法、案例教学法、项目教学法、学导式教学法等，本书将教学方法与具体课程相结合，研究适合烹饪专业不同课程的教学方法。

（八）烹饪专业教学问题

烹饪专业教学论的研究对象之一是烹饪专业教学问题。围绕着烹饪专业教学过程这个中心，对烹饪专业理论与实践教学、教学设计、教学模式、教学方法与手段、教学管理及教学的实施评价等方面的现象和问题进行分析研究，揭示烹饪专业教育教学规律。

烹饪专业教学论作为教学论的一个分支学科，是一个崭新的研究领域。在我国烹饪教育发展历程中，历来重视烹饪教学研究，但是多集中于研究烹饪教学方法，即烹饪教学法，随着高等烹饪教育的发展，尤其从20世纪末开始，一批本科院校申办烹饪与营养教育专业并招生后，单纯地从烹饪教学方法入手解决烹饪专业教学遇到的问题，已经不能适应高等烹饪教育发展的需求。

传统的烹饪教学法将烹饪专业教学研究对象定位于教与学实践活动中的一般问题，以研究“学”为根本，研究“教”是为了“学”，这一教学论的基础是主体教育论，也可称为“学本论”。现代教育理论在教学问题的研究和教学过程中，真正确立主体教育的观念，将学生视为活生生的富有灵性和思维的人，是有丰富个性且不断发展的认识主体，将教学过程视作学生在教师指导下有目的地去获取对于客观世界认识的知识，进而发展社会适应性的能动的反映过程。“学”是认识的主体、发展的主体，在教学过程中表现出独立性、主动性和创造性。“学”的实践活动则决定着认识的起点、范围、程度水平和个性差异。传统教学论的研究对象虽也强调对“学”的研究，并试图将“教”和“学”二者并重，但由于受传统“三中心”教学思想的影响，最终仍未跳出“教”论的窠臼。现代教学论将“学”作为研究的逻辑起点、目的和归宿，研究“教”是为了更好地“学”。这一教学论可以使教学过程真正成为发挥学生主动性、积极性、创造性的过程，并使学生成为学习的主人。从建构现代教学论的要求、烹饪教育发展及教学实践的要求出发，烹饪专业教学论在其研究对象的确定过程中应确立问题意识，即以烹饪教学实践中的问题为对象，并通过问题的研究，抽象、概括地揭示出烹饪教学的本质和规律。因此，烹饪专业教学论的研究对象，就是教学实践中的一般问题、教学及其过程的本质和规律。

第二节 烹饪教育的起源与发展

一、烹饪教育的萌芽

在原始社会时期，由于当时生产力水平低下，作为人们劳动生活组成部分的烹饪，不可能从其他物质生产劳动中分化出来。因此，烹饪教育是在人们的劳动生活中自然进行的。成年人在带领年幼的人生产劳动过程中，随意地向他们传授有关烹饪的技术和经验，当然，传授的内容也十分简单。

烹饪教育是伴随着烹饪技术的产生而产生的。《古史考》记载：“燧人氏钻火，始裹肉而燔之，曰‘炮’。神农时食谷，加米于烧石之上而食之。黄帝时有釜甑，饮食之道始备。”在“北京人”时期，发生了人类生活上的一件大事，这就是火的利用和控制。考古材料证实，“北京人”不但能够用火，而且能够控制火源。“北京人”在龙骨山的天然山洞里，断断续续地住了很长一段时期，不仅留下了40m厚的堆积物，还堆积着厚达6m的灰烬层，里面有烧过的木炭块、瓜子壳和各种兽骨等。这些资料表明，早在四五十万年前，“北京人”已经长期使用火并保留着火种了。但从成层、成堆的灰烬来看，他们还处在尚能利用天然火和保存天然火种（包括控制火的蔓延）的阶段，尚不会人工取火。人工取火的发明，在世界上不少民族中都受到了极大的重视。一些古老的民族都流传着关于火的发明的神话故事。我国古代文献关于人工取火的发明，也有不少的论述。例如，《韩非子·五蠹》中有：“上古之世，人民少而禽兽众，人民不胜禽兽虫蛇……民食果蓏蚌蛤，腥臊恶臭而伤害腹胃，民多疾病。有圣人作，钻燧取火以化腥臊，而民说之，使王天下，号之曰燧人氏。”《礼纬·含文嘉》中有：“燧人始钻木取火，炮生为熟，令人无腹疾，有异于禽兽。”《礼记·礼运》中有：“昔者……未有火化，食草木之食，鸟兽之肉，饮其血，茹其毛……后圣有作，然后修火之利……以炮、以燔、以烹、以炙，以为醴酪。”

火的使用是人类从自然界解放的一个巨大推动力，是远古人类生活上的重大进步，是饮馔史上的重要里程碑。自“北京人”用火以来，人们已开始吃熟食，到了燧人氏人工取火的发明，熟食又进一步发展。“燧人氏炮生为熟”有传说，这是真实情况的反映。人们既习惯于熟食，所谓“取牺牲以共庖厨，食天下”，则说明了人们熟食不但已经很普遍，而且必须熟而后食了。如何使食物由生变熟，原始的“烹饪”技术开始萌芽。随着原始渔猎、农耕及制陶业的出现和不断发展，烹饪技术产生的条件就不断地得以积累，包括烹饪的知识、技艺、经验，老一代为了维持和延续人们现存的饮食生活习惯和满足人们饮食方面的需求，将他们自己积累起来的烹饪知识、技艺、经验传授给下一代，这就是最早的烹饪教育。

烹饪教育的产生是人类进化的一个重要因素，是人类发展史上的一个新起点。恩格斯说过：“熟食是人类发展史的前提。”人类获得了一定的烹饪知识，掌握了一定的烹饪技艺以后，各方面开始向“文明人”过渡。孙中山先生在《建国方略》《三民主义》等文献中曾对祖国的饮食文化作了极富启示性的精辟阐述，他认为：“烹调之术本于文明而生，非孕乎文明之种族，则辨味不精；辨味不精，则烹调之术不妙。中国烹调之妙，亦足表明进化之深也。”烹饪技术产生的重大社会意义决定了烹饪教育的地位和作用。至于这种地位和作用被人们承认和确定，则经历了一个相当长的过程。

烹饪教育自产生之日起就和烹饪技术互为条件，互相促进，互相转化而共同发展。只是在不同社会历史阶段中，由于生产力发展水平和科学技术水平不同，生产关系和社会制度不同，烹饪教育也就具有不同的特质和特点。这一漫长历史时期烹饪教育的特点是：第一，随意性。烹饪劳动的过程就是烹饪教育的过程。这种教和学没有任何约束，教育的内容、形式和方法都是教育者随心所欲的事情。第二，普遍性。烹饪教育的普遍性则表现为，每个人同时都有接受教育和教育他人的权利和义务。在原始社会，部落群层还没有出现社会分工，所以承担烹饪劳动是每个部落成员的权利和义务。自然，学习和传授烹饪知识、技术也是每个人的权利和义务。可以说，原始烹饪教育的特点是由当时的生产力水平和生活方式所决定的，所以这一时期烹饪教育的水平也十分低下。或许有人不承认这是一种教育，但我们应该承认，后人的烹饪技术、知识和经验毕竟不是本来固有的，而是从前人那里学习继承下来的，所以原始社会烹饪教育的存在是不可否认的，并且是人类社会早期教育的一项重要内容。

二、烹饪教育的发展

（一）专职厨师的出现

专职厨师的出现是烹饪教育发展的一个重要转折点。自从阶级产生以后，阶级对立首先在物质生活上充分表现出来。统治阶级为了满足其物质享受的需要，专门设置了为他们个人服务的厨师和管理这些厨师的官员。例如，御厨是皇家的厨师，服务对象是帝王，从业场所是御膳房。朝廷中设有掌管王朝膳食的官员，如“庖正”“膳夫”等。这类厨师从奴隶社会一直延续到清朝末年。另外，有一类厨师是属于官府的厨师，服务对象是文武大臣或州郡百官，从业场所是所服务官员家宅的厨房。例如，清朝大臣丁宝桢在山东任内就官聘鲁菜大师刘桂祥、周进臣。在厨师队伍中御厨、官厨占的比例比较小。人数最多的是出于民间的厨师。这支队伍的形成是社会政治、经济、文化发展的必然产物。随着社会贫富差别的急剧扩大，一方面出现了一大批乡绅、文士、商贾富豪，另一方面又出现了卖身为奴的穷人，这就产生了富豪之家呼奴唤仆，由奴仆产生了家厨。由于饮食业已经单独分离出来，市场出现了以中下层人民及流动人口为服务对象的饮食店堂至落脚街头的饮食摊。例如，《古史考》中就记载了周武王的军师姜尚曾“屠牛于朝歌，卖饮于孟津”。这就出现了人数众多、服务广泛的肆厨。其中包括从业场所在餐馆酒肆的，在渡船服务于游客的，经办婚丧嫁娶之事掌厨的等。这些都是源于民间的厨师。当然，无论是官府的厨师还是民间的厨师并非固定不变，而是互相流动的。官厨可能流落到民间，民间的厨师也可能被官府所录用。上述情况说明了从奴隶社会开始就已经出现了专职厨师。

正是由于专职厨师的出现，专职厨师的继承问题在客观上就出现了。首先，统治阶级为满足他们终生和世代享受的需要，就有了将供他们享受的烹饪技术传授下去、继承下来的要求；其次，一些无业的底层人民把烹饪技术作为一种谋生的手段，而经营饮食业的商人则把掌握烹饪技术看作在同行业竞争中的优势，客观地促进了烹饪技术的传授和继承；最后，由于社会生产力水平和科学文化水平的提高及其他诸因素，烹饪技术的整体水平也在不断提高。上述情况客观要求烹饪教育必须适应新情况而有所发展，改变原始社会那种随意性和普遍性的烹饪教育。因此，专职厨师的出现必然带给烹饪教育一个新的变化。

（二）“以师带徒”教育方式的产生

“以师带徒”是改变原始社会那种随意性和普遍性的一种新的烹饪教育模式，是一种古老的、延续时间最长的烹饪教育形式。所谓“以师带徒”，是以师傅所掌握的烹饪技术、经验、知识、技能为教学内容，在直接的烹饪生产劳动过程中向徒弟传授的一种教育形式。这种教育形式萌芽于家庭教育，稳定发展于封建行会制度。祖辈传授、父子相承，是早期烹饪技术教育的一种重要形式。所谓“巧者述之，守之世，谓之工”（《考工记》），就是指父子世代相教的家庭教育。这种教育形式在奴隶社会和封建社会占有极重要的地位，其原因就是家庭教育具有早期性、经常性和传统性的特点。“令夫工，群萃而州处，审其四时，辨其功苦，权节其用，论比协材，旦暮从事，施于四方，以饬其子弟，相语以事，相示以巧，相陈以功。少而习焉，其心安焉，不见异物而迁焉。夫是，故工之子恒为工”（《管子·小匡》）。从这段话可以看出，因为技工家庭谈论的是做工的事，展示的是高超的技艺，陈列的是制作的成品，技工家庭的子弟从小就学习这些内容，他们的心必然被吸引，安心技术工作，不会因其他事物的影响而见异思迁，改变职业。这样，父兄对子弟的教育虽然不严厉，但却很有成就，子弟的学习尽管不过分辛苦，但经过长时间潜移默化的影响，自然就比较容易掌握技巧。早期的烹饪教育就是这种情况。通过家庭教育，使技工成为世袭，是统治阶级经济上减少损失、政治上长治久安的需要。正是这种早期的家庭教育奠定了“以师带徒”的基础，对烹饪技工的延续和发展发挥了重要作用。

与家庭教育并存的另一种方式是官府中的烹饪教育。在官府中从事烹饪技术的头领便是师傅。他负责安排下层技工的劳动并传授一定的烹饪知识和技艺。但是，官府中的烹饪技术教育更主要体现在制度上。作为教育手段之一的制度体现在烹饪技术劳动的各个方面。首先，表现为工作的秩序，它规定厨师必须按规定秩序从事烹饪技术操作，不得各行其是，以保证成品质量的稳定；其次，表现在对物料的使用上，它要求厨师必须按规定合理地利用原料；最后，表现为对成品质量的要求上，“工依于法，游于说”（《礼记·少仪》）。在这种情况下，制度便成为一种无形之师。

当然，家庭教育和官府中的烹饪教育有时是交织在一起的，不能截然分开。如果说家庭教育还有着温情脉脉的血缘关系，那么，官府中的烹饪技术教育则体现了鲜明的阶级压迫性质。早期“以师带徒”的教育形式，实际上就是工头制和家长制的配合，是强制性和诱惑力的默契合作。到了封建社会时期，社会分工越来越细，百工兴起，为了保障各自的利益，产生了“行会制度”。所谓“行会”是指某一行业自发组织起来的一种松散的协作组织。“行会制度”就是某一地区的同行业共同约定俗成制订一些行业规矩，大家共同自觉遵守。如果某一家破坏了这个规矩，就会遭到同行业群起而攻之。正是在这种“行会制度”下，“以师带徒”这种烹饪教育形式得到了稳定发展。师徒双方是在自愿的基础上结为师徒关系。徒弟一方以无偿劳动为代价，学得一定的手艺；师傅一方既是劳动者，又是教育者。徒弟在师傅的劳动操作中观察和思考，在师傅的指导下模仿操作，实际上是在干中教，干中学，具体做什么，学什么，师徒合作没有具体的培养目标，没有主流的教学内容，只是有一个大致的时间限制。徒弟对技术的掌握程度除主观努力的因素外，主要取决于师傅的技艺水平、经验积累及师徒间相互的感情。

从奴隶社会到新中国成立前这一漫长的历史时期，厨师的社会地位是极其低下的，这些被称为“下九流”“油厨子”的厨师受到了欺凌、歧视、剥削和压迫。除了别无生路的最底层劳动人民外，一般人都不愿意从事这个行业。统治阶级又根本不可能重视烹饪教育，特别是会受到社会生产力和科学文化发展水平的限制，在烹饪教育上表现出以下几个问题。

第一，由于社会生产劳动规模狭小和生产发展缓慢，烹饪技术和经验主要体现在个体烹饪劳动者的技能之中，还没有形成与直接经验相分离的间接经验。因而，也就不可能形成传授烹饪技术、知识、经验的系统的学校教育。

第二，由于社会的贫富差别，对于专职厨师的需求毕竟还只限于一少部分人。一般来说，以父传子、师传徒的形式已经能偿付烹饪劳动力的自然消耗，满足社会对烹饪劳动者的需要。因而，也就不需要采用学校教育的形式大量地培养烹饪技术人员。

第三，由于绝大多数从事和将要从事烹饪技术的工作人员是社会最底层的劳动人民，他们没有接受教育的权利和机会，只能是在直接的烹饪生产劳动中学得一点手艺，养家糊口。并且，这种学手艺也只能是一种自发性的学习。一些生活无着落的年轻人自愿从师为徒。所以烹饪教育只能在个人之间进行。

第四，新中国成立以前的全部饮食业是以个体经营为主，不但规模狭小，而且各饮食业的经营管理者在经营管理上和技术上都处于互相封锁保守的状态，这也必然使烹饪教育处于一种分散的无组织状态，这种状态也就决定了烹饪教育的内容只能是以师傅所掌握的直接经验和技能为主。

上述情况表明，新中国成立以前的烹饪教育只能采用“以师带徒”这一基本的教育形式。“以师带徒”作为一种烹饪教育的形式长期延续下来，除存在一些问题外，也有其自身的优缺点。优点有：①基本功训练比较扎实，对单项技术掌握得比较熟练。因为一个师傅同时只能带有限的几个徒弟，有条件“手把手”、耳提面命地传授技能技巧。②这种教育形式具有方便而行的好处，因人制宜，因时制宜，因地制宜，可以普遍开展。③这种教育形式是“一师一教”“各师各传”，对于烹饪技术流派的形成具有一定的作用。但是，“以师带徒”也有它不可克服的缺点，概括起来就是：①不能满足培养烹饪人才的需求。②因为没有明确的培养目标和系统的教学计划，所以在知识技能的传授上带有一定的随意性。③徒弟学习的内容只能是师傅自身所掌握的直接经验和技术，导致学习有极大的局限性。④徒弟只能在师傅的后面亦步亦趋，不敢越雷池一步，对徒弟的全面发展不利。

新中国成立以前的烹饪教育是一种自发性的，这种自发性的教和学自然地适应了社会需要，并没有也不可能有人去从事专门的烹饪教育工作。社会发展到了今天，虽然“以师带徒”仍然可以作为烹饪教育的一种形式，但仅靠这单一的形式远远无法满足社会发展对烹饪技术的需求，烹饪教育必将出现前所未有的崭新的教育形式。

三、烹饪教育的形成

新中国成立后，社会性质发生了根本的改变，人民成了国家的主人，党和人民政府为了适应社会主义建设的需要，对继承发扬祖国的烹饪遗产给予了极大的重视，争取了许多积极的措施，使烹饪教育进入了一个崭新的阶段，主要表现为烹饪学校教育的出现。

（一）烹饪学校教育的产生

新中国成立以来，烹饪教育基本上是“以师带徒”、短期培训、学校教育三种形式并存。

“以师带徒”作为一种行之有效的烹饪教育形式，仍然广泛地存在于饮食行业之中。但是，这和旧社会的“以师带徒”已经有了根本的区别。随着社会的发展，“以师带徒”已经满足不了社会的需要，在这种情况下产生了短期培训班的教育形式。作为“以师带徒”的发展和烹饪技术教育的过渡，短期培训班发挥了它应有的作用。短期培训班聘请技术高超、经验丰富的厨师担任教师，通过理论和实践，课堂教学和实习教学在某种程度上结合起来，使之具有培训数量多、完成快的特点。学生结业后一般都能起到技术骨干的作用。然而，短期培训班的缺点在于它没有一套完整、系统的烹饪理论和基本技术的支撑，学科也单一。特别是没有专业的烹饪教师，不能坚持深入地开展科研活动等。总之，短期培训班这种烹饪教育形式仍然不能满足社会发展对烹饪技术队伍更高的要求。

烹饪技术采用学校教育这种教育形式开始于20世纪50年代末期，它标志着烹饪教育作为一种专业已经从烹饪技术生产劳动中分化出来。它的出现不是人们主观臆想的结果，而是社会发展的必然产物。其必然性主要表现在以下几个方面。

1. 教学内容的客观要求　由于烹饪技术为适应社会需要而不断发展，在客观上就提出了适应烹饪技术原料选用、加工、烹制各工序、各环节之间的内在联系，探讨烹饪技术科学理论的要求。在烹饪技术应用于学校教育的初期，已经形成了较为系统的烹饪理论知识，并且日臻完善、系统、科学。将这些理论知识与烹饪技术有机地结合起来，并系统、准确地传授给受教育者，同时，还要将有关的基础知识如原料知识、营养基础知识及文化基础知识传授给受教育者。这些丰富的教学内容是“以师带徒”和短期培训班这样的教育形式所远远不能承担的任务。

2. 烹饪技术人才队伍发展的客观要求　由于人民物质、文化、生活水平的提高，餐饮业的发展壮大，饭店教学的不断增加，对外交往的范围更加广泛，以及国内外旅游实业的发展，都要求有一些技术过硬、数量充足的烹饪技术人才队伍。因此，只有采用学校教育这种形式，才能稳定、迅速地培养大批合格的烹饪技术人才。

3. 烹饪技术人员全面发展的客观要求 文明和谐的社会对烹饪技术人员的要求是，不仅能够掌握一定的烹饪技术理论和实践操作技能，还要具有相当的文明素质和高尚的道德品质，要有相当的科学文化知识和健康的体魄。在学校教育中，只有通过开设文化课、体育课，开展适合青年特点的文明教育活动，才有可能较好地达到既定的培养目标。这也是“以师带徒”、远期培训班不可能完成的任务。

烹饪技术采用学校教育这种形式，不但是必要的，而且是可能的。社会生产力水平的不断提高，为学校教育提供了必要的物质条件；烹饪技术的发展为学校教育提供了比较系统、丰富的教学内容；社会科学文化水平的提高为学校教育提供了人力条件。正是这种必要性和可能性构成了烹饪技术采用学校教育这种形式的必然性。

（二）烹饪学校教育的发展

烹饪学校教育从开始到现在大致经历了以下几个阶段。

1. 中等职业教育阶段 这一阶段主要以中专学历水平为主。本阶段又分为了以下3个阶段。从20世纪50年代末至“文化大革命”前。据初步统计，1959～1965年全国共成立烹饪技工学校二十几所。这是在无教材、无教师、无必要教学设备的困难情况下完成的。但是，学校教育这种形式可以满足社会发展的客观要求，因此在各地党和人民政府的关怀和重视下，在广大烹饪教育工作者的积极努力下，克服了重重困难，取得了令人可喜的成绩。一批又一批能文能武的烹饪技术人才充实到餐饮行业各个岗位，发挥了重要作用。烹饪技术学校教育的初创阶段，出现了蓬勃发展的大好形势。

从“文化大革命”开始至十一届三中全会前（1966～1978年）。这一时期大多数学校遭到了关闭的厄运，即使有少数存在也多附设在其他学校中。校舍被侵占，教师改了行。即使是少数附设在其他学校的烹饪专业也一度在“极左”路线指导下，面临“实践办学”“开门办学”，将一些基础课、专业理论课放到了可有可无的地位，学校教育的优越性大打折扣。刚刚兴起的烹饪教育事业受到了极大的挫折。

从十一届三中全会至1985年。在这一时期，各地已经关闭的烹饪学校相继得到了恢复，而且新建了许多学校。至1981年，商业部系统就有烹饪技术学校18所（包括商业学校、财贸学校附设的技工班）。这些烹饪技术学校不同程度地进行了各项基本建设，如兴建校舍、增设教学设备，制订统一的教学计划，组织编写全国统编教材，举办全国性烹饪师资培训班，多次举行全国或地方性的烹饪教学研究会。通过采取这些有力措施，使烹饪学校教育逐步走上了正规化教学的轨道。

2. 大专烹饪教育阶段 20世纪50年代末至60年代初，为了继承和发扬中国烹饪文化遗产，在商业部的积极支持下，黑龙江商学院（现哈尔滨商业大学）于1959年创办了中国历史上第一个大专学历层次的公共饮食系，后改为烹饪系，并以“调干”的形式，在全国饮食技术骨干中招收了烹饪研究班和烹饪专修班学员，同时，上海财经学院也设置过烹饪专业，但只维持了一届。

直到1985年，多所学校开设了餐饮、旅游等专科专业，并开始在全国范围内招生，主要培养烹饪高级人才。这表明烹饪教育又发展到高等教育阶段，烹饪学校教育不仅培养中等烹饪技术人才，还可以培养高级烹饪技术人才。1985年，全国第一所专门培养烹饪技术人才的高等院校——四川烹饪专科学校在成都成立，同时，商业部还按东扬州大学旅游烹饪学院、南广东商学院（现广东财经大学）、西四川烹饪高等专科学校（现四川旅游学院）、北黑龙江商学院、中武汉服务学院（现武汉纺织大学）布局，分别建立了高等烹饪专业，形成了烹饪高等职业教育的一支力量。

3. 本科烹饪教育阶段 1989年，黑龙江商学院旅游烹饪系开设了烹饪营养方向的本科生教育（对口升学），但由于当时餐饮业营养观念的淡薄和管理体制上的诸多不利因素造成的人才市场封闭，毕业生择业十分困难，再加上烹饪营养方向批复时是附于餐饮企业管理专业下，后因专业目录取消，因而一届即止。2002年教育部又备案或批准黄山学院、济南大学和湛江师范学院设置烹饪与营养教育本科专业。截至目前，全国已有二十几所院校开设了烹饪与营养教育专业本科专业（二级学科），这也标志着我国烹饪人才的培养进入了一个全新的发展时期，烹饪与营养教育专业成立之初到2016年，主要颁发教育学学士学位，主要为中等职业学校、高等院校烹饪专业培养一线教师。从2016年开始为适应社会对人才的需求变化，吉林农业科技学院开始颁发工学学位，这也使得人才培养目标逐渐偏向技术和管理能力提高方面。

4. 硕士烹饪教育阶段 烹饪研究生教育出现于20世纪90年代初，1993年，黑龙江商学院旅游烹饪系从该院食品工程系硕士招生指标中分到了以烹饪科学为研究方向的两个名额，从而开启了中国烹饪硕士研究生教育的先河。2002年和2003年国家教育部分别批准哈尔滨商业大学、扬州大学从中等职业学校对口招收烹饪专业在职研究生，为国家培养高水平的烹饪专业师资。

（三）烹饪学校教育的优势

烹饪技术采用学校教育的形式之所以能够克服许多困难，并且在遭受重大挫折的情况下仍然能够振兴发展起来，有多方面原因。除政府高度重视、大力支持、社会需求、经济发展、政治安全这些重要外部条件外，就其内部因素而言，则是这种教育形式有着其他变化的教育形式不可比拟的优越性，主要表现在以下几个方面。

第一，它是按照统一的教学计划、教学大纲、教科书进行教学，从而保证了教学内容的基本统一和学生知识结构的稳定，进而也有利于稳定地提高教学质量；有了统一的教学计划，明确了培养目标，统一了课程设置，从而使教学质量有了衡量的标准；有了统一的教学大纲和教科书，教学内容的科学性和系统性就有了基本保证，从而突破了教师个人知识、经验的局限，能够使学生学到更丰富的知识，奠定更扎实的基础。

第二，在特定的教学环境中，由具有一定文化知识水平、烹饪理论知识和精湛烹饪技艺的厨师担任专职教师，能使教师摆脱一些不必要的干扰，专心致志地从事教学，进行教学研究，使教学质量提高得到人力上的保证。

第三，学校教育的形式能够逐步创造各种有利的教学条件，完善教学设施，使教学质量的提高得到了物质上的保证，同时也可以使教育资源进行集中利用。

实践也充分证明，通过学校教育培养出来的烹饪技术人才，具有知识面广、适应性强、基础扎实、创新潜力大、接受新事物快、思维活跃、不保守等许多特点。因此，烹饪学校教育才能够战胜重重困难迅速发展起来。

当然，也应该承认，烹饪技术采用学校教育这种形式的时间毕竟比较短，不可避免会存在一些问题。例如，对烹饪学校教育形式的教学规律的探讨研究用以指导教学实践做得还不够，理论教学和实践教学还没有有机结合，专业基础理论课还停留在一般水平上，教师队伍还有数量不足、质量不高的问题，有的教学设备还很不完善，教学管理上也有许多不科学的问题。但这并不是学校教育形式自身的问题，这恰恰是对学校教育形式的规律性认识不足的问题，所以上述问题完全可以逐步得到解决。

实践已经证明并将继续证明，学校教育不仅是培养一般技术工人的途径，也是培养中、高等烹饪技术人才的主要途径。烹饪是中华民族文化的宝贵遗产，只有吸收现代科学成就，才能使之得到更好的继承和发扬。因此，作为一名中、高级厨师，不仅要掌握精湛的烹饪理论知识和烹饪技术，还要掌握营养学、卫生学、食品化学、美学、造型艺术等方面广博的知识，这些靠“以师带徒”、短期培训班和中等职业教育是难以完成的。所以，今后中、高级厨师的培养，高等教育将是一个重要途径。

综上所述，中华人民共和国成立以来的烹饪技术教育已经突破了那种自发性的“以师带徒”的单一形式，变分散为集中，变自发、盲目为有计划、有组织的烹饪教育，从而使教育质量逐步得到提高，为社会主义物质文明和精神文明建设发挥越来越大的作用。

四、烹饪教育未来的发展趋势

截至目前，新中国成立以来的烹饪教育已经取得了相当可喜的成绩，但这也仅仅是开始。可以预想，随着社会物质文明和精神文明水平的提高，烹饪技术在人们生活中占有越来越重要的位置，人们对餐饮的需求将会有更高的标准；同时，文化、科学技术的迅速发展，物质财富的极大丰富，也必将为烹饪技术的发展提供更加有利的条件，体现在烹饪教育中即必将形成高等教育、中等教育、在职教育、研究生教育相结合的多层次的烹饪教育网。这也需要有一支适应烹饪技术教育不断发展的教师队伍，逐渐将教学内容丰富，使之更系统、更科学，教学手段、教学设施、教学方法、教学管理达到现代化水平。高等烹饪教育也将逐渐成为烹饪教育的主流。

第三节 烹饪专业教学

一、烹饪专业教学的特点

烹饪专业教学的特点就是在烹饪教学过程中表现出来的比较突出的个性。教学过程是一个知、情、意、行全面发展的动态过程，这是教学过程共同的本质，这一共性贯穿于各个学科的教学过程中。但是，由于多方面的原因，烹饪专业的教学过程又表现出一定的特性。研究烹饪专业教学论，也必须认识到烹饪专业教学的特点。本书中着重介绍高等烹饪教育的特点，以“烹饪与营养教育专业”为例。

（一）烹饪专业教学特点形成的因素

烹饪专业教学之所以表现出一些区别于其他学科教学的特点，是由多方面因素决定的。其中比较重要的有以下几个方面。

1. 烹饪专业的职业性 烹饪专业历来属于职业教育范畴，中等烹饪教育是为社会培养具有一定烹饪专业理论和技能的应用型技术人才，满足社会对餐饮业、酒店业人才的需要。高等烹饪教育的培养方向是为餐饮企业培养具有一定技能和一定管理能力的人才，并为中、高等院校培养烹饪理论或实践教师。无论中等烹饪教育还是高等烹饪教育，教学一定都是围绕着烹饪职业这一核心开展的。具体表现如下。

（1）烹饪专业性质　主要通过文化基础教育和专业教育，为社会餐饮行业服务培养具有较强的烹饪专业理论知识和技能的职业型人才。其专业性和针对性都很强，学生入学就确定了专业，明确了他今后所从事的职业。

（2）培养方向　中等烹饪教育可能多数是为餐饮业培养厨师和管理岗位人才，而高等烹饪教育，现在较为普遍的就是“烹饪与营养教育专业”本科，它的人才培养方向包括具有一定烹饪技术的管理人才、营养配餐行业人才和从事烹饪教育的人才，因此，学生都要进行文化基础知识、专业基础知识和专业理论技能知识的学习，只不过学习的侧重点不同。

2. 烹饪专业学生的特点

（1）年龄结构合理　高等烹饪教育的学生全部是通过全国统一高考被录取的，年龄在19～20岁，都是成年人，已经具备了一定的自我管理和自我学习能力。注意力比较稳定，能够较快地集中注意力，并且思维比较活跃，能够很快地接受新知识，求知欲望也比较强烈，由于烹饪专业的针对性较强，学生更加渴望在学校中学习到有用的知识，以此累积以后职业发展的能力，在社会上找到用武之地。

（2）实践动手能力偏弱　高中属于普通教育阶段，接触的全部是文化课教育，烹饪教育属于职业教育范畴，对动手能力有一定要求，进入大学后烹饪专业技能几乎是零，实践动手能力普遍偏弱。

（3）地域性较强　烹饪与营养教育专业采取全国统一招生形式，所以学生生源地为全国各个省份，这也造成了学生有地域性差别，由于烹饪地域性较强，对教学提出了不小的挑战。

3. 烹饪专业技术的特点　中华民族的菜点品种内容丰富、花样繁多、制作精细，这些多彩多姿的食品，宛如一件件艺术品，基本上是靠手工操作完成的。它们各有其质量要求和操作技法。同时，它们也可以通过厨师的再创造因人而异、因时而异、因料而异。同一品种，因食用者的要求不同，口味可以适当调剂，所谓“食无定味，适口者珍”就是这个道理。同一品种也可以根据季节、地区的差异灵活选择处理，所谓“冬宜浓厚，夏宜清淡”就是这个道理。更重要的是，厨师在技术操作中的一料之差、一技之差、一念之差，都会使菜肴的口味、形态、质地、色泽各异。因此，烹饪技术的这种因人因地的变化，导致烹饪教学的灵活性，也考验施教者对烹饪技术的把握程度。

（二）烹饪专业教学的基本特点

1. 烹饪专业教学的实践性　在烹饪教学活动中始终贯穿着实践教学的内容。例如，理论课中的直观教学，原料知识课中采用实物标本进行教学，更不用说菜点品种教学或大量的基本技能训练等了。即便是一些知识课的教学中也总是围绕着实践的内容，为学生的操作实践服务。

这是因为：第一，实践是使学生获得基本技能的必需途径。学生只有通过实践，通过操作现场环境的熏陶，通过观察、思考和大量的训练，才能够逐步获得实际操作技能、技巧，为今后独立操作做好准备。第二，实践又是学生掌握烹饪知识的条件和目的。教师只有通过实践教学活动，才能使传授的知识和技能更容易被学生理解和接受，学生只有通过实践，才能获得大量的感性认识，在教师的引导和启发下，加深对烹饪知识的理解，为掌握烹饪基本技能服务。第三，烹饪技术的技巧性决定了学生只有通过大量实践活动掌握各种单项技能，才会“熟能生巧”。离开实践这一最基本的条件，烹饪知识既不可能被掌握，也不可能发挥其应有的作用，当然，学生烹饪基本技能的形成就更无从谈起了。

烹饪技术操作是以手工操作为主，但手工操作烹饪出来的菜点却呈现十分复杂的变化。不同原料的搭配、不同调味料的使用、不同传热媒介及火候的变化、不同操作技法的运用，都会使各菜点间的色、香、味、型、质迥然有别。因此，作为烹饪技术人员，在烹制菜点时，不仅要掌握不同情况下所发生的各种变化，也要了解之所以产生这些变化的原因。了解这些原因必将涉及多门学科知识，将这些学科知识与烹饪技术有机结合起来传授给学生，揭示在各种不同情况下各种变化的道理，使学生对烹饪理论知识融会贯通，这都需要大量的实践活动才能完成。

一名烹饪专业的教师总是从属于某一技术流派，因而他的教学就必然带有某一技术流派鲜明的特点，作为各地的烹饪技术学校，也总是为某一地区培养烹饪技术人才，因而，在烹调方法及菜点品种的教学中，各区域的烹饪教学不可能将各大菜系、各种技术流派纷繁的、各具特色的内容全部传授给学生。加之，各地区出产的烹饪原料及各种原料的收获季节和品种的区别，教学内容更不可能强求一致。特别是在实践教学中，这一点就更加明显了。

2. 教师指导下学生活动的主体性 烹饪专业教学最终是要使学生能够自觉、有意识地按照学科要求独立进行技术操作，掌握熟练精湛的烹饪技术。而各种技术都不可能在书本中得到完备生动的体现，只有通过学生亲身实践，才能熟练掌握技能、技巧。所以，烹饪专业教师的主导作用是通过示范、演示，指导学生把理论知识转化为实际的烹饪技能。因此，烹饪专业教学是在教师指导下的以学生为主体的实践活动，在学生大量的实践活动中逐步加深对知识的理解，学会对知识的应用，熟练地掌握烹饪技能、技巧。

3. 烹饪专业理论与技能教学的多样性 烹饪技术具有手工操作性、区域性及多样性的特点，这些特点决定了烹饪专业教学中烹饪知识、技能运用的灵活性。烹饪专业技术的各种单项技能具有相对的独立性，对各种单项技能的运用都要体现在各种烹饪方法和菜点（或面点）制作上。而烹饪方法和菜点品种的多样性，又使得各种单项技能的运用不是一成不变的。每一种烹饪方法、每一款菜点品种都有其不同的技法要求，每一道菜点品种的制作又可以通过不同的技法来完成。在烹饪专业教学中，不同的教师对同一技术的传授可以有不同的教法，对知识的讲解又因为强调问题的角度不同而有不同的表达和说明。因此，将教学组织形式相互交叉或有机地结合起来，才能把理论与实践两方面的内容融会贯通地联系起来，从而保证教学质量。例如，在烹饪基础知识的教学当中，就需要把课堂讲授、实习、直观演示、现场参观等形式结合在一起。在基本技能教学中则需要把课堂讲解、直观演示、讲评、课后分析讨论等形式结合在一起。因而，在系统的烹饪教学及某一方面具体的教学内容当中，教学的组织形式必然呈现为一种多变的、灵活的、综合的状态。

烹饪教学组织形式的多变性，并不是任意的、杂乱无章的变化，而是按照教学内容的客观要求和内容间的相互联系，服从于教学目的而呈现的有规律性的变化。真正认识到烹饪教学的组织形式的多变性，一方面，当教学客观上要去变换教学组织形式时，能够不失时机而又灵活地采用各种相应的教学组织形式；另一方面，当教学在客观上没有提出变换教学组织形式时，不要随意变换。总之，要使教学组织形式与教学内容相适应，运用多种教学方法才能实现教学效果。

4. 烹饪专业教学条件的制约性　各种单项技能、各种烹饪方法、各种菜点制作都是由许多局部动作连接成一个完整的动作系统。有些动作出于教学的需要可以比较缓慢地进行，有些则不可以，而是一闪而过。例如，制作“爆”菜时，操作的时间极短，动作要求迅速，许多连贯动作一气呵成，此外，像大翻勺、挤花、面点成型技术都是如此。而这些瞬间而过的动作又恰恰是动作要领所在，学生非掌握不可。这就为学生的学习增加了一定难度。这是动作复杂程度对学习的制约性。

烹饪教师的技能水平对学生的技能水平有着最直接的影响。学生对一种技能的认识是从教师的演示开始的，而首次印象尤为强烈、牢固。教师的技术动作是否准确，直接影响学生正确操作的形成，此外，如果教师本人没有掌握某一操作要领，就不能进行科学有效的指导，从而产生连锁反应，影响学生对操作要领的掌握。这是教师技术水平对发展学生烹饪能力的制约性。

烹饪技能教学必须通过一定的实物原料来进行，但这些原料一经加工便不能久存，必须能够随时销售出去，根本不顾忌原料的损失而进行的教学是不经济的，也是不应该的。这样成品的销售量就直接制约着烹饪基本技能的教学。此外，烹饪基本技能教学必须在一定的条件下进行，如设备、工具、环境等。

以上几个方面对烹饪教学都存在不同程度的制约性。因此创造必要条件，化不利为有利，也是烹饪教学必须考虑的实际问题。

5. 培养学生“烹饪素质”的复杂性　所谓“烹饪素质”就是形成烹饪能力的种种内在因素的总和，如敬业精神、职业道德、悟性、手脚勤快等。烹饪教学不仅担负着烹饪技术方面的教育，还要担负起培养学生良好烹饪素质的任务。培养学生烹饪素质既是为社会输送合格烹饪技术人才的重要内容，同时也是学好烹饪技术的前提条件。对烹饪专业传统的世俗观念，周围环境对学生经常性的潜移默化的影响，学生正处在成长时期等多方面的影响因素，决定了培养学生良好的烹饪素质的任务是相当复杂艰巨的。虽然完成这一任务需要各方面的努力，但烹饪技能教育首当其冲。

学生在专业学习的过程中一般反映出以下几种状态：第一是“急”，急于求成，在烹饪基础知识的学习过程中，急于实际操作，而忽视对基础知识的学习，对实际操作带有很强的新奇感，急于掌握复杂的技术和新的菜点品种。第二是“厌”，在实践中学到了一些技术，掌握了一些菜点品种的烹制方法，新奇感得到了一定程度的满足。此后则需要不断重复练习，于是便产生了厌倦情绪。学习上浮光掠影，好高骛远，不肯扎扎实实苦练基本功，甚至产生了一些骄傲思想，认为烹饪技术不过如此，没什么难学的，不肯刻苦钻研，精益求精。第三是“惰”，学习烹饪技术是一件很辛苦的事情，怕苦、怕累、怕脏就不可能学好烹饪技术。而学习期间脏活、累活、苦活又是不可避免的，学生正值成长时期，他们从没有接受过这样的锻炼，因此，难免会出现拈轻怕重、专挑一些自己愿意干的活的现象，甚至指挥他人去干那些他们认为苦、累、脏的活，在工作中表现得极为懒惰。这是烹饪教学中普遍存在的问题。

6. 烹饪专业课程的综合性　高等烹饪专业教学在课程的设置上，是一个科学系统的整体，由文化基础课程、专业基础课程和专业课程组成，在强调专业培养的基础上，不能忽视对学生文化理论方面的教育；同时在专业课程教学中，要注意各门课程之间的内在逻辑关系，将课程紧紧围绕在专业核心的周围，并向这个核心靠拢。例如，烹饪与营养教育专业涉及烹饪学、营养学和教育学三个方面，但是这三个方向的核心是烹饪学，营养学类的课程与教育学类的课程都应紧紧围绕烹饪类课程展开，因此营养学是烹饪方向的营养学，教育学是烹饪方向的教育学。

二、烹饪专业教学改革

（一）烹饪专业教学存在的问题

中等烹饪教育发展时间较长，各方面投入较大，人才培养针对性较强，人才培养也逐渐形成体系，教学中虽然存在师资力量不足、学历不高、生源不足等问题，但是随着教育教学改革的深入，这些问题都得到了缓解。而本科烹饪学校教育起步较晚，不可避免会存在一些亟待解决的问题，主要表现为以下几个方面。

1. 学历与实际操作能力不一致　由于本科教学多采用理论课加实验课的教学组织形式，理论课所占学时较多，而实验课学时较少，实验课中学生急于求成，往往忽略操作的规范性，导致学生的基本功较弱，四年的课程结束后虽然拿到了本科学历，但是实际操作能力达不到行业要求的水平。

2. 实习基地不能满足教学需要　原有的中等烹饪教育，多数以自己的酒店或饭店为依托，而高等烹饪教育多数是各高校食品科学一级学科下设的一个二级学科，几乎没有自己的实习基地，有些学校为了提高学生的动手能力，在校内自建实习基地，但为经营性的较少，对于烹饪这种强调即做即食的行业来说，生产成本较高，如果不能回收成本，教学资金投入远远不能满足实习的需要。

3. 教学条件和环境较简陋　由于场地、资金有限，多数院校烹饪专业条件和环境都较为简陋。由于办学投入等原因，烹饪实践教学中，学生个人技能技巧的练习还受到种种制约，不能得到保证，还有的学校尚没有校内实习基地。总之，教学还不能提供足以让学生适应未来工作的环境。

4. 教学方法和手段单一　目前，烹饪专业教育仍然是以教师为中心，教学方法以讲授为主，知识传输型教学组织形式占据着绝对优势，通过被动的视听和模仿，通过封闭的推导和演示，学生充其量获得一些事实性知识理论概念。目前，烹饪教育仍受传统教育教学观念的影响，重视书本知识的学习，忽视动手能力的培养，以综合能力为本位的教育观念还未能在烹饪职业教育领域中得到充分实践，很多高校还停留在“黑板上切菜、炒菜”的时代，实习条件跟不上学生的增长速度，可见，烹饪教育的教学与现代化生产的联系还远远不够。

5. 人才培养目标不明确　当前，我国一些高校烹饪专业培养的人才并不能直接与行业对口衔接，其中重要的原因就是人才目标制订得不合理，缺乏科学性、系统性和连贯性，与社会职业岗位对人才的培养要求相脱节，既缺乏现实针对性，又缺乏未来适应性。

（二）烹饪专业教学改革的趋势

目前，我国烹饪专业教育已经取得了一定的发展，其中以高等烹饪专业教育的发展最为瞩目，因此，高等烹饪专业教学的改革势在必行，这既是目前教育发展的外在要求，也是烹饪专业教育内在驱动力发展的要求。

1. 人才培养目标逐渐多元化　随着高等烹饪专业教育的发展，烹饪专业的人才目标向着更加多元化的趋势发展，人才培养目标的制订更加注重经济发展的需求。目前，高等烹饪专业的培养目标大致有几个大方向：烹饪学方向，这是高等烹饪教育的核心方向，其他方向也必须以烹饪学为中心；营养学方向，它符合烹饪学科的发展需要，也符合市场对高等烹饪专业人才的需求，尤其是营养师这个职业，在我国有很大的需求空间；酒店管理方向，它是针对整个餐饮业对专业人才的需求设定的，是很多烹饪专业制订人才培养方案的一个方向；教育学方向，主要培养中高职业院校的烹饪专业老师；此外还有许多其他方向。关于烹饪专业的培养模式，许多教学管理人员及一线的教师经过不断地探索，目前已经形成了稳定的培养模式，如半工半读模式、理实一体化模式等，都取得了良好的教学效果。

2. 淡化阶段性教育，强调继续教育　今后的教育，不论是职业教育，还是其他何种教育，都不可能把在学校学习看作终结性的教育，而是给受教育者继续接受教育的机会，把教育看作终身的事情。并且，这种终身教育的理念将会越来越突出。烹饪专业教育也要注重对学习者未来职业生涯的可持续发展的培养，树立终身教育的理念。对于烹饪教育本身来讲也应该从中等烹饪教育开始，上升到本科烹饪教育，再到研究生教育，逐渐形成完善的教育体系。

3. 淡化学科体系，强调实践动手能力　烹饪专业培养出来的学生是为餐饮行业输送人才，而不是为烹饪学科培养人才，虽然这个学科是为这个职业服务的，但这个职业并不只需要这一个学科，只有很好地适应这个职业工作的需要，才是我们培养人才的终极目的，所以，突出实践动手能力，才是社会对烹饪教育的根本要求。烹饪专业属于职业教育范畴，虽然学术性是必要的，但最终还是看其实践性。烹饪专业教育中，学术性是为实践性服务的。突出实践性正是烹饪教学基本特点所要求的。值得注意的是，高等烹饪专业教育也不能一味地强调实践技能的培养，还应该考虑学生理论水平的学习及进一步深造、研修的需要，如考研等。

4. 淡化主导性，突出主体性　随着时代的发展，“以人为本”的理念渐渐被人们所接受，传统的以“教师为主体”的教学观将会逐渐让位于“以学生为主体”的教学观。但对这种新型的教学观念如何正确地解读，很多教育工作者进行了深入的研究。有的学者认为，针对“以学生为主体”的教学观，教学的主体向学生方面迁移是非常正确和及时的。当然，如果在教学过程中，不顾及学生的事实现状，一切以学生“学”为主导，完全忽视教师“教”的作用，就是片面地理解“以学生为主体”的意思，容易犯“矫枉过正”的错误。从学生的角度说，把教学过程从以“教”为主变为以“学”为主，需要学生有很强的主动性和学习目的性。

第四节　烹饪行业的岗位分析及人才素质要求

一、烹饪行业的岗位分析

烹饪行业的岗位分析是烹饪专业进行职业分析的细化，通过分析掌握烹饪岗位所需的知识与技能，了解行业对烹饪人才的需求，这是确定专业或专业方向、确定培养目标、进行课程设计、选择教学内容的基础。烹饪专业岗位包括中式烹调岗位、西式烹调岗位和中西面点岗位三部分。

（一）中式烹调岗位与任务分析

中式菜肴的种类很多，所以分工也很细，每一个菜肴都要经过几道甚至十几道工序、几个岗位的相互配合才能完成。每一个岗位都有相应的知识与技能及标准，这些知识与技能是烹饪专业重要的教学内容。中式烹调岗位包括水台、砧板、合台、炒锅、上杂、凉菜等岗位。

1. 水台岗位的职责与技能 水台岗位是厨房部热菜制作岗位之一，主要负责各种动植物性原料的加工处理，进行日常所用各种动物性原料的宰杀及初加工。根据提货单据提取当日厨房所需的鲜活原料、冷冻食品及蔬菜，并根据菜品操作规范进行原料的斩件、分档；蔬菜、干菜的剪洗、摘制。并要负责取拿餐具、收拾物品、协助传菜、洗刷用具、做好原料的保管和传递工作。

水台岗位的基本技能包括蔬菜、水产品、家禽、家畜的初步加工等。

2. 砧板岗位的职责与技能 砧板在北方菜系称为“切礅”“切配”，砧板是粤菜厨房中的名词，有的地方还称为执码。一般情况下，砧板岗位有一砧、二砧、三砧、四砧、五砧之分，或者更多。习惯上常将一砧岗位称为头砧。砧板岗位的基本职能是根据当餐或当天经营的需要，负责整个热菜厨房原料的准备和供应，在开餐前要主动与订餐台等部门进行信息沟通，了解当餐及当天宴会预订情况，做好充分准备。负责接单确认、按量配份、原料传递、熟切装盘、退换菜处理、收档等。

砧板岗位的基本技能包括切配技能、馅料与半成品的腌制、配料的分类与使用和成本核算等。

3. 合台岗位的职责与技能 合台在北方菜系中称为“铺案”“贴灶”，既是一个技术性、艺术性较强的岗位，又是一个沟通协调厨房与餐厅工作的岗位，因此合台厨师不仅要熟悉炒锅、砧板的工作内容，还要理解餐厅服务工作，在为炒锅厨师做好助理、保证菜品质量的前提下，做好内外沟通、承上启下的工作。合台岗位的基本职责不仅要负责每天炒锅的开档、收档、添加所需的一切调味料，还要去库房领货、查验货品数量并及时提醒库房补缺，配合炒锅厨师工作，做好水、电、汽、油等的开关工作，保证操作安全与卫生。负责菜品装盘、造型点缀、装盘清理、出菜核对，并要配合砧板厨师工作。出菜结束后，要将菜单进行汇总或分类汇总，需要统计宴席总数、零点总数、销售菜肴总数及销售额，统计结果报厨师长或财务部。

合台岗位的基本技能包括：①装盘技能。装盘就是将烹制好的菜肴装入容器中，这是整个菜肴制作过程的最后一道工序，作为盛装菜肴的主体，盛器的种类、式样、规格有很多，有的是传统陶瓷、瓷器，有的是不锈钢器具和金、银器，有的是晶莹光亮的玻璃、水晶盛器，还有的是经过艺术处理的石、竹、玉、木等盛器，由于盛器种类的不同，在装盘时要根据盛器、菜肴的特点选择恰当的装盘形式和方法。②排菜技能。按菜单注明的起菜时间排列菜品的烹制顺序，要求平均每 5 分钟出品一道菜肴，如果客人对上菜速度有特别要求，应以客人的要求掌握上菜节奏。

4. 炒锅岗位的职责与技能 炒锅岗位是厨房热菜制作的最后一道工序，岗位操作人员技术水平的高低会直接影响餐饮企业的经营状况。它是粤菜厨房中的专有名词，主要是因为粤菜厨房中炒菜师傅的主要加热工具是炒锅而得名。有的也称为“后镬”“上灶”岗位。炒锅岗位的基本职能是负责整个酒店菜肴的供应，在开餐前要主动与其他部门进行信息沟通，了解当餐及当天宴会预订情况，做好充分准备。其主要职责是接单确认、菜肴烹制、装盘检查和退换菜处理。

炒锅岗位的基本技能包括烹饪原料鉴别技能，成本控制技能，烹调技能（掌握烹调火候和调味技能），原料的初步热处理、挂糊、上浆和勾芡技能，宴会设计和烹制技能。

作为炒锅工作人员，除了要做好炒锅的本职工作，掌握熟练的烹调技能外，还要抓好炒锅、砧板、打荷、上杂、水台和凉菜间等各岗位的工作，同时要协助行政总厨制作菜单、控制成本核算和计算菜肴的销售价格、掌握食品原料的采购知识、熟悉宴席烹制技能，这些工作要求炒锅工作人员必须有过硬的专业技能。

5. 上杂岗位的职责与技能 上杂（或称上什、水锅）是粤菜厨房中对蒸锅厨师的一种称谓，由于20世纪90年代粤菜开始在全国流行，这一称谓在全国各地厨房中开始广泛使用，已经成为对蒸锅厨师的一种约定俗成的称谓。上杂岗位的主要工作职责是蒸制各种菜品，所用的主要加工设备是蒸锅或蒸柜。其具体包括工具、餐具、设备的检查，配料准备；按蒸制菜肴需要，切制各种规格标准的葱、姜、蒜、辣椒、香菜末等；并按菜肴制作需要，预先进行原料的腌制、泥茸的调制；对加热时间较长的菜品要进行半成品的预加工处理，以保证菜品的上菜速度。

上杂岗位的基本技能包括蒸制菜肴制作技能、蒸炖菜肴制作技能、蒸制菜肴造型技能、干货原料涨发技能。

6. 凉菜岗位的职责与技能 凉菜，是与热菜相对而言的，严格来说，凉菜就是指凉制凉吃、热制凉吃的菜。凉菜是以凉吃为目的，一般是指经过热加工程序，再辅以切配调制手段，通过散热冷却而达到特有美食效果的菜肴。根据凉菜品种的多样性，一般将凉菜岗位分为烧腊岗位、熏酱岗位、拌菜岗位和明档岗位，也有一些地区分为凉制荤菜岗位、凉制素菜岗位和果盘制作岗位。

凉菜岗位的基本技能在中西融合思想的引领下，中式凉菜越来越重视汁水调制和制作造型，其基本技能主要包括凉菜烹调技能和凉菜装盘成型技能两个方面。

（二）西式烹调岗位与任务分析

西餐厨房与中餐厨房的分工无大的区别，但由于西餐的品种相对较少，加工方法也比中餐简单，因此，厨房并不像中餐厨房那样有较细的分工，每人所负责的工作面较宽，往往是按加工的环节进行分工。

1. 肉房（初加工间） 肉房一般由一个厨师长（负责人）带领若干厨师和帮厨组成。其主要职责与技能是负责各种蔬菜、肉、鱼、香料（鲜香草）等原料的验收；大块动物性原料的分割，鱼的宰杀与分割，特别是肉类原料按经营要求（重量和形态的大小）进行分割（为零点和自助餐服务）；腌制各种原料，如牛肉、羊肉等，禽类及鸡翅、鸡腿等（为零点和自助餐服务）；摘洗蔬菜（此项工作可单独设立一个部门或一组）。

2. 切配间 切配间一般由一个厨师长（班、组长）带领若干厨师、实习生组成。其主要职责与技能是原料的精加工（切割），为“配菜”（主菜的组成之一）、汤品等菜肴做切割准备工作；按菜单和客人要求，进行菜肴加热前的组配和调味工作；若是宾馆里的西餐厅，还要为早餐备餐。

3. 热厨房 热厨房一般由一个主厨带领厨师、帮厨若干人组成。其主要职责与技能包括：若是宾馆里的西餐厅，制作早餐（早餐肠、培根、煎蛋、一些小菜，包括一些中式小炒）；零点西餐菜品制作（煎、烤、炸、焖、烩等肉类、禽类、海鲜、汤品、意大利面等）；宴会菜品（按标准配置的套餐热菜、汤品）的制作；如有的店开自助餐还需做自助餐的菜品。

4. 凉菜间 凉菜间一般由一个主厨长带领厨师、实习生若干人组成。其主要职责与技能包括准备早餐（中式呛菜、西式沙拉）、水果盘、一些零点、三明治、吞拿鱼三明治、泰式鸡肉沙拉、凯撒沙拉等；各式冷开胃菜；出自助餐。

5. 饼房 饼房一般由一个主厨长带领厨师、实习生若干人组成。其主要职责与技能包括做一些西式蛋糕、点心等；西式烤面包（牛角包、法棍、玛芬、奶香包等）；巧克力装饰物等。

（三）中西面点岗位与任务分析

中餐经常以主副食来表示米面制品与菜肴，在中国人的饮食习惯中，无论吃了多么高档的山珍海味，还是多么有特色的山风野味，最后总要来点主食，否则这一餐就没有吃完整。因此，米面制品在餐饮企业中占有非常重要的地位。

面点操作间是厨房主食、点心制作的主要场所，主要进行中式面点和西式面点的制作，在日常工作中根据这两类面点制品制作方法的差异，一般要分为两个操作单位，中式面点操作间叫“中点间”或“点心部”，习惯上将面点操作间统称为“面案”。中餐面点岗位根据人员操作内容的不同，一般设立成型岗位（或称为案板岗位）、制馅岗位、熟制岗位（广东将此岗设为熟笼、煎炸两个岗位）、炒制岗位（广东称肠粉岗位）和煲粥岗位。西点面案岗位根据人员操作内容的不同，一般设立面包制作岗位和蛋糕（或甜点）制作岗位。

1. 面案岗位的基本职责 面案工作人员主要负责米面食品的制作。按工作程序做好与相关部门的横向联系，掌握食品成本核算，协助中、西餐大厨制订点心部供应的面点及售价，与餐厅联系、互相沟通，掌握好市场物价变化，合理安排使用食材，及时更换花色品种、核价准确，确保不与菜品供应脱节。了解食品质量，不断改进使用方法，根据各项大、中、小及重要的宴会要求，保证生产流程畅通，合理使用货源，及时作出反应，按照要求制作各种类型的中、西式米面制品。

面案工作人员根据每日客情填写领料单，领取原料，检查面点原料的质量，按要求和面，准备菜单所需的各种馅料、配料及调味品。严格按照面点生产工艺制作早餐、零点、大型餐会等所需的面点；为早餐、零点、大型餐会等提供数量充足的面点并确保其质量，妥善保存剩余原料、半成品、成品；负责维护、保养制作面点所需的设施、设备。

2. 面案岗位的基本技能 面点制品种类繁多，地方特色、国际气息浓郁的风味面食比比皆是，具备基本的面点制作技能是完成面案工作的前提条件。在中、西式面点的制作中，除了选料差异较大之外，其制作技能主要包括面团调制、馅心制作、面点成型，以及掌握蒸、烤、煮、烙制各种包点、馍饼、花卷、饺类和糕品的操作方法。面案岗位的基本技能可以概括为面团调制技能、馅心制作技能、面点成型技能、面点熟制技能、宴席面点设计和制作技能等。

二、烹饪行业技术人才的素质要求

随着我国旅游业、餐饮业的发展和科学技术的进步，对烹饪技术人才的要求也越来越高，这就要求培养学生具有扎实的专业理论知识、具有熟练的专业技能、较强的职业适应能力和高尚的职业道德。今后烹饪行业对烹饪人才的要求主要表现在以下几方面。

（一）高尚的职业道德

职业道德看似与能力无关，但是职业道德决定着一个人的敬业精神，而敬业精神决定着一个人的钻研精神，进而形成个人的能力。

职业道德总是要鲜明地表达职业义务、职业责任及职业行为上的道德准则，反映职业、行业以至产业特殊利益的要求；它不是在一般意义上的社会实践基础上形成的，而是在特定的职业实践的基础上形成的，因而它往往表现为某一职业特有的道德传统和道德习惯，表现为从事某一职业的人们所特有的道德心理和道德品质。

现代餐饮行业中厨师在工作中不辞而别是一种比较常见的现象。由于餐饮行业具有工作强度大、工作时间长、工作环境差、卫生要求高的特点，现在的学校又缺乏这方面的教育，因此有些厨师在工作中一旦遇到不顺心的事，或感到累，或感到工资低，只要一拿到薪水就会不辞而别，甚至什么都不要就一走了之，弄得老板措手不及、普遍抱怨。实质上这种不辞而别是一种不道德的职业现象，是不讲信誉的不道德行为，有这种行为的人无论有多高的技术也不会受到欢迎，何况有这种行为的人一般也不可能有高超的技术，因为没有将精力用到钻研技术中，这种人往往是人们所说的那种“大事做不来，小事又不愿意做”的既轻浮而又不踏实的人。所以，在教学过程中必须培养学生的职业道德，养成职业习惯，以适应今后行业的就业环境和就业要求。

（二）扎实的基本功

烹饪技术主要是手工操作，讲究烹饪的基本功。正像人们所说的那样，很多家庭主妇看着菜谱做不好菜。其主要原因有两个方面：一是缺乏经验的积累，即使做一辈子饭，接触的原料与烹调方法也是有限的，不可能实现烹饪经验的积累；二是不具有烹饪的基本功，即使刀工很不错，但这也只是烹饪基本功的一小部分，只掌握刀工是不可能做好菜的。因此，烹饪技术中的基本功尤其重要。中等职业学校烹饪专业的学生在校期间主要是基本功的学习与训练，我们所说的毕业后直接顶岗，只是相对而言，只能顶厨房内个别的岗位（技能简单、不需要多少经验的岗位）和胜任助手的工作。只有让学生掌握了扎实的基本技能，才能有发展的后劲，才有创新的可能。所以，烹饪专业的教学应注重烹饪基础知识的教学，引导学生苦练基本功。专业教师本身就应具有扎实的基本功，在基本功的教学方面下工夫，掌握烹饪技能的教学规律，提高教学水平。

（三）较强的悟性

简单地说，悟性是一种学习、理解、把握规律的能力。它是一种直觉思维，靠感觉，靠灵气，靠经验，靠想象。烹饪技术以手工操作为主，其技能建立在经验基础之上。但是，一个人的学习能力、理解能力不强，其技能从生疏到娴熟的过程就会延长，甚至一生都悟不出烹饪的道理，把握不了烹饪的规律。学习技能必须心灵手巧，要有灵气，要有悟性。学习烹饪技术也需要良好的学习习惯，积极的逻辑思考，艺术的丰富想象和勤奋的双手。将不善于学习的孩子送到学校学习烹饪技术的家长有认识上的偏颇，不善于学习、懒于思考的人，即使学了烹饪技术也不会成为烹饪大师。因此，如将烹饪技术作为一种终身从事的职业，就应勤于学习、善于思考，提高自己的悟性，努力把握烹饪中的规律。教师也应将提高学生的思考能力、理解能力和悟性作为教学的重点之一。

（四）积极的创新意识

同样的原料，不同的厨师会作出不同的菜肴，就如同一张白纸，不同的人能画出不同的作品一样，这是因为烹饪具有艺术的属性，而艺术的真谛就在于创造，所以每做一道菜都有创作的成分在里面。这就要求在日常的工作中，在原有技术的基础上，通过原料变换、技术重组等方式，不断创新，这也对厨师创造能力提出了挑战。人们的饮食习惯具有相对的稳定性，又具有求新求异性，酒店的主要功能就是满足人们在饮食上的求新求异性，因此，创新是每一位烹饪技术从业者不可或缺的能力。创新能力的培养，任何一个学校的任何专业都在谈，都在做。烹饪专业的教师要根据烹饪技术的特点，摸索出适合烹饪专业创新教育的途径与方法。

本章小结

本章主要阐述烹饪专业教学论的特点、研究对象和主要内容及烹饪教学的特点，并对烹饪专业教学的特点及烹饪专业技术人才的素质要求做了全面阐述。对本书的大体构架有一个简单的梳理。

思考练习

1. 什么是教学论，烹饪专业教学论的特点有哪些？
2. 烹饪专业教学的特点有哪些？
3. 烹饪专业技术人才的素质要求有哪些？
4. 烹饪专业教学论研究的对象和主要内容是什么？
5. 烹饪专业教学论对烹饪教育有何现实意义？

第一篇　烹饪专业教学的基础理论

第一章 烹饪专业教育与教学目标

学习目标

通过本章学习，了解教育领域的目标层次，认识烹饪专业教学目标的内涵、特性与功能及其价值取向，掌握烹饪专业教学目标确定的依据和设计方法。

知识导入

教育和教学都是一种目的性活动，教育是培养人的一种社会活动；教学中每一次教学活动，每一堂课，甚至每一个教学语言行为都具有一定的目的。教育和教学，在字面的排列顺序上有明显的逻辑关系。即教育在先，教学在后，教育是基础。可见我们对教育事业的本质看得很透，明确地提醒学校管理者或者教育者：教育如果不成功，就谈不上教学了。我们的先贤早就提出，老师的工作即传道、授业、解惑，我们作为教育者的责任，先是传道——教育，其次才是授业和解惑——教学。孔子之所以被后人称为“圣人”，最主要也是由于其高尚的道德情操。古人都有这种难能可贵的认识，我们今天岂能不如古人的思想境界。烹饪教育与普通教育是个体与整体的关系，是个性与共性的关系。烹饪专业教学目标离不开国家整体教育目标的规定，因此，要结合烹饪教育教学的特点，将教学的一般原理应用于烹饪专业教学的同时，还要突出烹饪专业教育教学的特点，制订出切实可行的教学目标，更好地为烹饪专业教育教学服务。可以说，教育教学目标是教学活动实施的方向和达到预期的结果，是一切教学活动的出发点和最终归宿。

第一节 烹饪专业教育目标

一、烹饪专业教育目标的含义

烹饪专业教育目标就是指所培养的烹饪人才应达到的标准。这个目标可高可低，按需而定，教育目标是培养人的方向和规格，是反映教育目的的，具体指可观测的变化（或进步）。根据教育层次的不同，可分为国家教育目标和学校教育目标。单从学校教育的层面分析，可将烹饪教育目标分为中等烹饪教育目标和高等烹饪（指烹饪与营养教育专业）教育目标。中等烹饪教育目标要求培养的人才掌握熟练的操作技能和具有一定的管理能力，而高等烹饪教育目标则要求培养的人才具备一定的实践操作能力、教学能力（掌握相关的专业教学方法）、营养配餐能力和组织管理能力。

二、烹饪专业教育目标的层次结构

在教育领域，通常有教育方针、教育目的等，许多人经常混淆这些概念，下面对教育领域的目标结构做一个简单梳理。

（一）教育方针

教育方针是一个国家或政党在一定历史阶段提出的有关教育工作的总方向，是教育基本政策的总概括。教育方针是教育工作的指导思想，包括三个组成部分：一是教育的性质和方向，主要指教育为谁服务和教育自身的发展方向；二是教育的目的，即教育所培养的人的质量要求；三是实现教育目的的途径和根本原则，即如何培养人的问题。教育方针决定了教育事业发展的方向，指导国家整个教育事业的发展。不同历史时期有不同的教育方针，相同的历史时期因强调方面不同，教育方针的表述也会有所不同。1995年3月18日，第八届全国人民代表大会第三次会议通过了《中华人民共和国教育法》，其中规定：教育必须为社会主义现代化建设服务，必须与生产劳动相结合，培养德、智、体等方面全面发展的社会主义事业的建设者和接班人。这个方针被以法律的形式确定下来，规定了我国未来教育的性质、方向、途径、目标及其规格，对我国教育发展必将产生重大而深远的影响。中国共产党第十八次全国代表大会报告指出，要“坚持教育为社会主义现代化建设服务、为人民服务，把立德、树人作为教育的根本任务，全面实施素质教育，培养德、智、体等方面全面发展的社会主义建设者和接班人，努力办好人民满意的教育”。

烹饪教育隶属职业教育范畴，关于职业教育方针，国家制定了四个坚持：坚持育人为本、德育为先，全面实施素质教育，以服务为宗旨、以就业为导向培养高素质劳动者和技能型、应用型人才；坚持面向市场、面向社会、面向企业、面向农村办学，深入教育教学改革，大力推行工学结合、校企结合、顶岗实习，积极推进集团化办学；坚持以政府办学为主，充分发挥行业企业作用，积极发展民办职业教育，大力推动中外合作与交流；坚持学历教育和短期培训并举，职前教育和继续教育结合，积极推进终身教育体系建设和学习型社会建设。所以烹饪专业教育应该以职业教育方针为导向，培养社会需要的人才。

（二）教育目的

任何社会实践活动都有预期的目的，教育作为培养人的社会实践活动也同样如此。

1. 教育目的的概念 广义的教育目的是指人们对受教育者的期望，即人们希望受教育者通过教育在身心等诸多方面发生什么样的变化，或者产生怎样的效果。国家和社会的教育机构、学生的家长和亲友、学校的老师等，都对新一代寄予了一定的期望，这些期望都可以理解为广义的教育目的。狭义的教育目的是国家对把受教育者培养成为什么样人才的总的要求。例如，烹饪与营养教育专业的教育目的就是将学生培养成毕业后能在中高等职业院校、大中型餐饮企业、星级酒店、旅游宾馆等企事业从事烹饪职业教育、产品开发和技能培训等方面工作的人才。

2. 教育目的的意义 教育目的是一种引导和推动人们在实践中改造世界和改造社会的精神性动力。目的与实践的关系表现为：一个具体的目的是人们实践活动的起点，并体现于实践活动的全过程中。因此，教育目的是一切教育工作的出发点，教育目的的实现则是教育活动的终点，它贯穿于整个教育活动的过程中，对一切教育工作具有指导意义。教育目的对整个教育工作的指导意义主要体现在以下几方面。

（1）教育目的的导向作用 教育目的一经确立后就成为了人们行动的方向，它为学生指明了方向，预定了发展结果，为教师指明了工作方向和奋斗目标。例如，烹饪与营养教育专业要求学生具有教学能力，在这个目标推动下，人才培养方案、课程设置等方面就应该加大投入力度。

（2）教育目的的激励作用 教育目的反映了人的需要和动机，人们在一起共同活动需要教育目的作为根基。因此，当共同的目的被人们认识和接受后，不但能指导实践活动的整个过程，而且能够激励人们努力实现共同的目标。可以说目标就是价值，假如目标有价值，并且人们愿意去实现它，那么它便能使学生为达到该目标而付出所需要的努力。

（3）教育目的的评价作用　教育目的是衡量、评价人们教育实施效果的根本依据和标准。评价学校办学的方向、水平和效益，检查教育工作者的质量，评定教师的教学质量和工作效果，检查学生的学习质量和发展程度等方面的工作，都必须根据教育目的进行。

（4）教育目的的指导作用　教育目的的指导作用体现在对行政部门制定有关方针政策的指导上。教育行政部门的方针政策必须根据教育目的的要求制定。

3. 教育目的的价值取向　教育的根本目的就是要促进学生发生一定的变化，使他们更好地适应目前和未来的生活。教育目的具有内在目的和外在目的的双重属性。不同的社会主体从不同的利益出发，选择或提出不同的教育目的，进而在观念或行动上去构建符合各自理想的教育形态。所以，教育目的本身体现着不同社会主体的不同价值取向。教育史上，“个人本位论”和“社会本位论”是最大的争议。

个人本位论者主张教育目的的提出应当根据受教育者的本性，而不是从社会需要出发。他们认为，教育目的在于把受教育者培养成多样的人，充分发展受教育者的个性，增进受教育者的个人价值，评价教育的价值应当以教育对个人的发展所起的作用来衡量。这一派的主要代表人物有孟子、卢梭、裴斯泰洛齐等。以人本位的价值取向，即把人的价值看成高于社会价值，把人作为教育目的根本所在的思想主张。其特点是：重视人的价值、个性发展及其需要，把人的个性发展及其需要的满足视为教育的价值所在；认为教育目的的根本在于使人的本性、本能得到自然发展，使其需要得到满足；主张应根据人的本性发展和自身完善这种“天然的需要”来选择、确立教育目的，按照人的本性和发展的需要来规定教育目的。认为人的价值高于社会价值，把人作为教育目的的根本所在。

社会本位论者主张教育目的的确定要根据社会的需要，个人只是教育加工的原料，个人的发展必须服从社会的需要；教育目的就在于把学生培养成符合社会准则的公民，使学生的个性化趋于公民化，保证社会生活的稳定和延续。这一派的代表人物有荀子、柏拉图、康德及近现代的很多教育社会学家。他们认为社会价值高于个人价值，教育的根本价值是满足社会需要。社会本位论者主张，教育目的要根据社会需要来确定，个人的存在与发展必须服从社会需要。

社会本位的价值取向与人本位的价值取向相对应，把满足社会需要视为教育的根本价值。这种观点认为，社会是人们赖以生存发展的基础，教育是培养人的社会活动，教育培养的效果只能以其社会功能的好坏来衡量，离开了社会需要，教育就不能满足社会的需求。因此主张教育目的不应从人本身出发，而应从社会需求出发，根据社会需要来确定。

除此之外，还有知识本位论，持这种观点的人认为：衡量烹饪专业教学目标的标准为知识。以知识为标准是制订教学目标最重要乃至唯一的因素。

马克思参考了以往任何时代关于人性、人的本质的理论观点，结合哲学、经济学和社会学的历史，考察了个人发展和社会发展的关系，提出了个人发展与社会发展是具有对立统一关系的历史过程的观点，从而为确立教育目的提供了理论前提。马克思主义的人的本质观——人的本质在其现实性上是一切社会关系的总和，是马克思主义人的全面发展学说的根本前提，科学地解决了教育史上一个长期悬而未决的矛盾和难题——人、社会、教育之间关系的问题。作为新时期高等烹饪专业教育，我们认为，烹饪专业教育应遵循以学生的发展为教育目标的价值取向。首先，学生的发展不仅是单纯的对知识的掌握，同时也有探究知识的过程与方法的提高及情感、态度、价值观的参与。其次，学生发展的间接指向是为社会服务，不应把学生的发展与社会的发展对立起来。最后，学生发展的价值取向充分体现了“以人为本”的思想。它是知识、社会、人本三种价值取向的结合。

4. 教育目的的分类 教育目的包括国家的教育目的、各级各类学校的培养目标及教师的教学目标这三个层次。

（1）国家的教育目的 国家的教育目的居于第一个层次，它是由国家提出来的，其决策要经过一定的组织程序，一般在国家的教育文本和教育法令中能体现出来。

国家的教育目的是一个历史性的范畴。中华人民共和国成立后，我国对教育目的的表述随着历史的发展也有所不同。新中国成立之初，根据当时的情况，《中国人民政治协商会议共同纲领》规定：“人民政府的文化教育工作，应以提高人民文化水平、培养国家建设人才、肃清封建的买办的法西斯主义的思想、发展为人民服务的思想为重要任务。”社会主义改造基本完成以后，毛泽东于1957年在最高国务会议上提出：“我们的教育方针就是使受教育者在德育、智育、体育几方面都得到发展，成为有社会主义觉悟的有文化的劳动者。”1958年，毛泽东又指出：“教育必须为无产阶级政治服务，教育必须同生产劳动相结合。”毛泽东对于教育目的的论述对当时我国教育目的的制定起了非常重要的作用。同年，中共中央、国务院《关于教育工作的指示》就明确指出：“教育目的是培养有社会主义觉悟的有文化的劳动者。”并且指出这一表述“正确地解释了全面发展的涵义”。1978年，我国宪法中关于我国教育目的的表述为：“我国的教育方针是教育必须为无产阶级政治服务，教育必须同生产劳动相结合，受教育者在德育、智育、体育几方面都得到发展，成为有社会主义觉悟的有文化的劳动者。”直到今天，毛泽东关于教育目的的思想仍然对我国教育目的的制定有重要的影响。以毛泽东的指示为直接指导所形成的教育目的着重强调了教育目的的社会制约性，也考虑到了教育目的对教育对象身心发展及其规律的适应性，在不同时期起过一定的积极作用。自中国共产党第十一届中央委员会第三次全体会议以来，改革开放及社会主义现代化建设事业的发展对教育事业提出了新的要求。国家制定了新时期的教育目的——以经济建设为中心方针主导下的教育目的。1981年，中共中央《关于建国以来党的若干历史问题的决议》要求：“坚持德智体全面发展、又红又专、知识分子与工人农民相结合、体力劳动和脑力劳动相结合的方针。”1982年，全国人民代表大会第五次会议通过的新的《中华人民共和国宪法》规定：“国家培养青年、少年、儿童在品德、智力、体质等方面全面发展。”1985年，中共中央《关于教育体制改革的决定》提出，要“为90年代以至下世纪初叶我国经济和社会发展，大规模地准备新的能够坚持社会主义方向的各级各类合格人才”，“这些人才都应该有理想、有道德、有文化、有纪律，热爱社会主义祖国和社会主义事业，具有为国家富强和人民富裕而艰苦奋斗的献身精神，都应该不断追求新知，具有实事求是、独立思考、勇于创造的科学精神”。20世纪80年代初期强调又红又专和科学精神等是国家工作重点转移到经济建设上来的大环境的产物，也是对“文化大革命”时期片面强调政治素质的一种拨乱反正。1986年，第六届全国人民代表大会第四次会议通过的《中华人民共和国义务教育法》规定：“义务教育必须贯彻国家的教育方针，努力提高教育质量，使儿童、少年在品德、智力、体质等方面全面发展，为提高全民族素质，培养有理想、有道德、有文化、有纪律的社会主义建设人才奠定基础。”1995年，第八届全国人民代表大会第三次会议通过的《中华人民共和国教育法》规定：“培养德、智、体等方面全面发展的社会主义事业的建设者和接班人。”1999年6月，《中共中央国务院关于深化教育改革，全面推进素质教育的决定》则指出：“实施素质教育，就是全面贯彻党的教育方针，以提高民族素质为根本宗旨，以培养学生的创新精神和实践能力为重点，造就‘有理想、有道德、有文化、有纪律’的德智体美等全面发展的社会主义事业建设者和接班人。”新时期的教育目的具有历史继承性，也反映了新时期社会发展的特点和我们对教育目的的新的思考和探索。

与普通教育相比，烹饪专业教育的目的是满足个人的就业需求和工作岗位的客观需要，进而推动相关企业的发展，加快国家产业结构的调整与转型。

（2）各级各类学校的培养目标　各级各类学校的培养目标居于第二个层次，它是根据国家的教育目的制订的某一级或某一类学校，某一专业对人才培养的具体要求，是国家教育目的在不同教育阶段、不同级别的学校、不同专业方向的具体表现形式。根据各级各类学校的任务而确定的对所培养人的特殊要求习惯上称为培养目标，它是由特定的社会领域和特定的社会层次的需要决定的，各级各类学校在要完成各自的教育任务的前提下制订各自的培养目标。

（3）教师的教学目标　教师的教学目标居于第三个层次，教学目标是指教学活动结束后学生所能达到的预期效果。教学目标也指教师在教育教学过程中，完成某一阶段的教学工作后，希望学生达到的要求或产生的变化。

第二节　烹饪专业教学目标

一、烹饪专业教学目标的基本内涵

烹饪专业教学目标是指在烹饪专业理论或实践教学活动之前，教师和学生对教学活动所要达到的学习结果的预期或估计。它是教学活动实施的方向和达到预期的结果，是一切教学活动的出发点和最终归宿。烹饪专业教学目标就是为了课程的实施，把课程目标以标准化的形式明确清晰地表述出来。它可以分为课程教学目标、单元教学目标、课时教学目标等。这里需要注意两点：第一，教学目标的行为主体是学生，而不是教师，学生是学习的主体，教学活动的最终目的是促进学生的身心发展，而教师在教学过程中的角色是引导者。因此教学目标的设计要做到：“学生能做什么，学生能学到什么，对学生的未来发展有何作用”。例如，菜点品种教学的目标不是教学生炒多少个菜，而是要领悟每种烹调技法的精髓，这样无论选择怎样的原料，都可以制作出美味的佳肴。第二，教学目标的内容主体为教学结果，而非教学过程，也就是说教师设计的应该是学生在教学活动结束时，学会了什么，而不是在教学过程中要做些什么。例如，《面点工艺学》中饺子的制作一节，有些教师将教学目标设计为“学生将学习冷水面团的调制、馅心的调制、饺子的成型等工艺”，这就是从教学过程的角度设计的教学目标，如果从结果角度去设计目标，应该为“学生能够准确地掌握冷水面团的调制、馅心的调制、饺子的成型等工艺”。

二、烹饪专业教学目标的特性与功能

（一）烹饪专业教学目标的特性

1. 预期性 教学目标是师生在教学活动中预期达到的教学结果，也即在教学活动之前就预见到教学活动可能会促使学生身心方面发生哪些变化。教学目标以学生身心发展现状为基础，但又超越其发展现状，是经过学习者的努力才能达到的一种要求。布鲁姆认为，有效的教学始于教师知道自己希望达到的目标是什么。因此，烹饪专业教学预期要达到的教学目标是否明确、具体，将直接影响教师的教学实践效果。

2. 系统性 烹饪专业教学目标是一个由若干具体目标组成的系统整体，具体教学目标之间紧密联系，构成一个有机整体，因此应坚持用联系的观点来看待教学目标。各个具体的目标之间并不是孤立存在的，而是相互联系的，在整体的目标中有着各自的作用和地位，完成这些具体的目标，最终达成总目标。从这个意义上来讲，教学目标的系统性与可分解性是辩证统一的。

3. 层次性 烹饪专业教学目标由许多具体的目标组成，这些具体的目标并不是都处于一个阶层上。较低层次的目标是较高层次目标的具体化，各项教学目标的实现遵循从易到难、从简到繁、一级一级地向上发展的规律。因此，在教学目标的实现过程中不能略过较低层次的目标而直接达到整体目标，这样不仅达不到教学目标，反而会造成学生“揠苗助长”现象出现。

4. 可行性 一般情况下，教学目标应该是清晰明确、具体可行的，并能够在具体的教学实践中顺利达成；如果教学目标是模糊的、笼统的或者过高的、不切实际的，则很难达成。因此，教学目标一定要具备可行性，科学合理的教学目标必须是符合实际的、可实际操作的。在具体表述的时候一定是可测量性的。例如，学生能够在 10 分钟内切配出一个菜肴的主辅料；学生可以在 5 分钟内雕刻出一朵大丽花。

5. 灵活性 教学目标是根据教育目标和培养目标的方向，结合具体的实际编制的，在设计过程中，教师应根据学校、教师、学生、社会、班级、课程等因素综合考虑进行编制，应该保证在不影响整体目标的前提下作适当的调整。例如，烹饪原料受季节性和地域性影响，同一种原料生长在不同产地品质就会有一定区别，因此在制订目标时就要灵活变通。教学目标的灵活性能够更好地适应学生的学习，对学生综合能力的发展提高有很重要的作用。

（二）烹饪专业教学目标的功能

1. 导向功能 烹饪专业教学目标的导向功能主要表现在三个方面：一是指导着教师的教学方向。有了明确的教学目标，避免了教学的随意性和学生学习的盲目性。二是指导着学生的学习方向。明确的教学目标能使学生形成持久的学习动力，可以调动学生学习的积极性和主动性。三是指导着学生学习结果的评价方向。学习结果的评价也应该与教学活动开始所设定的教学目标一致，这样能够对整个教学过程做一个明确的审视，从而查缺补漏，为以后的学习奠定基础。

2. 激励功能 目标是激励个体活动的一个外部因素，它能给个体带来一定的动力。烹饪专业教学目标实质上是教学的一种预想，而这个预想对学生的学习是有一定价值和意义的，因此，它必然成为学生学习的一种动力。带着目标去学习，学习中不断向目标奋进，这样不断激励学生的潜能，逐渐形成良性循环，达到教学目的就变得更加容易。

3. 评测功能 一旦确定教学目标，其能否实现就成为了评测教学效果的重要尺度。一些教师在评测教学效果时，往往只看课堂氛围、学生参与等方面，这种评价是表面的、形式化的。科学准确地评价教学的好坏，应从既定的教学目标出发，看教学是否真正达到了预期的目标。这样才能使教学目标落到实处，发挥真正的意义。

三、烹饪专业教学目标的制订

（一）烹饪专业教学目标制订的理论依据

教学目标制订的思路是，运用分类学理论把各项具体教学目标按由简单到复杂、由低级到高级连续递增的分类形式进行有序的排列和组合，构成明确、具体、有序、可测的教学目标分类体系。关于教学目标的分类学说，国外研究较早，并形成了重要的流派。教学目标的研究至今仍然是教育领域一个较为热点的问题。教学目标分类学说对教学实践产生了深远的影响，其中较为有影响力的为布鲁姆的教学目标分类学理论、加涅的学习结果分类理论等。

1. 布鲁姆的教学目标分类学理论 布鲁姆是美国著名的教育心理学家，他的教育理论不仅影响了整个世界，并且成为许多国家课程编制、教材编写、教育测量与评价的依据和教师教学的理论指导。1956年，布鲁姆出版了《教育目标分类学》一书，首次提出了用分类学方法分析学生在课堂中发生的各种学习。除前苏联教育家凯洛夫外，布鲁姆的教育理论对我国教育教学改革的影响也较大。他首创的教育目标分类学，将教育目标划分为认知、情感和动作技能三个领域，共同构成教育目标体系。

（1）认知领域的教学目标 认知领域的教学目标分为从低到高的6个层次：知道（知识）—领会（理解）—应用—分析—综合—评价。

1）知道（知识）：是指认识和记忆。这一层次所涉及的是对具体知识或者抽象知识的辨认，用一种非常接近于学生当初遇到的某种观念和现象时的形式，回想起这种观念或现象。这种知识即特定知识，如术语和事实；处理特殊问题的方法或途径的知识，如序列、分类、标准、方法等；一般的知识或抽象的知识，如原理、理论、知识框架等。与这一层次目标相关的概念有回忆、记忆、识别、列表、定义、陈述、呈现等。

2）领会：是指对事物的领会，能够把握学习内容的意义，但不要求深层次的领会，而是初步的领会，这种领会可能是肤浅的。领会可以通过三个层次体现出来：一是转换，即将所学内容转换成与学习时不同的方式，简单地讲就是用自己的话或用不同的方式来表达自己的思想。例如，能用自己的语言理解大翻勺的技术要领。二是解释，对某一项信息加以说明或概述。三是推断，估计将来的趋势或后果。与此目标相关的概念有说明、识别、描述、解释、区别、归纳、比较等。

3）应用：是指对所学习的概念、规律、原理等的运用。它要求在没有说明问题解决模式的情况下，学会正确地把抽象概念运用于适当的情况。这里所说的应用是初步的直接应用，而不是全面地、通过分析、综合地运用知识。与此目标相关的概念有应用、论证、操作、实践、分类、举例说明、解决等。

4）分析：是指把材料分解成它的组成要素部分，从而使各概念间的相互关系更加明确，材料的组织结构更为清晰，详细地阐明基础理论和基本原理。与此目标相关的概念有分析、检查、实验、组织、对比、比较、辨别、区别等。

5）综合：是以分析为基础，全面加工已分解的各要素，并再次把它们按要求重新地组合成整体，以便综合地、创造性地解决问题。它涉及具有特色的表达，制订合理的计划和可实施的步骤，根据基本材料推出某种规律的活动。它强调独特性与首创性，是高层次的要求。与此目标相关的概念有组成、建立、设计、开发、计划、支持、系统化等。

6）评价：是认知领域里教育目标的最高层次。这个层次的要求不是凭借直观的感受或观察的现象来作出评判，而是理性地、深刻地对事物本质的价值作出有说服力的判断，它是在综合内在与外在的资料、信息的前提下，作出符合客观事实的推断。

在上述布鲁姆的分类系统中，“知道”只涉及对语言的简单记忆，不需要对原输入信息做改动，而后几个与第一个的不同之处在于，它们是加工知识的方式，需要学习者在心理上对知识进行组织或重新组织。这个分类方式为我们确定教学目标提供了良好的框架。

（2）情感领域的教学目标

1）接受或注意：指学习者愿意注意某些特定的现象或刺激（选择性注意）。它分为三个亚类：①觉察，指学习者意识到某一情境、现象、对象或事态。与“知识”不同的是这种意识不一定能用语言来表达，如形成对服装、陈设、建筑物、城市设计、美好的艺术品等事物中美感因素的意识。②愿意接受，指学习者愿意去承受某种特定刺激而不是回避。例如，增强对人类需求和社会紧迫问题的敏感性。③有控制地或有选择地注意，指自觉地或半自觉地从给定的各种刺激中选择一种作为注意的对象而排除其他无关的刺激。例如，注意文学作品中记载的人类价值和对生活的判断。

2）反应：指学习者主动参与，积极反应，表示出较高的兴趣。它包括三个亚类：①默认的反应，指学习者对某种外在要求、刺激作出反应，但是还存在一定的被动性。例如，愿意遵守游戏的规则。②愿意的反应，指学习者对于某项行为有了相当充分的责任感并自愿去做。例如，对自己的健康和保护他人健康承担责任。③满意的反应，指学习者不仅自愿做某件事，而且在做了之后产生一种满意感。例如，从消遣性阅读中获得乐趣。

3）评价：价值评价是指学习者确认某种事物、现象或行为是有价值的，学习者将外在价值变为自己的价值标准，形成了某种价值观、信念，并以此来指引个人行为。它包括三个亚类：①价值的接受，即接受某种价值。例如，始终渴望形成良好的演讲和写作的能力。②对某一价值的偏好，指学习者不但接受某种价值，而且被这种价值驱使着、指引着学习的行为，同时，这种价值被学习者所追求，被学习者作为奋斗目标。例如，积极参与展示当代艺术成就的准备工作。③信奉，指个体坚定不移地相信某种观念或事业，自己全力以赴地去实现这种自认为有价值的观念或事业，并且还力图让别人信服这种观念、参与这项事业。例如，献身于作为民主之基础的观念和思想。

4）组织：指学习者在遇到多种价值观念呈现的复杂情境时，将价值观组织成一个体系，对各种价值观加以比较，确定它们的相互关系及它们的相对重要性，接受自己认为重要的价值观，形成个人的价值观体系。其包括两个亚类：①价值的概念化，即通过使价值特征化，让各种价值能够联系在一起。例如，试图识别所欣赏的某一艺术客体的特征。②价值体系的组织，指学习者把各种价值（可能是毫无联系的价值）组成一个价值组合体，并使这些价值形成有序的关系。

5）价值与价值体系的性格化：指学习者通过对价值观体系的组织，逐渐形成个人的品性。情感教学是一个价值标准内化的过程。外部的价值标准必须经历学习者的接受、反应、评价、组织等内化过程，才能将它转化为自己信奉的内在价值。另外，情感教学不应该只是品德课的任务，各门学科都应对学生进行情感、态度和价值观的教育，因为无论是知识的获得、技能的形成还是行为习惯的养成都离不开价值观的指导，一个缺乏远大目标的人，很难在学习中达到一定的高度。

（3）动作技能领域的教学目标　动作技能领域的教学目标分类出现较晚，而且存在多种说法，其中哈罗于1972年提出的分类系统，把动作技能由低级到高级分为反射动作、基础动作、知觉能力、生理能力、技能动作、有意活动。

1）反射动作、基础动作：虽然反射动作和基础动作是自然形成的，不是学到的技能，教学中也不设定这两方面的低层次学习目标，但是对于烹饪教育来讲，中式烹饪本身强调手工操作，这对动作的标准性、熟练性要求极高，需要长时间的练习，形成动作定性，所以在教学中应通过基本功的训练让学生对动作形成条件反射，这样操作会更加熟练。

2）知觉能力：对所处环境中的刺激所作的洞察和理解，并作出相应调节动作的能力。传统的烹饪教育多是“以师带徒”，这个过程就需要师傅操作，学生感知，通过视觉、听觉、触觉等掌握基本动作和操作要领。虽然现代学校烹饪教育已经不是“以师带徒”的模式，但是教学中还是会通过演示操作，利用现代多媒体教学技术，来刺激学生的知觉能力，让教学效果达到最佳。

3）生理能力：动作的耐力、力量、灵活性和敏捷性。这是学习高难度动作时的基础，如烹饪的大翻勺技术，首先需要臂力、腕力的联系，否则根本无法端起大勺，因此我们可以说，生理能力属于基础能力。

4）技能动作：熟练完成复杂动作的能力。它是以基础性能力为前提，结合知觉能力，经过长时间的综合练习，达到熟能生巧的目的，对技术动作的掌握达到应用自如的程度。

5）有意活动：传递感情的体态动作，即身体（肢体）语言（姿势、手势、面部表情）。

布鲁姆的教学目标分类学理论，具有很强的实践性和可操作性，对于烹饪专业教学目标的制订具有一定的参考价值。该理论提醒我们每一位从事烹饪教育的教师，使学生获取知识或者对所学教学内容的简单回忆不是教学目标所要达到的最终目标，必须帮助每一位学生达到最高水平的认知目标，使学生不仅学会基本操作技能，更应该教学生如何熟练运用技能和自行研究新的技能。

2. 加涅的学习结果分类理论　加涅是继布鲁姆之后，又一位对目标理论有重大影响的心理学家。西方教育心理学界认为，布鲁姆的教育目标分类学理论和加涅的学习结果分类理论都是指导学习目标设计的很有实用价值的学说。在加涅的《学习条件》一书中，则对学习结果进行了分类，提出了5种学习结果：语言信息、智力技能、认知策略、动作技能和态度。

（1）语言信息　语言信息作为一种学习结果，是指能用语言（或语言）表达的知识。在需要时能够将记忆事实（如名称、符号、地点、时间、定义、对实物的描述等）陈述出来。虽然语言信息的学习主要涉及的心理过程是记忆，但并不能就此轻视这类学习结果，因为它同样是一种重要的能力。而判断学生能否获得信息主要看他们能否把获得的信息表述出来。具体分为两类：①符号记忆，包括人名、地名、菜名、数学符号等的记忆，如知道山东又名“鲁”，山东菜又名“鲁菜”等。②事实的知识，如知道中国的四大菜系为川、鲁、苏、粤。

（2）智力技能　智力技能作为一类学习结果，是指学习者通过学习获得了环境相互作用与使用符号的能力。智力技能不同于语言信息，智力技能与知道“怎样做”有关，而语言信息与知道“是什么”有关。把辨别技能作为最基本的智慧技能，按不同的学习水平及其所包含的心理运算的不同复杂程度依次分为：辨别—具体概念—规则—高级规则（解决问题）等智力技能。①辨别：它要求学生能够对不同的刺激作出不同的反应，或者在众多的刺激中识别出相同的刺激。影响辨别学习的内在条件是学习者必须经由感官觉察到刺激，并且能够辨别各刺激之间相同的或不同的特征，如辨别烹调中“煮”和“炖”的区别。②具体概念：是在一系列事物中找出共同属性并给同类事物赋予同一名称的一种习得技能。其中一类是具体概念，另一类是定义性概念。具体概念是指事物的共同属性可以具体显现的概念，如饺子（水饺）；定义性概念是指事物的共同属性不能显现于外，只能用下定义的方式表述的抽象概念。具体概念学习的内在条件是学习者的辨别能力，其外在的学习条件是由教师提供具体事物让学生去按属性进行辨别。定义性概念学习的目的条件是在给予概念的定义之前，学生必须了解定义所涉及的语言信息的含义，外在条件是教师提供具体活动作为示范，抽象的定义概念与某项具体活动相联系，从而得以理解。③规则：是指两个或两个以上的概念组合在一起所表达的完整的意义，也就是我们常说的对客观规律的主观描述，内在条件是学习者对组成规则各个概念含义的把握，外在条件是教师必须先确定学生是否掌握了组成规则的各个概念。例如，学习剞花刀之前，教师必须确认学生已经获得了直刀法、斜刀法的相关概念。④解决问题：是指运用已掌握的规则解决问题的心理过程。人们在解决问题时，往往需要将已经学到的规则进行重组，使之成为解决问题的办法。问题解决的内在条件是学生对解决问题所需的各项规则的了解和掌握，外在条件是教师在提出问题时，必须针对学生对问题的理解程度，给予适当的解释说明，使学生的先备知识与问题情景相连接，简单地讲就是准确的提示。

（3）认知策略　所谓认知策略是学习者借以调节自己的感知、注意、记忆和思维等内部心理过程的技能。随着学习者不断地学习和发展智力技能及其他技能，他们同时也发展了用以自我调控其内部学习过程的方式，这就是认知策略的习得。认知策略的习得使学习者获得了反省思维和分析思维，学会了如何学习，内在条件是学生的先备知识及智力技能，外在条件是教师所提供的教学内容适合学生的能力和经验，并给学生提供较多的练习条件，并给予认真指导。

（4）动作技能 虽然在某些课程的学习中，动作技能常常没有被放在中心位置，但学校的学习中总是包含各种各样的动作技能，从入学儿童学习使用纸和铅笔写字到学习舞蹈、绘画、打球、唱歌、竞走、跨栏、唱歌，从学习实验操作到学习语言的发音等。我们说个体在获得某种动作技能时，不仅是指他完成某种规定的动作，也指这些动作组织起来构成连贯的、准确的、合规则的整体行为。动作技能操作的流畅与时间的精确性能够反映行为表现的内部组织程度。

动作技能的学习往往与认知学习交织在一起，因为动作技能通常由一套序列步骤或动作构成，学生在学习某个动作技能时，必须知道或掌握动作技能组成的程序及相应的规则，以便随着练习的继续，提高动作的水平。

（5）态度 态度是指影响学习者进行选择的内在心理准备状态。除动作技能之外，学习还会导致影响个体行为选择的内部状态的建立。这就是加涅所谓的学习的第五类结果——态度。态度是习得的，是一种影响个人对特定对象作出行为选择的有组织的内部准备状态。影响个体行为选择的内部状态既有情感成分，又有认知成分。同动作技能、智力技能相比，态度与个人行为的关系不那么直接，态度并不决定特定的行为，它以行为的准备状态或倾向对行为产生间接影响。态度的习得有多种形式，有些可能是常常模仿或观察他人的行为而获得对事物的态度，有些则可能是源于个别的事件，也可能源于个体对某种事物的成功与欢乐的体验。虽然个体的很多态度是在家庭、社会中获得的，但学校在个体的态度培养上仍有非常重要的作用。

总之，无论加涅的学习结果分类理论还是布鲁姆的教学目标分类学理论，都不能放之四海而皆准，但是他们的理论确实有很强的实践性和可操作性，对我国教育的影响也较为深远，我国学者也提出了自己的教学目标分类理论，但大多数都借鉴了国外的理论，因此，在教育教学实践中，我们应根据烹饪教育的自身特点和实际情况，制订符合实际的教学目标。

3. 三维教学目标分类 2001年，教育部在《基础教育课程改革纲要（试行）》中提出三维教学目标分类，将教学目标分为三个层次：知识与技能、过程与方法、情感态度与价值观。

（1）知识与技能 知识与技能是指基础知识和基础技能的获得。知识包括人类生存所不可或缺的核心知识和学科基本知识；技能包括获取、收集、处理、运用信息的能力、创新精神和实践能力，终身学习的愿望和能力。

（2）过程与方法 过程与方法是指学生获得基础知识和基本技能的过程中学会学习的方法，培养各方面的能力，强调让学生“学会学习”，主要包括人类生存所不可或缺的过程和方法。过程指应答性学习环境和交往、体验；方法包括基本的学习方式（自主学习、合作学习、探究学习）和具体的学习方式（发现式学习、小组式学习、交往式学习等）。

（3）情感态度与价值观 情感态度与价值观是指教学中不但关注人的理性发展，更注重学生人格的完善，情感不仅指学习兴趣、学习责任，更重要的是乐观的生活态度、求实的科学态度、宽容的人生态度。价值观不仅强调个人的价值，更强调个人价值和社会价值的统一；不仅强调科学的价值，更强调科学价值和人文价值的统一；不仅强调人类价值，更强调人类价值和自然价值的统一。从而使学生在内心确立起对真善美的价值追求，以及人与自然和谐相处、可持续发展的理念。

确定三维教学目标应该注意：第一，要处理好知识与技能、过程与方法、情感态度与价值观的关系。知识与能力是教学目标的核心，它通过过程与方法、情感态度与价值观目标的实现过程而最终实现；过程与方法是教学目标的组成部分和课堂教学的操作系统，它渗透在知识与能力的实现中而实现；情感态度与价值观目标要渗透在整个学习过程中，任何外加的和拔高的思想教育都是不恰当的。第二，目标的陈述必须从学生的角度出发，语言要体现出“学”的结果。即教学目标应表述学生通过教学活动之后的知识、能力、情感变化，而不是陈述教师行为。例如，“培养学生的动手能力”可改为“尝试动手操作”。第三，教学目标的全面性不要机械教条地运用。由于教材特点的不同，每一课教学目标的侧重点也有所不同，有的可明显体现出三维目标，而有的只能重点体现其中的两项目标。我们要从教材实际出发，科学地设计教学目标。第四，在进行教学设计时，要树立单元整体备课的意识，既要注意设计教学的“硬任务”（如基本技能）如何在课堂教学中实现，也要设计“软任务”（如饮食文化现象）如何在教学中体现。

（二）烹饪专业教学目标制订的现实依据

1. 课程标准　课程标准规定了学科教学的任务、目的、内容及教学的基本要求，是制订教学目标的重要依据，也是进行教学和评价教学质量的重要依据。因此应根据课程标准来制订教学目标，既不能超出也不能低于此目标。这是制订教学目标应首要考虑的问题。例如，中国饮食文化课程作为烹饪与营养教育专业的基础课，在制订教学目标时，要求学生了解、掌握中国饮食文化的起源与发展、饮食科学思想、菜系及相关文化现象即可，没有必要要求学生掌握具体的操作要求。

2. 教学内容　不同课程有着不同的特点，对教学内容一定要做到熟悉、熟练，掌握其中难点，了解教材的思路，因为只有对教学内容准确地把握，才能在教学中做到胸有成竹，因此制订教学目标一定要考虑到教学内容。只有把不同专业课之间的相互联系和知识的重复情况做到合理地选择配置，才能做到有的放矢。例如，烹饪与营养学专业的课程大体有烹饪营养学、烹饪学、教育学三个门类，这些门类下开设有多门课程，每门课程间应考虑其内在的知识逻辑，以及各门课程间的相互作用，才能做到科学合理。教育学多是陈述性知识，也就是说明是什么、为什么，要求学生理解、记忆和应用就可以，而烹饪学多是过程性知识，是关于怎么操作的知识，这类知识往往要求学生动手操作，反复训练，达到熟练。教师如果对所教授的教学内容出现理解偏差，目标设计就会偏离，教学就很难达到好的效果。

3. 学生的学习特点　教学目标对教学结构、教学内容、教学组织和教学方法的形式起着导向作用。教学的主体是学生，教学目标的实现必须有赖于学生的参与和实际操作，目标过高，会使学生的积极性逐渐丧失，目标过低，无法激发学生的积极性。了解学生的学习特点，既是教育学理论的要求，也符合教育的一般规律。学生的接受能力、学习动机、兴趣、性格、现有知识水平等因素都应该考虑到，只有深入地了解学生，才能制订出切实可行的教学目标，从而真正体现因材施教的原则，达成教学目标。

4. 社会需求　作为高等烹饪教育，对高级烹饪专业技术人才的培养，一定要根据社会经济发展的实际确定培养目标。在教学过程中，一定要了解社会对人才的要求是什么，培养的学生要适应社会发展、市场发展及职业生活中岗位发展的需求，因此，考虑社会发展是制订教学目标的重要因素。

（三）烹饪专业教学目标制订的原则

1. 整体性原则　要以烹饪专业学科整体要求作为出发点，一切具体目标与总目标要相匹配，做到三个维度有机结合，与课程目标所规定的目的要求保持一致性，大致分为5个层次，即教学总目标、学校教学目标、课程教学目标、单元教学目标和课时教学目标。它们都由教学总目标也就是教学目的决定。

2. 可行性原则　目标要清晰、明确、恰当，从学生实际情况出发，具体问题具体分析。普通性目标全体学生都能达到，而针对优等生就需要发展性目标。例如，通过《烹调工艺学》课程的学习，要求全部学生都应该掌握各种烹调技法，但对于自行设计一组宴会菜点并制作这个目标就应因人而异。

3. 可操作性原则　可操作性原则是指教学目标在实际的教学过程中应该是明确具体的、可观察测量的，同时目标要简明、具体、易操作、易检测。课时教学目标主干要鲜明，数量要删繁就简，内容要具体，过程要易操作，结果要易检测，否则难以落实。烹饪专业实践性强，对设备、技术的要求较高，如果设备、技术条件不满足，根本无法操作。

4. 阶段性原则　学生认知能力发展具有阶段性，不同阶段侧重点也不同。例如，大学一年级主要培养良好的学习习惯和学习兴趣，重视理论，打好基础；大学二年级和三年级以培养专业能力为核心，发展学生的专业技术能力；大学四年级着重培养学生综合应用能力、人际交往能力、职业岗位的实践能力，提高综合素养，促进整体优化。例如，烹饪与营养教育专业的教学目标，前三年要求掌握基础理论及相关实验操作技能，第四年上半年要求掌握综合性操作能力，具备初步顶岗操作能力，第四年下半年具备独立进行校外顶岗工作的能力。

（四）烹饪专业教学目标的制订方法

1. 烹饪专业教学目标制订的“四个要素”　在制订烹饪专业教学目标时，通常采用行为主体、行为动词、行为条件、表现程度四个要素，以体现学生通过学习所要达到的行为的变化。

（1）行为主体　行为主体是学生而不是教师，以往在设定教学目标时，多数以教师为主，强调教师该怎么做、做什么，这种表述实质上是不科学的，准确地讲应该是学生通过教学后学会了做什么，也就是说学生才是教学中的行为主体。例如，“培养学生的实践动手能力”是不规范的，因为这些目标的行为主体是教师，而不是学生。

（2）行为动词　要想克服教学目标不具体的办法就是用好行为动词，在教学目标中使用的行为动词，必须具有可测量性、可评价性、具体性、明确性的特征。目前不少的教学目标表述为“了解”“理解”等，这些动词都比较模糊，不具备可观察、可测量的特征，故不宜用来表述具体的行为，应避免使用。而“说出”“写出”“使用”等行为动词，对学习结果能作出明确具体的规定，可操作性强，便于观察和测量，是教师表述教学目标时的最佳选择。

（3）行为条件　行为条件即行为产生的条件，是指影响学生产生学习结果的特定的限制或范围，为评价提供参照的依据。教学目标是在教学活动开展之前对学生学习结果的一种预测，而学生的学习结果有可能是内隐的，只有在特定的条件下才可能转化成外显的表现行为。另外，学习是循序渐进的过程，而范围也是教学目标表述中的一个必要内容。行为条件的表述将成为教师评价教学目标是否达到的一个重要依据。

（4）表现程度　表现程度是指学生学习之后预期达到的最低表现水准，用以评价、衡量学习表现或学习结果所达到的程度。一般教学目标表述的是基本的、共同的、可达到的教学标准，是学生学习后预期达到的最低水平，而不是无法实现的最高要求。例如，在烹饪与营养教育专业教学中，针对一种原料，学生可以根据能力水平的不同，制作出几种不同的菜肴。

2. 烹饪专业教学目标制订的要求

（1）教学目标要明确　教学目标的明确，与教师能够正确地选择教学方法、合理地组织教学过程、准确地评价教学结果息息相关。教学目标明确，有助于学生体会到教师的教学意图，并有意识地去达成这个意图，主动地把握学习，积极地参与教学过程，并发挥自身主体作用。具体的学习结果应该在目标中清晰地表述出来，用可以观察或测量的行为动词来描述教学目标，这个动词必须指出一个动作，应避免使用诸如“了解”“掌握”“熟练掌握”等模糊词，因为这样的词缺乏质和量的具体规定性。可用更为准确的词如“作出”“比较”“分类”等。由于学生的态度和情感很难用行为术语来描述，在制订教学目标时，一般不将其作为主要的评价点。有关的态度、情感目标只能在一定的情景中，以可观察到的表情作为评价的依据。

（2）要结合烹饪专业教学特点　以教学大纲、教学参考书和教学的实践经验为依据，认真分析教学内容，将教学内容分解为明确可见、具体可微的小知识单元及能力要求点，每一个教学点与每一条教学目标相对应。根据学生的知识基础和能力水平及教学目标分类法，确定每条目标的层次要求。例如，在“烹调工艺学”课程教学中，就可以将整体的教学目标划分为具体的小目标，如单元、项目、任务等，将这些小目标完成，最终达成总目标。

（3）教学目标要具有灵活性　根据教学大纲及课程目标的要求，从宏观上把握一个阶段内对学科教学规定的基本标准（下限）和最高标准（上限），防止教学目标偏低或超纲。教学目标既要满足一般学生学习的要求，又要满足一部分学生更高的要求，因此教学目标具有弹性和灵活性。教学目标虽然是在课堂教学之前预先设定的，但根据教学实际情况，教师可以灵活地对其进行调整和变化。在实际的教学过程中，教师可以根据学生的特点，因地制宜，随机应变地对事先确定的教学目标作出适当调整，以便更好地完成教学任务。例如，“烹调工艺学”中的刀工，在教学中，一部分同学基本刀法掌握好后，可以进行剞花刀的学习，没有掌握好的继续练习，避免出现多数等少数的现象。

3. 烹饪专业教学目标制订的步骤

（1）分析课程标准及教材内容　课程标准必须作为确定课时教学目标的依据，因此，烹饪专业教师应准确理解和认真领会课程标准对教学目标的规定，把握各层次目标的内在联系，结合教材将各具体教学目标合理地分解为课时教学目标并保证其实现，这是目前学校教学普遍采用的方法，但在具体的实行过程中，往往由任课教师自行设定，缺少相应的监督，这是目前教学中存在的一个比较严重的问题。只有吃透教材，合理地把握课时教学目标，才能更好地完成教学总目标。

（2）分析学生特点　学生顺利地实现教学目标是烹饪教学设计的目的，而教学活动必须建立在学生已有的知识经验基础和认知发展水平之上，因此，必须了解学生的学习实际情况，包括了解学生已经具备了哪些有关的知识与技能；了解学生在学习新知识时在思维方式、学习动机等方面可能出现的问题；了解学生认知特点的个别差异，从而确定教学的出发点，进而制订出明确、切实可行的教学目标。

（3）*参考教学目标分类理论*　从不同角度和标准出发可以对烹饪专业教学目标进行不同的归类。提高目标在教学中的清晰度和可操作性是实施目标分类的主要目的，这样教师能更好地依据目标指导教学，评价教学。目前，加涅的学习结果分类理论和布鲁姆的教学目标分类学理论在目标分类研究领域影响较大，具有一定的合理性，可供烹饪专业教育教学设计人员借鉴、参考。

（4）*对教学目标进行准确表述*　通过烹饪专业教学后学生所表现出来的可见性行为应该作为烹饪专业教学目标，即教学目标是具体的、可操作的、可监测的。教学目标陈述的基本要素有四个：行为的主体（谁完成教学所预期的行为，是教师还是学生，一般指学生）、行为条件（指具体行为的有关情境，如利用什么教学媒介等）、行为过程（达到目标的具体教学行为，通常以行为动词叙述）和表现程度（指行为产生的结果），有时为了陈述简便，可以省略行为主体或行为条件，但前提条件是不会引起误解或产生多种解释，必须保证准确性。

教育有广义和狭义之分。广义的教育泛指一切有目的地影响人的身心发展的社会实践活动。狭义的教育主要指学校教育，即教育者根据一定的社会要求和受教育者的发展规律，有目的、有计划、有组织地对受教育者的身心施加影响，期望受教育者发生预期变化的活动。

本章小结

教学目标是教学活动开展的核心，是教师开展教学活动的出发点，对教学起到至关重要的作用，本章主要阐述烹饪专业教学目标的基本功能、特性、内涵及价值取向；介绍了布鲁姆的教学目标分类学理论和加涅的学习结果分类理论的相关内容，这对烹饪专业教学目标的制订具有一定的参考价值；同时也介绍了烹饪专业教学目标设计的方法和依据。

思考练习

一、名词解释

教育目标　教学目标

二、简答题

1. 简述烹饪专业教育目标的层次结构。
2. 简述烹饪专业教学目标的特性与功能。
3. 简述烹饪专业教学目标制订的依据。
4. 简述布鲁姆的教学目标分类学理论的内容。

三、论述题

讨论烹饪专业教学目标的制订方法有哪些。

第二章 烹饪专业教学过程

学习目标

教学活动的开展，需要经历一个教学过程。在这个过程中，教师有目的、有计划地引导学生能动地进行认识活动，自觉调节自己的志趣和情感，循序渐进地掌握科学文化知识和基本技能，并在此基础上实现学生德、智、体、美、劳全面发展。在教学过程中必须遵循比较稳固的教学程序及教学方法策略体系。本章介绍了烹饪专业教学的基本要求，教学的过程与模式，通过对烹饪教学过程的了解，掌握烹饪专业教学的教学策略优化方法，同时，针对烹饪教学的特点，应选择合理的教学模式，提高烹饪教学质量。

知识导入

随着教育科学理论的深入发展，烹饪教学也需要不断的探索改进，以适应高等烹饪教育的需求。烹饪专业教学过程是一个复杂的过程，不仅体现着教学过程的一般原理，也有自己的特点，因此在教学过程中，应着重加强对影响教学过程的几个因素（即教师、学生、教学内容）的理解，并在此基础上，对教学策略进行优化，提高教育教学质量；教学模式是一种固定的具有指导性的教学范例，各国都有自己成功的教学模式，在烹饪教育教学中，对教学模式的选择和应用要灵活，烹饪专业教师或者教学管理者应该积极探索符合实际的教学模式，以适应高等烹饪专业教育教学的需要。

第一节 烹饪专业教学过程的概述

教学过程理论是教学论研究的核心，它要解决诸如教学的本质、规律等重要问题。而要探明教学的本质及其规律这样深层次的问题，必须先从分析构成教学过程的基本要素及其内在联系开始。任何活动都是作为一个过程而存在的，烹饪专业教育教学也不例外。揭示烹饪专业教学过程的内部关系及其相互之间的作用，是烹饪专业教学论的一个重要任务。

一、烹饪专业教学过程的概念

目前学术界对教学过程这一概念的准确界定尚未有定论，但针对教学过程本身的特点，不同的学者从不同的角度提出了自己的看法，这些看法虽各自不同但都言之有理，究其原因，主要是由于界定概念的视角不同，所持有的教育哲学观也有所区别。1989 年出版的《教育辞典》中认为，教学过程是指教学从开始到结束的实施过程，即教师有目的、有计划地引导学生积极、主动地掌握系统的文化科学基础知识和基本技能，发展学生的智力、能力、体力，并形成一定的思想品德的过程。1994 年出版的《中国成人教育百科全书》中则认为，教学过程是依据学科的课程计划和教学大纲，在教师指导下，为实现既定的教学目标，通过师生教与学的共同活动，使学生掌握系统的科学文化知识、基本技能，以及提高身体素质、心理素质、社会文化素质的复杂的、多方面统一的教育过程。除了工具书中的不同解释外，不同学者也有不同的看法。例如，有学者提出教学过程的概念有广义和狭义之分，还有学者将教学过程看作师生双边的活动和相互作用，这种相互的活动和作用，使学生掌握前人积累下来的宝贵知识和经验，并在此过程中使学生的智力、体力、品德等方面得到发展。也有学者认为，教学过程本身是学生掌握人类长期积累的科学文化知识的认识活动，从社会学角度看，教学过程除了认识活动之外，还应当包含交往活动、审美活动；从心理学的角度看，教学除了认知之外，还有情感、意志、行为诸方面。无论对于教学过程概念本身的认知如何不同，不可否认的是，教学过程本身具有的一些本质性特征是所有认识者都不能回避的。教学过程是一种教育过程，是教育过程的一种形式。这与其他各种形式的教育过程有许多共同之处。例如，教学过程本身有两个基本的功能，一是使教学文化知识得以传递，以促进人类社会的发展；二是使学生的身心得到发展，以促进个体自身的发展。这与其他的教育过程并无不同。但是教学过程与其他各种形式的教育过程，如团队教育活动过程，各种课外、校外活动过程不同，有自己的规律。例如，教学过程是认识的特殊形式，必须以学习间接经验为主，教学过程是发展过程等。由以上可知，烹饪专业教学过程即依据教学目标要求，从烹饪教学开始到结束的全过程。

教学过程的概念或本质内容是教学理论的一个基本理论问题，教学规律、教学原则、教学内容、教学方法、教学组织形式及教学的实施环节等均与这一问题有关，烹饪专业教育更不会例外。因此，烹饪专业教学过程具有教学过程的普遍规律，同时，又具有其自身的特殊规律。这一切都是由烹饪职业教育的性质和特性决定的。

教学过程本身不仅是知识技能的教学，同时也是促进多方面素质发展的过程；不仅是实施智育的过程，同时也是实施德、美、体、劳多方面教育的统一过程；不仅是认识过程，也是心理活动过程、社会过程。而对教学过程概念的认识也应该有广义和狭义之分，狭义的教学过程主要指的是一节课或一个单元教学所占有的时间，通常包括：①启发动机，激发求知欲望；②感知教材，发展观察能力；③理解教材，发展思维能力；④巩固知识，发展记忆能力；⑤运用知识，形成技能技巧；⑥检查知识，调节教学活动等几个阶段。广义的教学过程是指师生在共同实现教学任务中的活动状态及时间流程，它包含了相互依存的教和学两方面，是教师与学生双边活动的过程，包括制订教学计划、备课、上课、作业处置、评价反馈等全过程。综上可知，烹饪专业教学过程是指教师通过一定的教学手段和方法，将烹饪专业教学内容传授给学生的过程。

二、烹饪专业教学过程的属性分析

烹饪专业教学过程是一种特殊的认识过程，既有一般教学过程的共性，又具有其独特性。其属性主要体现在以下几个方面。

（一）教学过程有很强的目的性

教学过程是有目的、有组织、有计划展开的教育活动，这种计划和目的通常来源于国家的课程计划或教学大纲学科的课程计划，教学大纲是教学活动最基本的依据，它规定了教学目标，规定了教学科目和每一科目教学的内容深度、广度。教材或教科书正是依据教学大纲编订的；教学方法、教学组织形式的选择与运用，也受到教学目标、教学内容的制约，教学内容、方法、形式都是为实现教学目标服务的，因此教学过程是一个目的性很明确、计划性很强、组织性很严密的教学活动。烹饪认识活动的目的在于掌握已知的烹饪知识和技能，获取社会普遍承认的职业操守，为将来从事烹饪职业活动打下基础，这与人的总体认识活动不同。例如，烹饪教学过程具有清晰的目标，这种目标明确、具体、具有可操作性，往往由动作技能、条件、标准所组成，如完成刀工、勺工技能。

（二）教学过程是一个师生共进的过程

教与学是矛盾的统一体，教学活动与学习活动是在统一的教育过程中进行的，因此教学过程不是“教＋学”，而是教与学相互依赖、相互渗透的矛盾过程。教是在已学基础上的教，为了学而教，学是在教的指导下的学。离开教师指导的学，是存在于教学过程之外的自学，教学过程的学与教是相互作用、共同活动的。烹饪教学过程中学生的认识活动，是在教师的指导下进行的，从事烹饪专业教育的教师应具有必要的专业技能和知识，懂得教学规律，可以运用有效的教学方法，采用适宜的教学组织形式，能够有效地将烹饪专业知识技能传授给学生，使学生快速地掌握教学内容。

（三）德育教育始终伴随学生的整个认识过程

教学活动不仅仅是实现智育目标的活动，也是实现德育目标、体育目标、美育目标、劳技教育目标的活动。教学把实现智育目标作为教学的基本目标，但教学过程不仅仅是实现智育目标。教学过程是以实施智育为基本方面，同时对学生实施德育、体育、美育、劳技教育的复杂、多维的整体，当然不能把教学过程和德智体美劳各育过程并列，它们不在同一层次上，目标是较高层次的目标，教学是贯彻落实各育目标的活动，各种课外教育活动也是具体贯彻落实各育目标的，因此教学活动应与各种课外活动相互配合，共同实现教育目标。

烹饪专业教育教学的任务不仅要使学生掌握专业知识技能，还要使学生获得一定的职业道德、正确的人生观和科学的世界观，从知、行、情、意等方面全面协调发展。它不仅体现在某一门或某几门教学科目中，也体现在整个教学过程中。

（四）烹饪专业教育教学过程是一种发展的过程

其发展性主要体现在：第一，烹饪专业教育的教学过程是一种促进学生全面发展的过程，包括学生的德、智、体等各方面素质的均衡发展。烹饪专业教育是教育事业的一个组成部分，它的目标应该符合教育的总目标，因而在进行教学时，不仅通过专门的马列主义基本知识、社会主义思想品德、职业道德等科目，还要通过整个教学过程，促进学生思想品德方面的发展和职业道德的形成，形成学生的职业适应能力，发展学生的智力水平，促进学生身体健康发展，培养学生的审美能力，提高审美情趣。第二，在烹饪专业教学过程中，特别是作为烹饪职业能力重要组成部分的烹饪职业技能和技巧的发展，更是在理论认识的基础之上，通过反复地操作练习，不断地纠正错误，由不熟练到熟练，由简单动作到复杂活动。这在烹饪专业教学过程中体现得最为明显，是由烹饪专业强调实践动手能力的性质决定的。

（五）烹饪专业教学过程具有明确的职业定向性

烹饪专业教学目标是通过教学过程得以实现的。无论哪一阶段、哪一层次的教学目标均受国家教育总目标的制约，烹饪教育作为职业教育的一种，其教学过程具有明确的职业定向性。

三、烹饪专业教学过程的基本要素

在烹饪专业教学过程中，教师、学生、教学内容构成了不可缺少的三个基本要素。

这些基本要素之间的相互联系和相互作用就构成了完整的烹饪专业教学体系。烹饪专业成功的教学表现应该是：活跃高效的课堂氛围；循循善诱的教师；聚精会神的学生；科学合理的教学内容；恰当得体的教学模式、方法和手段。

这三个必不可少的要素在早期学校教学萌芽状态时就已出现。当前，关于教学基本要素的观点有很多，有三要素说、四要素说、五要素说等，本书按照三要素来进行分析，即教师、学生、教学内容三个要素。近年来，一些观点强调教育技术，尤其是以互联网为代表的现代教育技术手段在教学中的重要性，认为教育技术手段应该作为教学的基本要素，甚至认为互联网技术的运用将部分或全部代替教师的作用，教师职业有可能会消失，互联网技术完全可以改变课堂教学形态。然而事实证明，不管教学技术多发达，教师在课堂教学中基本属性并不会变，变的可能只是其存在的形态。教师在教学中的作用将是不可替代的。

（一）教师

一个人遇到好老师，是人生的幸运，一个民族源源不断地涌现出一批又一批的好老师，则是民族的希望。百年大计、教育为本，教育大计、教师为本。自从有了学校教育，教师这一职业便产生了。教师是人们在日常生活和学习中经常涉及的一个概念，但有许多不同的理解和界定。早在我国古代就有："师者，教人以道者之称也。""师也者，教之以事，而喻诸德者也。""师者，所以传道、授业、解惑也。""师者，人之模范也。"以上对教师概念的揭示，多是从教师的功能、作用和教师的品行等方面来反映教师职业的某些特点。近代一些思想家、教育家对教师概念的认识则更加全面、深刻。例如，英国的哲学家培根，曾把教师称为知识的传播者、文明之树的设计者。前苏联教育家加里宁认为："教师这个词有两种含义，按狭义解释，是专门学科的讲授者；按广义解释，是有威望的、明智的、对人们有巨大影响的人。"要想全面理解和把握教师的本质和含义，就必须把教师作为一个特定的社会群体，从人类社会发展的关系中，从其所承担的社会职责中及活动对象中去考察。因此我们把教师定义为：受社会委托，在学校中对学生的身心施加特定影响，把其培养成为一定社会所需要的人，以此为主要职责的专业人员。从"学者必有师"的角度而言，远古时候有教师，今天有教师，将来必定还有教师。如何认识教师角色的定位、教师的专业素养，促进教师专业发展，从而全面提高教育质量，这是教育理论研究的一个重要课题。

教师是教育者，是教学活动的组织者和引导者，是学生的带头人；教师根据教学目的和要求，按照教学内容和学生特点，采取合理的方法和手段，对学生进行烹饪专业知识、烹饪技能和职业素质教育，在烹饪教学过程中起着主导性的作用。客观上讲，教师是认识的主体，是先知者，并且教师受过专门教育，形成了自己的世界观。教师首先通过认识，将人类已有的知识经过内化形成自己的认识，并将这些知识传授给学生。在烹饪专业教学中，教师通过研究烹饪专业教材、教学目的和学生的学习特点这三者的内在联系，寻找使教学内容适应学生接受能力、促进学生的智力发展、实现教学目的的途径，并转化成为具体的、科学的、有效的教学方法。因此，在教学过程中教师仍然是认识的主体。学生在学习过程中，是通过教师对知识的传授而获得知识，这种知识主要是间接经验，但教师在这个过程中始终处于主导地位。可以说，一方面，烹饪教师是烹饪专业知识的载体，他拥有学生所需要的丰富知识，是学生的学习对象；另一方面，教师还是学生的榜样，他的人格、品德也是学生认识的对象。

1. 教师的角色 在新的教育背景下，教师的角色已经开始转变，在新的课程改革形势下，课改能否成功，一线的教师是最直接、也是最关键的一个环节，在新的形势下，教师应做如下改变。

（1）师生关系中教师角色的转变

1）由“主导”向“服务”转变。师生关系复杂，传统教学中教师在信息上具有垄断性和权威性，师生关系似乎从学校教育产生开始就是一种权威与服从的关系，教师始终是课堂的主导及主体，而现代的师生关系应该建立在平等的基础上进行学习交往，教学中学生应该占有主体地位，一切围绕学生开展教学，充分发挥学生的主体地位，而教师则起到一种辅助作用或推动作用。

2）由“知识的灌输者”向“人格的引导者”转变。教师角色的职责应该从单纯的知识灌输转向关注学生整体人格的发展。教师在学生的人格发展过程中应该是一个积极的培养者。一个合格的教师应善于了解学生的兴趣，发现学生的潜能，发展学生的能力，培养学生健全的性格，养成学生良好的品德。在培育这些人格因素的过程中，应该注意的是，培养的方式不是灌输，应该是激发和引导，既顺应学生的身心发展，又能使其按照社会要求健康发展。因此，当前教师一方面要在职责上从单一的知识传授向学生整体人格的培养转变，另一方面，在方式上要从简单强制的外在灌输转向灵活内在的激发与引导。在烹饪专业教学过程中，尤其是中等烹饪专业教学，学生特点较为明显，如果能够引导学生学会自主学习，对于学生发展来讲意义更大。

3）从“单向的传递者”向“多向对话交往者”转变。无论是知识的传递还是人格的培养，当前的教育方式都存在着单向传递的问题。讲授式教学几乎是教师课堂唯一的方式，从而引发了一系列的问题。首先，教师控制了整个课堂活动，学习的内容、时间、方法、氛围、结果完全掌握在教师的预设之中，忽视了课堂中生成性问题的引发，忽视了学生的积极性；其次，这种单向的传递方式，必然漠视学生的问题意识，漠视激发学生的思维发展，必然导致学生缺乏创新意识，缺乏独立思考的能力；最后，这种单向的传递方式忽视了师生之间、生生之间全面地交流与交往，使师生之间、生生之间失去了感情、观点、思想交流碰撞的机会，造成课堂氛围单调压抑。

新课程的理念强调在教育教学过程中应该重视师生的交往与对话。交往是一个有目的的活动过程，它是师生之间、生生之间为了协调、沟通、达成共识、联合力量去达成某种目的而进行的相互作用。对话是交往在教学中的重要形式，通过对话发现自我和探索真理，对话的过程也是个体从视野狭隘走向视野广阔的过程。交往具有平等性和非强制性，所以能更好地促进学生的主动性、创造性和民主平等思想的发展，有助于学生学会理解、尊重同伴，平等地接纳他人，有助于促进学生社会知觉、交往技能和自我意识的发展。对话的过程也是师生之间、生生之间智力、情感、观点、思想交流与碰撞的过程，能激发学生的智慧、潜能，激发学生学习的兴趣、动机，激发学生相互学习、相互合作，能促进学生的好奇心，引发和培养学生的问题意识，营造良好的学习氛围，因此，一些专业的教学法，如案例教学法、演示教学法等，更适合现代教育理念。

（2）教学运行中教师的角色

1）由执行者变为决策者、建构者。在传统课程理念的环境下，教师的作用被局限在教学计划、教学大纲、教材构筑的围城里，所以教师只要“照本宣科”就算完成了教学任务。新课程体系则给教师预留了充分的余地。新课程与学生的生活世界结合，与实践连接，为教育教学活动开拓了广阔的空间；新课程实行开放的内容体系，有利于创新精神和创造能力的培养；新课程注重实践与实际，关注人生、社会和环境，有利于学生情感、态度、价值观的形成。所以，新课程体系要求教师成为课程的建构者。

教师的教不再是简单地写出常规的教案，组织学生按部就班的学习，教师必须对自己所教的课程进行重新设计，对知识进行重新定义，把原本固有的、没有感情色彩的书本知识变成生机勃勃、富有生命力的精神文化；同时，教师还将根据课堂上师生互动中表现出来的真实情况重组知识传递的方式，改变以往那种千方百计把学生的思考、提问纳入自己原先设计好的框架中的定式，灵活地实施教学、评价教学，而不是按“死”的教学提纲和计划去运作。例如，烹饪品种教学综合实训，教师可以给学生更大的发挥权力，教学中可以只限定几种原料，具体的成品和烹调方法不做规定，最后通过成品评价成绩。

2）由实施者变成开发者。新课程的开发增加了地方课程和校本课程。因此教师不仅要做课程的实施者，更要做课程的开发者。没有教师的充分参与和积极主动的工作，校本课程的开发是无法想象的，新课程实施也是十分困难的。随着三级课堂管理政策的确立，教师获得课程开发权利的同时，也承担了课程开发的责任和义务：不仅要与学生一起对教学文本进行加工和建构，还要承担起开发学校选修课程、综合实践活动课程资源的任务。为此，教师要不断地学习，培养、提升自己广泛地、创造性地开发和利用课程资源的能力，特别是校本课程、校本教材的开发尤为重要。

（3）职业发展中教师的角色

1）教师应该是一个终生的学习者。在知识经济时代，教师必须成为学习型的人。把教师的角色定位于学习者，是教师专业发展特点的深刻反映，同时也反映了社会和公众对教师的心理期望。在信息化时代，学习将成为人类的第一需要。终身学习将成为一种生活方式和社会普遍的行为。因此，在提倡终生学习的时代，教师首先应该成为终生学习的楷模，成为一名终生学习者，不断掌握新理念、新知识、新技能，尤其像发展迅速的餐饮、旅游、烹饪等专业。教师只有成为终生学习者，才能保证自己的知识不断更新，才能适应社会的不断变化，进而在扩展知识和适应社会要求的过程中促进自己的专业发展和人生价值的实现。

2）教师应该成为研究者。教学是必要的要求，不是充分的要求，充分的要求是科研。钱伟长先生曾说：“你不上课，就不是老师；你不搞科研，就不是好老师。科研反映出你对本学科清楚不清楚。教学没有科研作为底子，就是没有观点的教育，没有灵魂的教育。”所谓研究型教师，除了具备所教学科的专业知识和教学技能外，还必须具有深厚的教育理论修养、高瞻远瞩的教育前沿视野、敏锐的教育问题意识、较强的教育科研能力。反思型教师则强调教师对自己的教学活动进行不断地审视、分析、批评，然后进行改进。教师的生命力不是“复制”，而是创新。教师不仅是知识的传递媒介，更是知识的“再创造者”。如果仅仅是“经验型”教师，已经不能适应社会对学生创新能力的要求。“教书匠”是社会对教师一个嘲讽的称谓，反映的正是教师劳动创造性缺失的问题。“教书匠”可能能使学生在各类考试中获得高分，但很难使学生具有较强的社会适应能力和创造性，教师自身也很难在职业生涯中有所成就。因此，教师角色必然要从传统意义的“教书匠”向具有科学意识的“研究者”转变。

（4）工作方式中教师的角色转变

1）教师之间的合作。“三级课程管理”的理念赋予教师参与课程开发、管理课程的权力，尤其是在学校层面上，从而促进教师成为课程开发的主体。但是，任何教师个体都很难独立胜任课程开发，这就需要教师展开对话与交流。同时，新课程倡导课程的综合化，这就使得教师之间必须合作。因为任何教师不可能具备所有学科的知识和技能，实施综合课程需要教师之间的合作作为互补，努力打破原有独立作业的教学状态，形成一个以平等为前提、以互动为主要特征的教师工作群体。教师之间的合作，从内容上看，可以是学科教学的合作，可以是学生教育、管理的合作，也可以是教育教学研究的合作；从教学来看，可以是从课程设计、教学方法、教学内容、教学组织到教学评价的全程合作；从教师合作群体来看，可以是同一学科教师的合作，可以是相邻学科的合作，也可以是不同学科之间的合作；从时空来看，可以是在教学时间内教师之间的合作，也可以是教学时间外，校外教师之间的合作。例如，当下倡导的教学团体建设，就是在教学领域的一种合作。

2）教师与学生家长的合作。新课程改革需要教师与家长加强合作。首先，新课程的理念与具体措施需要家长的理解、认同和支持，新课程的理念和实施如果不能被家长接受，那么在具体落实中会遇到很多问题；其次，新课程要求充分发掘教育资源，充分利用可利用的资源，要求开设校本课程，使课程生活化，要求重视学生的差异，对学生因材施教，所有这些，势必要求教师加强与家长的合作；最后，新课程极为重视学生全面均衡的发展，尤其重视学生人格的发展，学生人格的发展不是学校或教师能全面承担的，它依赖于家庭、学校、社会的全面合作，因此加强教师与家长的合作是学生人格发展的必然要求。教师与家长的合作需要搭建相应的平台。当前的学校、家长委员会等在加强教师与家长的合作过程中起了一定的作用。现代信息技术的发展更为教师和家长的合作提供了便利的技术支持，充分利用网络技术，将是加强教师与家长合作的有效途径。

3）教师与企业合作。教师与企业合作，可以将行业最新发展动态、行业最新技术带入教学中，围绕企业的需求制订人才培养方案，按照企业要求规范管理，实现人才的对接培养。

2. 教师的专业素养　教育改革能否成功，教师的素质至关重要，也就是教师在教育教学活动中表现出来的、决定其教育教学效果、对学生身心发展有直接而显著影响的心理品质的总和。现代的烹饪教育已不是“以师带徒”的时代，不能用老一套的方法管理学生。教师专业素质在结构上，至少应包含以下成分：教师的职业道德修养、教师的知识结构及教师的能力结构。

（1）教师的职业道德修养　师德即教师的职业道德，是指教师从事教育教学工作所须遵守的道德规范，它是调节教师活动及教师与学生之间、教师与教师之间、教师与家长之间等各方面关系的行为准则。古今中外关于教师的研究都非常重视教师的道德修养，不仅把师德当作教师任职的基本条件，也把它当作一种教育的影响手段。

1）热爱教育事业，热爱教育对象。身为教师，热爱祖国，热爱人民，热爱社会主义，归结于一点，就是热爱教育事业，献身教育事业。教师的事业心强，他就会把自己所从事的一切工作与国家、与民族、与社会主义紧密联系起来，以满腔的热忱和科学精神来做好自己的本职工作；否则便会随心所欲，任其所为，玩忽职守，摆臭架子，贻误后代。因此，热爱人民教育事业，献身于人民教育事业，已成为一个教师最基本的道德准则，也应成为一个人民教师最基本的品质。

教师对事业的态度，集中地反映在他所服务的对象——学生身上。热爱学生，既是教师高尚师德的集中表现，也是教师做好教育工作的前提。因此，教师应该像爱自己的眼睛一样爱自己的学生。只有热爱学生，才能从内心深处爆发出一种强大的力量，踏实肯干，拼命工作，置个人的得失于不顾；只有热爱学生，才能勇于对学生负责，热忱地鼓励和保护他们的每一点进步，千方百计地帮助他们克服存在的缺点和不足；只有热爱学生，才能放下“架子”，与学生建立民主、平等的亲密关系，尊重学生的人格，使学生自尊、自强、自立，真正获得进步；只有热爱学生，才能以炽烈的情感去打开学生心灵的闸门，启迪他们的聪明才智，激励他们的进取心，使他们茁壮成长。因此，教师必须努力培养热爱学生的优秀品质。

2）以身作则，为人师表。这是教师的职业道德与其他职业道德相区别的一个显著特点。它是由塑造人美好心灵的特殊规律所决定的。也就是说，教师榜样作为一种具体形象所特有的强烈感化性的教育力量，在教育学生中有潜移默化的特殊作用。孔子说过：“其身正，不令而行；其身不正，虽令不从。”人民教师是以其完整的人格出现在学生面前的，因此，凡是要求学生做到的，教师自己必须首先做到；凡是要求学生不做的，教师自己首先不去做。只有言行一致、表里如一、身教重于言教、严于律己的教师，才是学生所信赖的、有威望的、可尊敬的教师。以身作则、为人师表，是人民教师应该有的品质和劳动态度。为此，教师起码应注意以下几点：首先，品行端正，严于律己。品行端正指的是品德高尚，行为庄重，作风正派，为人诚实，具有高尚的道德情操和崇高的精神境界。教师在日常的学习、工作、生活中，要有明确的政治方向，饱满的政治热情，积极的生活态度，坚定的人生目标。其次，衣着整洁，举止端庄。衣着举止是一个人的心理品质的反映。衣着整洁，给学生的印象是思想作风淳朴，生活态度严肃，治学精神严谨；举止端庄给学生的印象是成熟稳定，老成持重。课堂上讲究仪态，不啰唆拖沓，不东倒西歪，给人的印象是富有修养，身心纯正。因而教师必须正确认识到这些，并注意从细微处做起。最后，奉公守法，遵守纪律。教师是学生的人格楷模，理应成为奉公守法、遵守纪律的典范。

3）学而不厌，诲人不倦。这是教师职业道德区别于其他职业道德的又一个显著特点，这是由教书育人的特殊规律所决定的。加里宁曾说过：“教师一方面要献出身上的东西，另一方面又像海绵一样，从人民中、生活中和科学中吸收一切优良的东西，然后再把这些优良的东西贡献给学生。”可见教师的好学精神多么重要！因此，教师必须勤学好问，广采博积，永不自满。

学而不厌，是诲人不倦的前提。教师的职责是给人以知识，教人以做人的道理。只有自身孜孜不倦的学习、进取、提高，才能履行好自己的职责。在当今科学技术迅猛发展、“知识爆炸”的现代社会，学生视野开阔，思维活跃，他们接触、思考、提出的问题往往超越了他们的年龄，如果教师知识狭窄、浅薄、陈旧，那就满足不了学生旺盛的求知欲。教师只有学而不厌，才能自如地引导学生在知识的海洋里遨游。诲人不倦是教师职责对教师提出的要求，这是因为：十年树木，百年树人。学生的成长是一个长期复杂的过程，无论知识的掌握还是人生道理的获得，都不是一朝一夕就能完成的，这就要求教师满怀事业的热忱，以巨大的耐心、坚韧的毅力，对全体学生孜孜不倦，循循善诱，努力完成教书育人的光荣任务。

4）相互支持，团结协作。正确地处理好老师之间、老师和家长之间及学校和社会之间的关系是教师职业道德的又一个重要方面。一位好教师固然会对学生的一生产生深刻久远的影响，但无论是知识的积累、智力的发展，还是思想品德的形成，都不是哪一门课、哪一位教师能单独完成的，必须需要各学科教师的互相配合，也需要家庭和社会的密切配合。正因如此，首先要求教师在行动上而不是在口头上互相支持、团结协作，主动为其他教师创造顺利工作的条件，正确地评价其他教师的劳动，有不同意见，求大同存小异。其次，教师要主动与家长取得联系，争取得到家长的支持和配合，共同教育学生。此外，还应主动与校外教育机关联系，并且利用报纸、广播、电视、电影中的积极因素教育学生，使学生在良好的教育氛围中茁壮成长。

（2）教师的知识结构

1）教育学科知识。教师的教育学科知识涉及如何教的知识，即如何将本体性知识以学生容易理解的方式表达，传授给学生。教师的教育学科知识由三部分组成：关于学生身心发展的知识、关于教与学的知识和关于学生成绩评价的知识。教育学科知识是教师在教育教学过程中能够保证工作获得成功的教育科学和心理科学知识。教育学科知识，既包括教育科学基础知识，也包括国内外教育教学改革信息和动态的知识。此外，还要懂得一些心理科学知识。这些教育学科知识对于教师来说，是自身知识结构的重要组成部分，是创造性地从事教育教学工作的重要依据，是开展教学活动的基础和前提。具备这些知识有利于教师认识各种复杂的教育教学现象，不断增强工作的自觉性；有利于帮助教师对教育学科知识进行思考和重组，以使学科知识顺利地转化为学生易于接受的知识，从而更加自如地进行创造性的教育教学活动。一个具有丰富的教育学科知识的教师，必将极大地增强自己在教育教学工作中的创造能力。

2）普通文化知识。教师需要具备广博的文化知识，博采众长，以实现教育的文化功能。教师的文化知识不仅能扩展学生的文化视野，还能激发学生的求知欲。事实上，学生的全面发展在很大程度上取决于教师广泛而深刻的文化背景知识。具体地说，教师的文化知识有：基本哲学理论知识，包括辩证唯物主义和历史唯物主义的知识；现代科学和技术的一般常识，包括现代科学的一般原理和现代技术的本质内涵；社会科学的理论和观点，如法律的知识、民主的思想、经济学的观点和社会学的方法。当然，教师的文化知识修养具有很大的差异性，教师不可能掌握所有的文化知识，为此，我们主张每一位教师都要发挥自己的一技之长，以获得最佳教学效果。可以说，教师广博的文化知识和其学科专业知识具有同等重要的地位。教师专业的多层面知识相互支持、渗透与有机结合，表现为教师教育行为的科学性、艺术性和个人独特性，充分显示出教师作为一个专门职业对专业知识的丰厚而独特的要求，只有教师具有丰富的、合理的知识结构，我们的教育才有希望。

3）学科专业知识。教师的学科专业知识是指教师所具有的特定的学科知识，如语文、数学知识等，这是人们所普遍熟知的一种教师知识。从教师是知识的传授者这个角度看，教师传授的内容必须是教师所掌握和了解的知识。教师本体性知识是教学活动的基础，在教学活动中，一切是以本体性知识的传授为基础的，教学的最终绩效是用学生掌握的本体性知识的质量来衡量的，因此，教师的本体性知识必须达到一定水准。但是已有研究表明，教师的本体性知识水平与其教学效果之间并非是线性相关。本体性知识超出了一定水平之后，它与学生成绩之间不再呈现统计上的关系。即具有丰富的学科知识仅仅是个体成为一个好教师的必要条件。

由于学科不同，学科专业知识的具体内容是不同的，大体上，教师的学科专业知识包括以下几个方面。

第一，教师应对学科的基础知识有广泛而准确的理解，掌握相关的技能、技巧，这不仅是因为不能把不正确的和错误的知识教给学生，还因为只有在对知识和技能正确熟练掌握的基础上，教师才有可能花更多的精力去设计教学，在课堂上更关注学生和整个教学的进展状态，而不是把注意力集中到自己不要把知识讲错、习题讲错方面。

第二，教师要了解与所教学科相关的基本知识点、相关性质及逻辑关系。这使得不同学科的教师在教学上能够相互沟通、协作，在组织学生开展的综合性活动中相互配合。例如，面点教师进行“面点工艺学”熟制方法的教学，就要去学习、掌握“烹调工艺学”课程中的一些熟制方法，同时要结合面点的特点进行教学。

第三，教师需要了解该学科的发展历史和趋势，了解其推动发展的原因，了解学科对于社会、人类发展的价值及在人类生活实践中的多种表现形态。了解这些知识的意义在于：教师能够在教学中把学科知识与人类的关系、与现实世界的关系揭示出来，使学科具有丰富的人文价值，同时也能激发学生的学习兴趣，激发学生发现、探索和创造的欲望。

第四，教师需要掌握一门学科所提供的独特认识世界的视角、域界和层次，即思维的工具和方法，熟悉学科内科学家的创造发现过程和成功原因，以及在他们身上所体现的科学精神和人格力量，这对于增强学生的信心和创造意识具有重要的且远远超出科学知识所能提供的价值。

4）实践性知识。实践性知识是教师积累的教学经验，是指教师在实现教育目的的行动中所具有的课堂情境知识及与之相关的知识。教师的教学不同于研究人员的科研活动，具有明显的情境性。例如，专家型教师面对不确定的教学条件能作出复杂的解释和决定，并且能在仔细思考后再采取适合特定教学情境的教学行为，而新教师却往往束手无策。

在教育工作中，很多情况需要教师机智地对待，这种教学的机智不是一成不变的，在一种情况下是适宜和必要的方法，在另一种情况下可能不恰当。只有针对学生的特点和具体情况恰当地工作才能表现出教师的教学机智。在处理特殊教学情境时教师所采用的知识来自于个人的教学实践，具有明显的经验性。实践性知识受个体经历的影响，这种知识的表达包含丰富的细节，并以个体化语言而呈现。如果把教师的教学看作程式化的过程，忽略教师的实践知识，不利于取得富有成效的教学效果。

已有的研究成果表明，教龄是实践性知识的显著影响因素，丰富的教学经验对处理问题、组织好教学十分有利。因此，专家型教师可以灵活地利用自己的知识，认清当前的教学情境，并能引发过去的教学经验，产生符合当前教学情境的行为。研究的另一个结果表明，专家型教师从实践中获得的经验加以结构化、系统化总结所形成的理论是可以为新教师习得的。这说明教师可以通过向有经验的教师学习而快速提高其实践性知识水平。

（3）教师的能力结构　教师的能力在教育教学实践中扮演着重要的角色。要实现教师这一角色的职责和义务，个体除了需要具备先进的观念和全面的知识外，还需要有称职的能力。只有具备了相应的能力，才可能开展有效的教学，从而顺利地让学生建构自己的知识和发展自己的能力。

1）沟通交往能力。沟通交往是指在社会生活中交流信息、沟通情感和相互作用的过程。要实现育人的目的，教师必须具备与他人交往的能力。众所周知，教师的工作对象是学生，学生生活在学校、家庭、社会等不同的环境中，除了具有群体的共同特征外，还具有个体差异性特点。由于学生的成长既需要帮助又需要引导，因此就要求教师要了解学生所处的班级情况，了解学生的家庭特点，了解学生所处的家庭环境。同时，教师还要调动一切可行的教育手段对学生施教，要与班主任、同班的其他教师、学生家长、社会中的教育力量等多种教育组织进行交往。虽然烹饪本科教育学生管理工作由辅导员负责，但是教师对学生价值观的培养也起到一定作用，因此，应加强师生沟通，师生间应该平等相处。

概言之，教师要与学生沟通，建立与学生之间的“教学相长”的平等关系；教师要克服个体工作意识，建立与其他教师的相互合作、相互支持的工作关系；教师还要建立与家长相互支持的合作关系、与社会有关人员的协作关系，这样才能形成教育合力，进行有效的工作。

2）课堂管理能力。课堂管理是教师在课堂教学过程中，根据教学的目标或任务要求，运用管理学的知识和技术，遵循一定的原则，采取一定的方法和措施，建立良好的课堂教学环境和调动学生学习积极性的一种行为。从不同角度，可以对教师的课堂管理能力进行不同种类的划分，具体如下。

第一，目标导向能力。教学目标是教学活动的出发点和归宿点。确立教学目标，一方面是依据课程目标，自上而下地进行；另一方面还要关注学生身心发展的需求，关注他们多样化的学习需要，自下而上地展开。

第二，激励与强化能力。激励主要指学生学习活动的内驱力，是内在需要和学习动机的激发过程；强化主要指个人的外在行为，它是增加学生某种课堂行为重复出现、持续出现可能性的过程。课堂强化是学生期望行为的强化，是教师课堂管理必须掌握好的一项技能。

第三，课堂秩序的管理能力。有序，才有效率；但并不是有序度越高，效率也就越高。高度绝对的有序将使教学系统失去应有的自由度，失去应有的随机性、应变性，最后走向死板僵化。因此，课堂秩序的管理必须适度。

第四，营造课堂气氛的能力。有的教师习惯于决定一切学习计划、目标，并控制学生的一切行为，不时显示或证实自己的权威性，造成课堂气氛过于沉闷，学生谨小慎微。反之，有些教师作风民主，倾向于与学生一起共同设立学习目标，拟定学习计划，师生间经常讨论，共同维持课堂秩序，课堂气氛比较活跃。教师和蔼可亲，学生勇于探索，敢于创新。课堂气氛的不同，将对学生的学习成绩、个性发展和社会化的进程产生不同的影响，这正符合当下的开放式教学理念。

3）教学控制能力。教师的教学控制能力，是指教师为了保证教学的成功或达到预期的教学目标，在教学过程中将教学活动本身作为意识的对象，不断地对其进行积极主动的计划、检查、评价、反馈、控制和调节的能力。根据在教学过程不同阶段的表现形式，我们认为，教师教学控制能力可以包括如下几个方面。

第一，计划与准备。即在课堂教学之前，明确所教课程的内容、学生的兴趣和需要、学生的发展水平、教学目标、教学任务及教学方法与手段，并预测教学中可能出现的问题与可能的教学效果。

第二，课堂的组织与管理。即在课堂上密切关注学生的反应，努力调动学生的学习积极性，随时准备有效地应付课堂上的偶发事件。

第三，教材的呈现。这一过程是课堂教学的一个核心，在这一过程中，教师应对自己的教学过程、教学方法、学生的参与和反应等方面随时保持有意识的反省，并能根据这些反馈信息及时调整自己的教学活动，使之达到最佳效果。

第四，语言和非语言沟通。在课堂教学中，教师和学生之间的语言和非语言沟通是很重要的，教师在这方面应努力以自己积极的态度去感染学生，以多种形式鼓励学生努力学习，并保持自己和学生之间交流的敏感性和批判性，一旦发现沟通过程中的问题，就立即想办法纠正。

第五，评估学生的进步。教师教学的效果最终要落实到学生对知识的掌握程度和他们能力的发展速度与水平上，因此，教学控制能力水平高的教师必然会非常认真地了解学生的情况，采用各种方法评估学生的进步程度，以便改进自己的教学。

第六，反省与评价。在一堂课或一个阶段的课完成后，教学控制能力高的教师会对自己已经上过的课的情况进行回顾和评价，仔细分析自己的课在哪些方面是成功的，在哪些方面还有待改进，分析自己的教学是否适合学生的实际水平，是否能有效地促进学生的发展等。相反，教学控制能力差的教师一般就不会认真地考虑这些问题，课上过就完事了，不考虑学生是否能接受，不反思自己教学的得失。

4）教学研究能力。教学研究能力是指各级各类学校教师进行教育教学工作的同时，从事与教育教学相关的各类课题的实验、研究及发明创造的能力。它具体包括选题能力、查阅文献的能力、调查实验的能力、整理分析资料的能力和撰写报告的能力等。一定的教育科研能力，是一名合格教师必备的素质。教师应是教育家，而不是教书匠。教学过程绝不是知识单纯输出的过程，而是一个再创造的过程。通过教育科学研究，教师可以提高教学的水平，更好地完成教书育人的重任。

5）实践动手能力。“转型”是当下高校改革中一个热门的话题，应用技术性成为转型发展的方向，应用技术型人才的培养，就要求教师拥有丰富的实践技能，逐渐成为“双师型”教师。以烹饪专业为例，行业中就缺少既懂得相关理论知识及管理知识，又具备一定操作能力的人才，所以教学中就应加大实践课程的比例，这就要求教师具有强大的动手能力。

3. 教师的专业发展　新课改给教师的自身发展提供机遇的同时，也带来了严峻的挑战。随着教育与课程的不断深入和教师角色的转换，特别是校本课程开发的推进，内在地启动了教师专业化进程。正是在教师专业化的进程中，教师的工作作为重要的专门化职业得到确认，教师发展的意义和可能性得到确认。人的发展是从幼稚走向成熟、不断完善的过程。作为社会职业人的教师，其专业化发展也要经历从接受学生—初任教师—实践教育家的持续过程。

（1）教师专业发展阶段

1）教师“关注”阶段论。“关注”阶段的研究是教师专业发展阶段中较早出现的一类，以富勒为代表。富勒通过对教师关注问题的研究，提出了教师专业成长过程中的四个阶段模式。

第一，任教前关注阶段。此阶段是师资养成时期，师范生仍扮演学生角色，对于教师角色仅是想象，没有教学经验，只关注自己；不仅如此，对于给他们上课的教师的观察，常常是不同表情的，甚至是敌意的。

第二，早期求生存阶段。此阶段是初次实际接触教学工作时期，所关注的是教师自己的生存问题，所以他们关注对课堂的控制、是否被学生喜欢和他人对自己的评价。故在此阶段，他们都具有相当大的压力。

第三，关注教学情境阶段。此阶段所关注的是教学和在这种教学情境下如何完成教学任务。所以在此阶段，他们较重视自己的教学，所关注的是自己的教学表现，而不是学生的学习。

第四，关注学生阶段。虽然许多教师在职前教育阶段表达了对学生学习、社会和谐情绪需求的关注，但是却没有实际的行动，直到他们亲身体验到必须面对和克服较繁重的工作时，才开始把学生作为关注的中心。

2）教师职业生涯周期阶段论。在对教师职业生涯周期阶段的研究中，颇具影响的是休伯曼（M. Huberman）等对瑞士教师的调查研究。休伯曼等把教师职业周期分为 5 个发展时期。

第一，生存与发展期。这一时期处在从教的第 1～3 年。教师在正式入职之前，在师范院校中接受的有关教育、学校及学生的形象通常比较理想化，但教师进入实际的职业场景时，往往会面临严重的理想与现实的冲突。教师需要在理想与现实、意愿与困难的冲突中挣扎求存，寻找新的平衡点。这就是“生存”的意思。当然新教师也会发现自己已经成为了一批学生的老师，开始有了自己的学校、自己的班级、自己的学生及自己的教师群体，这会使新教师产生某种积极的拥有感，所以又表现出积极热情的一面。这就是“发展”的意思。对于这个阶段的教师来说，积极参加学校、教育主管部门组织的入职教育，尽快地重新认识现实中教育工作的性质，以便在以前所接受的偏于理想主义的教育观念和现实教育情境中会遇到的困难与矛盾之间找到平衡点，从而尽快形成比较全面的教育观念，是这个阶段的教师职业发展的重点。

第二，稳定期。这一时期处在从教的第 4～6 年。在经过“生存与发展期”后，教师进入稳定期。这种“稳定”一方面表现在教师与学校的关系上，此时新教师已经结束与学校工作关系上的“试用期”，成为学校“正式”的一分子。另一方面表现在心理上，那些认定自己不适合从事教育工作的人，一般也在这个阶段开始作出抉择，退出教育行业；那些留下来的教师，一般在心理上已经确定可以胜任教师的工作，愿意选择教师职业为自己的终身职业。在这一阶段，教师要不断增加专业知识，提升专业技能，以便尽快地从一个“新手教师”成长为一个“胜任教师”甚至“熟练教师”，这是这一阶段教师职业发展的重点。

第三，尝新与自疑期。这一阶段处在从教的第 7～25 年。这一时期，教师在发展线路上表现出差异性。许多教师因为教育工作在性质上相对缺乏创造性，或者连续不断的改革后令人失望的结果都会引发危机，容易使教师对自身的价值产生怀疑。同时，这一阶段的教师随着教育知识的积累和巩固，也开始主动地作出一些自我更新的尝试，如调整教育内容、变更教学方法等，试图增加对课堂的影响；在教学材料和评价方面开展不同的个性化实验；对课堂的职责有了初步的了解后，开始寻找新的思想和挑战。

第四，平静与保守期。这一时期的时间跨度比较大，在从教的第 26～33 年。随着年龄的增长，许多教师经历了怀疑和危机之后开始平静下来，能较轻松地完成课堂教学，也更有自信心，教师在人际关系上开始趋于宁静平和，尤其表现在师生关系上；由于与学生的年龄差距开始加大，学生对教师的角色期望也开始发生变化。即使教师本人愿意与学生建立亲密的关系，作为学生的“大哥哥”“大姐姐”，但在学生看来，教师已经是自己的父辈甚至更年长的人了，心理上的距离也开始增加，师生关系往往融洽，但不再像青年教师与学生的关系那样亲密。在专业上，长期积累的经验逐渐使教师形成某些认定为有效的“铁律”，不愿意再作出大的调整和更新，也不愿意“冒险”尝试一些可能较差的新做法，趋于保守。有的开始抱怨学生的纪律性差、缺乏动力，抱怨公众对教育的消极态度，抱怨年轻教师不够认真投入。这一阶段的教师应该注意承担更多引导其他教师的职责，这有助于重新焕发专业上的热情，谋求自身的持续发展。

第五，游离和悠闲期。教师职业生涯的最后几年，进入游离和悠闲期。一般而言，处在这个阶段的教师会开始有意识地为退休做心理上的准备，对于学校的当前工作（如某种新的教育观念的实行）往往并不十分关心，处在某种游离的边缘状态，对于这个阶段的教师来说，如果能重新唤起专业兴趣与热情，更投入地对待自己的工作，对于身心健康都有益处。

（2）教师专业发展设计　无论是新任教师，还是老教师，都应该对自己的专业进行设计。

1）自我定位与目标设计。

首先，教师应从实际出发，给自己一个比较符合实际又有挑战性的定位。自我定位包括两点：一是对类型的定位，二是对层次水平的定位。教育人才类型可以划分为教育理论研究人才、学校管理人才、教育行政人才和教育教学人才。一般学科教师适于向教育教学人才和学校管理人才方向发展。关于教育人才的层次，根据其素质的高低、创造力的大小、对教育事业影响的大小，可以划分为教育家（最有创造性的、深刻的、长远的、广泛的影响）、教育专家或卓越教师（有较高的创造性，在一国范围、一定时期有较大的影响）、教育专家或骨干教师（有一定的创造性，在某一地区、某一方面或领域有一定影响）、好教师或有经验的教师（有比较熟练的工作经验和技能，在某个方面有较好的工作成绩）和一般教师或称职教师（能够胜任教师工作，工作效果较好）。教师可以根据自己的客观条件和自身素质确定自己最终要达到的层次水平。可以说，大多数教师都能够达到好教师或者有经验的教师水平，少部分教师能够达到优秀教师或骨干教师的水平，少数人能够达到教育专家或卓越教师甚至教育家的水平。

其次，是进行具体目标的设计，目标设计的内容可以从两个角度划分：一是时间的角度，在成长的不同阶段，目标是不同的，也就是要设计阶段目标，阶段目标主要是各成长阶段要解决的主要问题。二是项目的角度，在教育工作中，许多方面和项目都可以成为教师攻克的目标，如教材的开发、教学方法的改革、教学手段的革新、学生管理、科研攻关等。

在阶段目标的设计上，可以参照教师专业发展理论，了解各个阶段应该解决的主要问题，作为自己的目标。而在具体的项目目标的设计上，一方面要考虑自己的兴趣、爱好、优势、长处是什么，尽可能发挥自己的长处；另一方面，还要考虑教育改革和趋势，学校教育中存在的主要问题和教育需要什么，根据需要选择目标，顺应时势是教师成才的规律。

2）成长阶段设计。在明确了自己职业生涯的定位之后，就应该考虑这样的问题：要成为这种类型这样层次的教育人才，实现总的目标，需要什么样的素质和客观条件？需要经过几个阶段？成长阶段的设计就是要围绕这两个问题来进行。具体的工作如下。

第一，要了解自己现在所处的成长阶段。根据对自己现在素质水平的分析，与教师生涯周期的理论进行对照，发现自己现在所处的阶段。

第二，要设计每个阶段的发展任务和大体时间。具体内容包括：阶段的主要目标是什么，具体任务项目有哪些，大体的时间周期，最终的成果预期，完成任务需要的素质水平和客观条件是什么。

第三，要提出和解决成长中需要的条件和措施。应该采取哪些具体的措施，包括：要学习哪些知识，参加哪些进修，去哪些地方考察，每项任务需要的时间预算，所需要的经费预算，需要请哪些人帮助等。还必须考虑工作和其他生活方面内容的协调，如照料自己的家庭、教育自己的孩子、工作和自己的休闲生活等。

（二）学生

长期的教学实践证明，在教学过程中，学生是学习和认知的主体。因为对知识的认知是学生的任务，别人不可能替代学生在学习中所扮演的角色，因而说学生是学习的主体。进一步说，学生的主体作用主要是指学生学习的主观作用，即指在教学过程中激发、活跃思维，主动参与、勤于动手动脑的能力。在教学过程中，学生是教学信息、知识能力的转换者和接收者，是教学效果、教学质量的体现者，只有充分调动学生的学习积极性，使之主动地介入教学全过程并发挥其作用，才能实现教学质量的飞跃。

学生是教师劳动的对象，了解学生是教育成功的前提。教师要完成培养人的神圣使命，把学生培养塑造成合格的社会成员，首先要有正确的学生观，其次要了解、认识学生的身心发展规律。教师的学生观，是教师对学生本质特征和培养方向所持的基本认识和根本态度。它支配着教师相应的教育行为模式，决定着教师的工作态度、工作方式和效果，对师生关系也产生较为重要的影响。教师应树立正确的学生观，这就要求我们去研究学生、了解学生。

1. 学生的本质特点

（1）*学生是发展中的人*　学生在经历每一个教育阶段中，生理及心理发展都不尽相同。例如，在学校教育中，中小学生的生理和心理发展尚未成熟，正处于身心发展的重要阶段，蕴藏着极大的发展可能性和可塑性。一方面，学生是具有发展潜能的人。而在中小学阶段，学生身心发展最迅速，且持续时间长，因此处于这个时期的学生具有极大的可塑性。另一方面，学生是具有发展需要的人。在这一阶段，涉世未深的学生对外界表现出浓厚的兴趣和旺盛的求知欲，他们的自我价值往往需要通过个体的自身努力与外界客观现实的相互作用才得以实现。所以没有活动，没有个体与环境的相互作用，也就没有学生个体的发展。而大学阶段学生虽然已经成年，但毕竟还是一个涉世未深的学生，还处于学习成长的阶段，对专业知识、社会发展等问题认识尚浅，仍需提高。因而，在学生的发展过程中，既要了解学生发展的潜力，又要把握学生发展的需要，以促使学生在发展中走向成熟。

（2）学生是具有主体性的人　作为教育对象的学生，既因其是一个自然的人而具有自然属性，又因其是一个社会的人而具有社会性和主体性。马克思提出："人的本质并不是单个人所具有的抽象物，在其现实性上，它是一切社会关系的总和。"学生在各种社会因素的影响下，成为社会的人，具有社会关系所决定的社会性。与此同时，在接受社会因素影响的过程中，又会作出不同的选择和反应，体现出在社会活动中的主体性。学生的主体性也就是主观能动性，它包括独立性、选择性、创造性、自我意识等。应该看到，学生的发展既不是一种先天的"内发"，也不是一种完全由"外铄"决定的反应模式，而是作为一种生物和社会个体运用自我调节机制的活动结果。换句话说，学生的主体活动是学生发展的源泉。这里的学生主体活动是指学生依据自我调节水平对内外刺激进行有意义的反应过程。因而在教育活动中，教师应该注意调动学生学习的自觉性和积极性，引导他们主动参与教育活动，发挥学生在教育活动中的主体作用。

（3）学生具有个体差异性　人与人之间是存在差异的，这种差异可以概括地称为个性的差异。正如没有相同的两片树叶一样，也不存在两个个性完全相同的人。在教育实践中，教师如何对待学生之间的个体差异也是其学生观的一个重要部分。人们认识到，由于遗传和环境的不同作用，每一个个体都具有其独特性，亦即个性。个性是个体的总的精神面貌，反映了该个体同其他人之间稳定特征上的差异性，它具有主体性、独特性、社会倾向性和完整性等特征，教育应该遵循学生的个性，按照每个学生不同的兴趣、能力、气质和性格特点因材施教，使每个学生的个性心理品质和能力特征都在原有的基点和可能的发展水平上获得长足的进步，使学生在思想品德、智力水平、劳动习惯和身体与心理素质等方面得到全面的发展。与强调整齐划一、强调共性的传统教育相反，当代教育强调培养学生的独特个性和创造性。

2. 教师学生观的更新　在当前推行新课程改革的过程中，落后的学生观还是存在的。另外，随着教育理论和实践的发展，新的观念也在不断涌现，这些都要求教师必须随时更新自己的学生观。

（1）用发展的眼光看待学生　学生是发展着的个体，由于受到先天遗传和后天教育等因素的影响，不同地域、不同年龄的学生具有不同的心理和行为特点，同一个学生也会因时间、环境的变化而作出不同的表现。教师要有效地实施教育教学活动，必须以发展的眼光看待学生，深入了解和研究自己的教育对象。否则，单凭主观臆断、想当然的看法去对待学生，很可能会导致错误的教育行为。在我们进行的一项关于教师对学生注意问题准确性的研究中发现，随着教龄的增加，教师对学生是否存在注意力方面问题的判断却越来越不准确，大家公认有经验的教师，其对学生的认识却未必是更准确的。之所以出现这一现象，固然可能与教龄延长而带来的知识、观念老化有关，同时也提醒我们，了解和研究学生是非常重要的。具体来说，教师需要研究学生的生理、心理特点，研究他们的同龄共鸣现象和人际关系状况，研究他们受时代、社会、环境影响所产生的兴趣、爱好、特长、个性，以及所具有的知识背景和智力背景，进而深入他们的内心世界去研究他们的精神需要、渴望与追求等。除了共性的特征以外，教师还要了解每一个学生自己的特征，不仅了解其当前的学习成绩和行为习惯，更要了解其潜在能力和各种非智力因素等。只有这样，教师才能帮助他们更好地发展。前苏联教育家苏霍姆林斯基在教育实践中就特别重视了解和研究学生，他一生曾研究了3700名学生，并作了详细的记录。在现实生活中，我们经常看到那些有经验的教师一接新的班级，往往会立即查阅学籍卡片，建立学习档案，随时记录新情况，适时与家长联系，统一教育要求，定期交流情况，分析学生的进步水平和存在的问题以便采取相应的方法，有针对性地进行教育。

（2）确立学生在教育中的主体性地位　新型学生观认为，学生首先是一个人，主体性是人的本质特征，发展是人的天性，教育是促进主体发展的活动，学生的主体活动是学生获得发展的内在机制和内因。学生作为各种学习活动的发起者、行动者、作用者，其前提是他们首先要有一定的主体性，这是他们作为主体的基本条件。事实上，随着青少年学生自我意识的形成和不断增强，他们自身就有一种自尊自信和追求真理的自觉性，在许多活动中表现出渴望独立、自主选择、自我判断。教师作为学生学习活动的促进者，必须确立他们在教育活动中的主体性地位，具体来说，要理解信任和尊重爱护学生，理解、尊重每一位学生，首先是相信学生发展的主动性，相信每一位学生的内心都存在主动求知、主动求发展的愿望。教育并不是赋予了学生发展的特性，而仅仅是顺应其身心发展规律，促使他们更快更好地发展而已。教育者的责任在于激发学生发展的内在动力，调动学生发展的积极性，从而使他们成为在人格上自尊、在学习上自信、在生活上自立、在挫折面前自强的人。教师要对学生始终如一地坚持有爱、诚恳、友善的态度，切实地帮助、理解、支持他们心理上的自尊；教师应积极地帮助学生发现自身的特长，并适时地进行鼓励、表扬，使他们体会到成就感，从而增强其自信心，扬起他们自信的风帆；在培养学生具有自尊心和自信心的基础上，对能发挥其个性特长的能力进一步培养，逐步使他们在生活中自立、在失败面前自强，从而发展他们的自主选择能力和敢于负责任的意识。应该说，有些学校提出“一切为了学生，为了一切学生，为了学生的一切”的办学口号，也正是这一学生观的体现。

（3）认识学生的独特性　学生不但是发展中的人，而且是具有发展个体差异的人，教育要承认、尊重和接受学生发展的个体差异性，就意味着教师要认识到学生的独特性，为学生的发展创设最好的教育条件，鼓励学生发挥特长，发展个性。认识到学生的独特性，首先要为学生创造多种发展的条件，形成一种以促进学生自我发展为目的，多指标、多元的评价观念，适应并挖掘不同发展水平学生的潜能，教育的功能应该是促进人的多方面发展，而不是促进全体学生的同一、统一和标准化发展，更不是采取“一刀切”的方法限制、埋没人的多方面发展。教师要注意到，以一种统一评价标准衡量全体学生的方法是存在局限的，尊重学生的独特性要求，实现由“选拔适合教育的学生”向“创造适合学生的教育”的方向转变。认识到学生的独特性，还要求培养学生学会做人、学会生活、学会学习、学会发展。学会做人，就是指通过思想政治教育、行为规范训练，在校纪校规及社会道德的约束下提高学生的思想品德修养，使他们做一个堂堂正正的人；学会生活，就是让学生培养良好的生活习惯，学习必要的卫生常识，掌握生活自理能力、独立谋生能力和经受挫折并不断奋进的能力；学会学习，就是指培养学生善于发现问题、提出问题、解决问题的能力，引导学生从学习中得到乐趣，变不愿学为乐学、好学；学会发展，就是鼓励学生根据自己的个性充分发挥自己的特长，培养他们的创造性思维和人格。正如苏霍姆林斯基所说的，教师要帮助学生“在无数的生活道路中，找到一条能鲜明地发挥他个人的创造性和个性特长的生活道路”。

（三）教学内容

烹饪专业教学内容是完成教学目的的载体，也是烹饪教学活动中的实质性要素，主要包含知识、能力、思想与情感等方面内容组成的结构和体系，也是按照国家规定的教学计划、教学大纲和教科书的总称，具体来说就是课程教学大纲、课程标准、教材选择及教案等。它规定学生在学习过程中掌握其知识、技能的体系及其思想政治方向，一般包括烹饪理论知识和烹饪技能实践两大部分。

四、烹饪专业教学过程的规律

规律是事物内部的本质或本质之间的关系，是事物发展的必然性。它具有客观性，不以人的意志为转移，规律只能认识、发展和应用，不能创造和改变。烹饪专业教学过程的规律，是烹饪专业教学过程中各因素或各因素之间的本质关系，只有利用这些规律，才能实现烹饪专业的教学目标。其主要规律如下。

（一）教为主导与学为主体相统一

教学过程是教师的教和学生的学共同构成的双边活动。教为主导，学为主体。教师的主导作用具有客观必然性和必要性。这是因为烹饪教师是烹饪专业知识的载体和烹饪教学任务的主要承担者，只有教师才能有效地传播教学内容、教学方法和教学组织形式，从而达到最有效的学习，而学生由于认知水平和身心发展水平的局限，要在短期内自己掌握大量的烹饪知识和技能是根本不可能的。因此，教师主导作用的发挥是完成教学任务的前提条件。

教学活动中受体是学生，所以学生是教学的主体。没有学生的学，教师的教也就失去了对象。学生的学是一种独立、能动的活动。教师的教对学生的学而言是外因，这一外因只有通过学生的学这一内因才能够起作用。教师应该启发学生的兴趣，充分调动学生学习的积极性，只有这样，才能将学习变为学生主动的行为，才能发挥教学的最大效益。为了更好地利用教为主导、学为主体的规律为职业技术教学服务，教师应该了解教学对象和教学内容，能够正确地选择教学手段、教学组织形式和教学方法，促进学生的学习积极性，使学生树立主体观念，对自己的学习负责，学会学习，从而出色高效地完成教学任务。

（二）学中做与做中学相统一

学中做与做中学相统一的规律，学与做、做与学在教学过程中相互交替，内容相互促进，理论联系实际，理论指导实践，实践证明理论，理论再指导实践，实践再创新理论，形成良好的循环。

（三）掌握专业知识、技能技巧与发展智力相统一

烹饪专业教学过程既是使学生掌握烹饪专业知识、技能技巧的过程，也是发展学生智力的过程。烹饪专业知识、烹饪专业技能技巧的获得是发展智力的前提条件，智力的发展又能促进学生对烹饪专业知识、烹饪专业技能技巧进行更快、更好的学习吸收。烹饪职业教育教学目的是使学生获得从业能力、职业适应能力和职业发展能力。通过烹饪专业知识、职业技能的学习，可以使学生的注意、记忆思维、想象能力得到锻炼，从而提高学生的智力；学生智力的提高，又可以使学生更快更好地获得烹饪专业知识、职业技能技巧。因此，教师在烹饪教学过程中，应该尽量引导学生发现问题、思考问题、探讨问题、提出问题、解决问题，使学生在获得烹饪专业知识、技能技巧的基础上，发展智力。

（四）专业学习与思想道德教育相统一

教学具有教育性。在烹饪专业教学过程中，在传授职业知识技能的同时还要培养学生的思想道德品质，进行道德教育。培养学生具有科学的世界观和方法论，具有正确的职业观和良好的职业道德，发挥学生的主观能动性，促使学生更好地获得职业知识技能，使职业技术教育的教学更有效，为社会培养社会主义建设人才，尤其在新时期新的历史条件下，这些显得尤为重要。

（五）烹饪专业教学的简约性

简约性是教学领域共性的一个规律，教学过程简约性规律的具体内容是：第一，教学内容具有简约性。教学内容是从人类几千年社会实践所获得的成果中浓缩、简化而得来的。这种教学内容，使学生不受个体时间和空间的限制，从而大大提高了学生认识的起点，缩短了对客观世界的认识历程。第二，教学过程具有简约性。教学过程大大缩短了人类认识世界的历程。学生在教师的引导下，借助书本知识、间接经验来实现对客观世界的认识。教师可以根据教学对象、教学任务，选择一定的教学组织形式、教学方法，在短短的几小时或几十小时中，将一代人或几代人花费了许多年才获得的对某一问题规律性的认识传授给学生。

五、烹饪专业教学过程的基本阶段

教学活动总是以过程的形式展开，烹饪专业教学也不例外。通常我们可把烹饪专业教学过程分为教学准备阶段、教学实施阶段和教学检查评定阶段。在这三个阶段中，教学各系统是紧密联系在一起并相互作用的，它们相互作用才构成了教学过程的动态系统。

（一）教学准备阶段

教学准备阶段主要进行的工作是教学设计。在进行教学设计时，首先要确定教学目标，即我们期望学生通过学习达到什么样的结果；其次要分析学习者特征，用来确定教学起点和进行因材施教；最后要设计教学策略和教学方法，包括媒体的选择等。心理准备主要是引起学生对即将进行的教学活动的兴趣和求知欲，创设一种教学氛围，使学生产生强烈的求知欲望和浓厚的认识兴趣。如果学生头脑中的兴奋中心还没有向将要进行的教学活动转移，或者对即将学习的课题毫无兴趣，那么在这种情形下进行的教学是不会有好效果的，因此心理准备是教学过程的一个必要阶段。另外，教学设计工作还会延续到教学过程结束，因为它是一个动态设计的过程，需要利用教学实施阶段的反馈信息来调整和优化教学设计，以达到教学过程最优化。

烹饪专业教学设计应注意以下几点：一是设计适合学生发展需要的教学目标。过高或过低的教学目标都不能满足学生的发展需要，只有处于“最近发展区”的教学目标才能发挥教学的最大效益，促进学生的最大发展。二是设计“问题性”与“应用性”相结合的教学内容。“问题性”是指教学内容应以问题为中心来组织，引发学生探究的兴趣；“应用性”是指教学内容应与实践应用相结合，使学生感受到学习对其就业和职业生涯发展有用。三是设计“自主操作性”的教学方法。自主操作能引发学生的自主活动，充分发挥他们的主体性，通过自主操作，应用能力得到训练与加强。

（二）教学实施阶段

教学实施阶段是准备阶段的继续，也是对准备阶段各项活动的验证。在实施阶段，主要是组织一系列教学策略，使准备阶段的设计工作得以贯彻，其中重要的一个环节是唤起学生学习的积极性，保证学习主体作用得到充分发挥，职业教育教学实施阶段的主要任务有以下几个方面。

1. 理解知识 理解知识是学生在教学过程中逐步认识事物的联系、关系直至认识事物的本质规律的活动。这个阶段包括感知教材和理解教材两方面：感知教材是学生通过各种分析期的协同活动，获得事物表象的过程。学生必须有感性知识，才能理解和把握书本知识，否则学生对书本知识就会生吞活剥、食而不化，以致不能理解教材的实质。感知教材有两种形式：一是直接感知，二是间接感知。直接感知就是让学生直接接触所学习的对象，如观察、实验、实习、参观、调查、访问等。间接感知主要靠教师讲解即教师运用生动形象的语言和各种形象化直观教具使学生对教材形成初步认识，这两种感知型在教学活动中是相互配合、互为补充的。毛泽东曾指出：“感觉到了的东西我们不能立刻理解它，只有理解了的东西才能深刻地感觉它。”因此，教学过程不能仅停留在感知层面上，必须上升到理解教材的层面上，这是领会知识的关键。理解教材是教师引导学生在感知教材内容的基础上进行抽象思维加工，形成概念，掌握本质，教师在学生理解教材活动中一定要设法让学生通过自己的思维活动来完成任务，要使学生对教材的定义、原理、结论的理解合乎规范。

按照学生认识发展的规律，让学生在感知教学内容的基础上，通过教师的讲解、论证来理解、掌握新知识。要注意引导学生通过领会、分析、综合、评价形成科学概念，达到对工作过程知识的认知。因此，教师要提供必要的学习材料，包括与职业相关的背景资料，设置疑难问题，启发学生积极思考。需要注意两个方面：一是善于引导学生的注意，使学生对教学过程感兴趣，对教学内容才有深刻的印象；二是注意与工作过程逻辑性的吻合，使学生建立工作系统知识。

烹饪专业课程教学不是教“系统的理论知识”，而是教“系统的应用知识”，这是由烹饪专业性质和特点决定的。这就要求教师应当从实用出发，对原有的知识体系从应用的角度进行新的、系统化的改造。工作过程性知识的教学不能从概念出发，要打破过去“先学后做”的习惯，采取“边做边学”或“先做后学”的方式。给学生布置基于职业活动的学习任务，让学生在完成任务的过程中锻炼能力、探索知识、总结经验，从而形成抽象概念。教师要学会使用行动引导教学，设计教学内容的引入、驱动、示范、归纳、展开、讨论、解决、提高、实训等过程，引导学生兴趣，提高学习能力。

2. 运用、巩固知识 运用知识是学生用领会的知识去解决同类课题的活动，目的在于抽象知识与具体事物相联系，使领会了的知识具体化。学生通过运用知识，与实践形成技巧技能，检验所学知识，丰富直接经验，使知识深化，这对于他们进一步理解和牢固掌握知识，提高分析和解决问题的能力具有重要意义。运用知识基本有两种方式：一种是问题的解决只需要通过语言的说明（包括口头和书面语言）就能完成；另一种是通过实际操作才能完成。引导学生对已经理解的知识加以巩固和运用，使其真正掌握，这既是教师教学工作的一个重要步骤，同时也是学生学习过程中的一个基本阶段。运用知识是指在某些特定的或具体的情境中使用学得的理论、概念解决实际问题。

巩固知识是使学生把所学知识牢固地保持在记忆中，当需要时能正确并及时地提取，巩固知识是由教学活动的特点决定的。学生学习的主要间接经验，在学习中往往感受不深，容易忘记，而且学生在各学科教学中连续不断地接受多方面的新的科学知识，教师如果不帮助学生进行及时巩固，教学活动将无法持续进行，学生也无法继续进行学习知识的巩固，巩固知识应贯穿于教学的全过程，巩固方式也多种多样，主要有作业、练习、复习等。

学生掌握知识的目的不仅是为了认识世界，也是为了运用知识改造世界。指导学生运用知识十分有意义，首先，可以检查学生对知识的理解情况，巩固、加深对所学知识的理解，使理解的知识不断完善；其次，能够促使学生把理论与实际结合起来，培养学生综合运用知识的能力，形成技能技巧；再次，能够促进知识向智能发展。教学过程中促进学生运用知识的方式有两类：一是课堂教学中各种形式的作业、练习；二是课后的各种书面作业和实习作业。在指导学生运用知识时应注意：明确运用知识的目的和要求及运用知识的正确方法。

3. 烹饪专业能力训练 烹饪专业在职业活动和社会行为方面所表现出的实际能力，已经成为职业教育评估的一个重要标准。在这一教学阶段，教师要对“能力的实训过程”进行科学设计，确定演示、实训、实习、实验的内容，做好实践教学的各项准备工作。在能力训练过程中严格按照标准，由浅到深、由简单到复杂、由单一到综合、循序渐进。教师要认真进行训练指导，严格考核，要使学生通过学习来掌握技能，特别是通过“创造我的产品”，使学生更有成就感，在考核中以学生能力的最终物化成果作为课程考核依据，让学生创造自己的产品。

（三）教学检查评定阶段

检查评定是根据一定的标准对教学过程产生的结果进行评估，通过检查评定可以获得反馈信息，了解教学和学习情况，并据此来调节教与学的活动方向和节奏。借助于学习效果的检查，还可以激发和强化学生的学习动机。这一阶段要对前两个阶段的展开情况及课程教学过程的效果进行必要的检查总结，并作出公正、客观的评价，为下一个教学过程的设计提供科学的依据。这一阶段在具体实施中要注意处理好三个问题：一要确立好检查评定的标准，其标准既要全面反映知识掌握、能力培养和职业道德与职业素质等内容，又要具体规定知识掌握、能力培养和素质养成的层次要求；二要重视师生的自我总结与评价；三要突出学生学习过程的评价。通过检查反馈，教师可以了解学生对所学知识的掌握情况，及时采取措施，改进教学的方法，提高教学的效果；学生可以对自己的学习效果有明确认识，使自己获得学习上的满足。教学过程的三个阶段包含着教师在教学过程中认识活动的特点，体现了教学过程的客观规律。

各阶段在学生认知发展上虽然各有其主要任务，但又是相互联系、相互渗透的，不应把它们截然分开，孤立地进行，也不能机械地搬用，应从教学过程中学生认识知识的实际出发，灵活掌握。

第二节 烹饪专业教学过程的动力

教学过程的动力是推动教学过程不断推进和发展的根本力量，其次是来自教学过程内部本身。马克思主义哲学告诉我们，矛盾是事物发展的动力，矛盾中的双方既对立又统一。正是这种对立统一之间的相互作用，推动了事物的运动和变化。在教学过程中，构成教学过程的基本要素——教师、学生和教学内容，彼此之间也有相互作用的对立统一过程，形成了多种矛盾运动。这些基本的矛盾运动就是教学过程发展的内部动力。

一、烹饪专业教学过程动力的内涵

教学过程的发展动力，也就是推进教学不断开展和深入的教学动力。

如同教学过程概念一样，人们对于教学动力问题的认识也有很多不同的看法，影响比较大的观点有以下几种。

（一）教学动力系统结构论

这种理论认为教学系统有三种调节机制：由广泛的相互联系支配；由教学系统中的反馈机制实现；由人的心理调节系统实现。它们分别对应下面将介绍的教学动力存在说、教学动力矛盾论和教学动力动机论三种观点。这三种不同的动力构成了一个系统，这就是教学系统的动力结构，也就是教学过程发展的动力系统。

1. 教学动力存在说　这种看法认为教学过程发展的动力是社会对学生必须具备的修养提出的要求与学生修养程度之间的矛盾，即个体认识与社会认识之间的矛盾。

2. 教学动力矛盾论　这种看法认为教学过程的动力源于教学过程的内部矛盾。

3. 教学动力动机论　这种看法认为教学动力是一种特定情境下人的适应模式，强调从个体活动的角度来讨论学生从事学习的原因，以及怎样改善和唤起学生的学习动机。

（二）教学动力认识论

这种观点将教学动力看作师生两方面共同力量的共同体，在教学活动中，教师的主导作用，以及其在自身工作动力推动下不间断地通过设置诱因，激发、引起学生的学习动机，将自己的动力转化为学生的动机，便形成了整个教学认识活动的动力。虽然人们对教学过程动力的认识各有不同，但是从马克思主义辩证唯物主义观点出发，推动教学过程的基本动力主要来自教学内部的矛盾。

二、烹饪专业教学过程动力矛盾说

从根本上说，教学过程的动力是由教学过程的基本矛盾及其对立统一运动推动的。而教学过程的基本矛盾，是教师在教学过程中所提出的认识和学习任务或其他任务与学生现有知识和能力发展水平之间的矛盾。这个矛盾贯穿于教学过程的始终，同时也是其他矛盾的最终归因。按照教学的要求，逐步提出认识任务要能为学生所理解和接受，要与学生的认识潜力相符合，并在学生进行一定的紧张的教学活动之后就能得到解决。教师的艺术在于，在使学生掌握知识时，要循序渐进地让他们逐渐接触到更复杂的任务。在教学中既要要求学生独立思考和学习，同时还要使学生学会交流和合作，兼顾不同学生的年龄差异和个体差异。不过，当所提出的教学任务落在了学生的最近发展区之外时，前面所说的教学过程的基本矛盾就变得毫无意义，它不仅不能成为教学的动力，甚至还会成为学生学习的障碍和阻力。

由此可见，教学内容要与学生的认识和发展能力相符合，教学内容要与教师的个人水平相符合，是基本矛盾成为教学动力的必要条件。与此同时，教师不仅要解决学生在掌握知识过程中自然产生的认识冲突，还要激发其产生达到教学目标和认识新事物的愿望。前面已经说到教学过程是师生互动、相互交流的过程，而在这个过程中，教师、学生和教学内容成为不可替代的重要部分，使教学过程顺利开展。三要素之间密切联系、相辅相成，彼此之间既矛盾又统一。教学过程中的这些矛盾的产生、发展和变化，是教学过程得以存在并不断发展的动力。

（一）教师与教学内容之间的对立统一关系

教师与教学内容之间的关系，表现为选择什么教学内容和如何传递教学内容。烹饪专业教学不是对烹饪知识的简单罗列和传输，而是要使教学内容转化为学生自己的知识。这就要求教师根据教学内容和学生的认知特点，对教材内容进行重新整合加工，使之成为教师便于教、学生便于学的东西。因此，在烹饪专业教学过程中，就必须认真备课，吃透内容，做到举一反三，将教学内容赋予特有的方式，让学生愉快地接受。

一方面，指导学生进行认识活动的教师，他们已有的知识未必能适应现代教学对教师认识水平的要求，这就形成了教师与教学内容的矛盾，教师只有不断学习，不断“充电”，才能跟上教学内容更新的步伐。教师的教学准备过程是了解教学内容和掌握教学内容的过程，其实质是教学，是自身获取和补充新知识、认知能力在提高的过程。在研究教授与学习规律的过程中，同时也伴随着教师教学技术、教学艺术的不断提高，教师在教学过程中的创造能力也在不断发展。

另一方面，教师的职责在于教会学生学习，教师自己对教学内容的充分掌握并不表明他能够教会学生。因此，对于教师，还面临着如何使教学内容转变成学生可接受的知识，成为他们自己的知识财富；能否更好地引导学生的学习；对教学内容，考虑根据教学要求如何组织教材、处理教材、采取哪些适宜的教学方法和手段教授这些教学内容等。教师与教学内容矛盾的两个方面可以表述为“教什么”和“怎样教”。

（二）学生与教学内容之间的对立统一关系

学生与教学内容的关系，主要是教学内容是否符合学生的身心发展水平和认知水平，以及学生学习什么知识和怎样学知识的问题，是一种矛盾的关系。因此，教学内容的选择与安排一定要符合学生的认知发展水平，在此基础上，更要使得教学内容的设计能够让学生乐于学习，还应该考虑教学内容本身是否符合科学知识的内在逻辑结构及学生的学习方法是否得当。

教学内容是教学过程中教师和学生共同的认识对象。由于学生与教师在知识程度上的差异，学生与教学内容的矛盾更甚于教师与教学内容的矛盾。一方面，学生已有认识能力和知识水平有限；另一方面，教学内容对学生来说属于未知领域，它规定了学生所必须掌握的知识和技能，因此，学生与教学内容的矛盾关系主要表现在教学的客观要求与学生已有经验之间的矛盾。教学的最终目的，就是要教会学生掌握人类全部知识体系中最基本的内容，各科教材就是这一内容的反映，舍此，教学过程就失去了意义。由于科学文化是世代延续的结果，在教学过程中，青年学生的认识总是落后于社会历史的认识，人类社会在其漫长的文明历史发展进程中不断创造并累积了丰富的科学文化知识，学校和教学作为社会科学文明创建的主要渠道，总是以其特有的方式与手段，努力使社会个体成员的认识能够尽快地达到社会历史认识的现有水平，并以此保障社会的连续不断地进步与发展。

这一矛盾的解决涉及教学内容如何安排适当，教师的教和学生的学是否体现了调动学生主体积极性，且极大限度地利用和发展现有水平。

（三）烹饪专业教师与学生之间的对立统一关系

其简称“师生关系”，教学过程中各个基本要素是通过教师与学生的互动体现出来的，教学内容又是联系教师与学生的纽带。教师运用教学手段向学生传授知识和技能，在这个过程中，教师的形象、思想、观点、信念、行为举止，以及教学时表现出来的个人爱好和兴趣等，无时无刻不影响着学生。同时学生对教师的教学也产生着某种程度的影响，教师在教育学生的同时，自己也正在接受教育。“教学的教育性”“教学相长”等就充分反映了教学过程中教师与学生的这种关系。教育是师生交往的过程，师生的交往关系带有教育本质的含义。能够正确处理师生关系，可以说就是抓住了教育的真谛。教师的素质，实际上就是在处理师生关系的过程中所需要的素质。尤其是现代教师，对于师生关系的处理要求更高。

对于教师与学生这对矛盾关系，我们关注的焦点是教师主导作用怎样发挥？学生主体作用怎样体现？此外，学生在接受教师教育影响的同时，再反作用于教师，教学过程如何做到“教学相长”？教学过程是通过教师向青少年一代传递人类科学文化遗产的过程，在教师指导学生学习的活动中，教师在教学过程中起主导作用，他必须根据一定的教学目标，协调教学内容、学生等因素及其关系，而学生则是教学过程的主体，在教师指导下，发挥主动学习的精神，学习知识技能，发展智力和能力，陶冶情操，在教学活动中，师生双方表现出一种相互对立、相互依存的关系。教学活动既要求学生独立学习，也要求照顾学生的个人差异和发展水平。教学要与学生的认识发展潜力相符，教师应善于创设问题情境，激发学生的学习动机，培养学生逐步掌握独立解决问题的能力，使学生亲身体验到创造性劳动的快乐，激励学生产生认知新的未知事物的内心愿望。

师生双方在教学过程中的认识活动是有差异的，这种差异表现在学生掌握知识和认识活动是在教师的指导下进行的。学校教学活动的主要目标是，要求学生在较短的时间内掌握人类社会所积累的科学文化知识体系中的精华。各门学科知识以科学的形式展现给学生，对这样一种形态的知识掌握乃是教学活动的主要任务，也反映出不同学科认识过程的教学过程的特点，科学认识的课题是为了扩充并变革科学知识，而参与教学活动是教师的任务，是根据科学业界已取得的成果，选择其中基本的知识作为学科内容，编制成相应的教材，由学生通过教学活动而加以掌握，教师通过学生在教学活动中掌握科学知识的情况，发展其认识能力，现代教学的任务已不再局限于学生对知识本身的掌握与积累，还必须以学生对知识掌握为基础，培养和发展学生认知能力，充分发掘、发挥学生在学习过程中所具有的能动性和创造性。

教师与学生的矛盾在不同阶段、不同年级会有所不同。在引导为主、主要依靠教师学习的阶段，或低年级阶段，教师的直接指导较多，因此教的作用也较大，而到了以学为主、学生独立学习的阶段或中高年级阶段，教的作用渐渐削弱，学生自学所占比例增加，因而独立性成为学生学习的关键。

1. 师生关系概述

（1）师生关系的内涵　对师生关系的界定，不同学者、不同书籍的观点可谓见仁见智：《中国教育大百科全书·教育》对师生关系的定义是："师生关系是教师和学生在教育教学过程中结成的相互关系，包括彼此所处的地位、作用和相互对待的态度等。"《教育辞典》上说："师生关系是教师和学生相互作用的性质，以及师生相互对待的态度。"还有观点认为，师生关系就微观而言，主要指师生之间在教育过程中所发生的直接交往和联系，包括为完成教育任务而发生的工作关系、以满足交往而形成的人际关系、以组织结构形式表现的组织关系、以情感认识等交往为表现形式的心理关系。

（2）师生关系的主要表现形式

1）工作关系：师生关系的工作关系，是在教育任务、课程计划、学校规章制度和其他行政措施指导下形成的一种关系，它是建立其他方面师生关系的基础。师生间的工作关系主要表现在教与学的关系。在教与学活动中建立良好的师生关系，主要取决于教师主导作用的发挥，教师必须充分了解学生的实际，反对主观、盲目地教学；必须充分调动学生学习的主动性、积极性，反对注入式教学；师生之间要平等协作，反对压制教学民主。只有这样，师生之间才能建立良好和谐的工作关系。

2）心理关系：在教育活动中，始终存在着师生间的亲密交往和心理交流，主要包括认知和情感两个方面的因素。师生之间的心理关系是建立在认知基础上的。学生都有一种向师性，尊重、信任老师，服从老师的教导，同时也希望得到老师的关注、鼓励和表扬。针对这种情况，教师要多给学生以积极、肯定的评价，以强化学生积极向上的信心。教师对学生不得持有偏见和成见，以免导致师生关系的破裂。学生则通过与教师多方面的交往，认识自己的老师，并对其作出自己的评价。

师生之间的情感关系是师生关系的又一个重要方面。教师对学生充满爱的情感可以形成教师的良好心境，激发对工作的热情，领略到事业的兴趣和幸福，激励自己克服困难、进行创造性的工作。同时，教师对学生的积极情感，又能转化为学生接受教育的内部动力、赢得学生的爱戴和尊重，激起对教师的亲近感、信赖感，从而沟通师生的思想，协调师生的关系。

3）道德关系：在教育活动中，教师和学生都必须遵守一定的行为规则和道德规范，履行一定的责任和道德义务，这就出现了师生之间的道德关系。建立师生之间良好的道德关系，对协调师生间的工作关系起着重要的作用。在社会主义社会，尊师爱生是师生间道德关系的最准确、最生动的概括。教师对学生的爱是教师最重要的道德品质，它是一种巨大的教育力量，是师生关系的纽带。师生之间的交往有着广阔的领域，渗透着丰富的道德内容，最终都集中体现在教师热爱学生这个根本方面。学生的道德行为和道德义务的集中体现是尊师。学生只有从内心尊重师长，才能使自己在思想和学识上不断长进。同时，学生尊师又可以激起教师献身教育事业的积极情感，更加热爱学生、关心学生。总之，尊师爱生是中华民族的传统美德，是衡量师生道德水平高低的重要标志。

师生之间的心理关系是在师生之间直接交往过程中形成的，而教师在其中起着决定性的作用。如果教师不经常主动接近学生并不断满足学生的各种合理需要，真诚和谐的师生关系也就难以建立。

2. 不良师生关系的表现及解决方法 由于受传统的“师道尊严”教育思想的影响，学校和教师把学生单方面的“绝对服从”作为学生的最高行为准则，教师在处理师生关系时，习惯于对学生进行严格控制和压制，把学生当成被动和机械的受体。随着社会的发展变化，学生的主体意识得到提升，我们发现学生对民主、平等、尊重有着强烈的呼唤。学生呼唤的东西，正是他们缺少的。学生基本需要的缺失，必然会导致师生关系发展的失衡。师生关系不协调，就一定会引起冲突。

（1）师生冲突的实质、影响与原因

1）师生冲突的实质：师生冲突是指教师和学生之间的情绪对立或公开的对抗。世界上没有无结果的原因，任何冲突都不会无缘无故地发生，也不会无痕无迹地消失。要弄清造成人际冲突的原因，就必须涉及一个复杂的心理学概念——欲望。任何行为背后都隐藏着特定的欲望、目的。冲突就意味着交往双方不合的欲望的相互碰撞。人们存在着许多普遍的共同欲望。那些微不足道、转瞬即逝的欲望不知还有多少。这些欲望总是不断地推动着我们的行为。欲望得不到满足，就会产生人际关系的不协调。但不是所有的人际关系不协调都会导致冲突。只有那些重要的、隐秘的欲望和利益出现互不相容的情况时，才会引起冲突。冲突总是伴随着强烈的消极情感，如果不能及时解决，就会引发各种心理问题。

2）师生冲突的影响：一旦形成师生冲突，对师生、学校都有不利影响。首先，对学生的影响是显而易见的。师生冲突直接破坏课堂教学，甚至使课堂教学中断，必定影响教学效果。冲突后有的学生直接接受教师施加的压力，遭受惩罚，严重影响学生的自尊心。有的学生在冲突后，对老师怀有戒心，情绪对立，使学生长期处于消极反应状态，直接影响到学生的身心健康。其次，师生冲突对教师本人也有极为不利的影响。促进教师工作积极性重要的方面就是工作中积极有效地反馈，而师生冲突会使教师感到失败、痛苦、沮丧，使教师丧失教学的热情，因此，师生冲突是形成教师职业倦怠的一个重要原因。此外，由于教学本身就会使教师处于紧张状态，再加上师生关系的紧张，很容易形成不良的应激状态，这样就加剧了教师身心反应，从而影响其身心健康。最后，如果师生冲突严重，也会对学校造成一定的影响。

当然，师生冲突也并非完全没有积极的因素。有时，师生冲突是难免的、客观的，相反，如果处理得好，教师和学生都能够从中汲取教训，反思自己的问题，以此为契机，改变过去不良的行为，这也是好事，它使教师和学生在冲突中获得真正的发展。

3）师生冲突的原因：造成师生冲突的原因是多方面的，表现形式也不尽相同。下面举师生冲突的例子加以说明。一位教师说：“当我开始执教时，我把自己看成是一群快乐学生的领导者。他们热衷于探索发现。可是事实却大相径庭。我简直不想再教了。我恐惧每一堂课、每一个新日子。学生也有这样的感觉。我觉得自己好比是奴隶的领班，在一群懒惰而没有出息的乌合之众头顶挥舞着鞭子。他们唯一的兴趣便是歇工。他们扯谎、骗人、互相贬抑，而且似乎只求少费力而能过关。还有的学生对我有抵触情绪。最糟的是，如今人家要凭学生的考试成绩来考查我。”这些似曾相识的经历与体验，相当一部分教师都曾有过。他们由最初的喜悦到后来的沮丧，从成就感到失意，结果发现，学校生活充满敌对。造成师生冲突的原因可以归纳为以下几个方面。

第一，大学教育或是师范教育与工作实际有较大差距。有许多年轻教师开始走上工作岗位时都是雄心勃勃。可现实是无情的，一旦他们在工作中遭到许多挫折后，他们就会有一种在大学期间没让他们知道“那个世界的真相”的感觉。因此，他们情绪开始波动，工作状态开始动摇。这就为以后出现师生冲突埋下了思想上的隐患。

第二，双方的期望不一致，会引起师生冲突。由于教师对学生不合乎期望的行为的不满意就会对学生进行批评指责，从而引起学生的压抑、不满或怨恨情绪。这种情况下的师生冲突往往产生于教师对学生有正确的要求，但帮助的方式不正确。学生对教师不合乎他们期望行为的不满，也是造成师生冲突的原因之一。由于教师的个人特征或行为方式，不符合学生对教师的期望，引起学生的不满，学生就可能有意无意地制造冲突，表示他们的不满情绪。

第三，角色意识过强的误区。教师要有角色意识，要符合角色要求。但是如果这个角色意识与行为“过分”的话，就可能造成教师的“强权”意识，要求学生绝对服从，即所谓“师道尊严”，因此，教师在与学生交往时，就容易造成冲突。

第四，师生的“代沟”问题。师生之间在年龄上存在差距，这是客观的事实。由于不同时代的人在思维方式、价值观念及行为方式上存在着明显的差距，因此，对同一问题观察的角度不同，所得的结果也不一样。有些教师抱怨，现在的孩子实在难教，与过去所谓“自己时代”的孩子不一样。教师在观念与行为方面与学生存在着“沟”，因而造成师生冲突就在所难免了。

第五，教学中的不确定性因素。例如，课堂上学生扰乱课堂秩序，对教师的劝解不服从等，也容易引起冲突。

第六，某些教育制度或体制的不合理，如班级人数较多、竞争、考核等，以及教学条件差、待遇低等情况，也是造成师生冲突的外部因素。

（2）师生冲突的类型　师生冲突，实质上就是发生在师生双方之间的一种非矛盾行为。师生都有可能引起矛盾。通常情况下分为以下几种。

1）教师的体罚型——学生的报复型。教师对学生的体罚是一种常见的非人道现象，特别是在年纪小的学生身上表现得尤为严重。体罚的形式五花八门。而学生受到教师的体罚，在心理和行为上是一定要作出反应的，这种反应多半是报复性的行为。比如，以恶作剧的形式还击老师，以欺凌小同学宣泄怨气，以反击社会的行为作为报复，等等。学生的报复行为与教师的体罚一样，表现得直接而明显，化解这类师生对抗并不困难，关键是教师勇于认错。

2）教师的惩罚型——学生的逃避型。惩罚不同于体罚，它并不对学生诉诸拳脚，伤害学生身体，而是以某种借口并以某种形式间接地对学生进行处罚。例如，学生上课玩手机，老师将手机没收；或学生不认真听，老师加重作业负担。课业惩罚或变相惩罚的结果，多半是学生厌学、逃学、旷课流失等，他们以此种方式来与教育、教师相对抗。化解这类师生对抗，相对而言要困难得多，它涉及教育领域中多方面内容，而教师所要做的就是转变观念，树立民主意识，提高自身修养，人道地处理好师生关系。

3）教师的心罚型——学生的沉沦型。所谓的心罚型，就是刺伤学生的自尊心，侮辱他们的人格，损伤他们的尊严，破坏他们的情感，歧视他们。常见的表现有：谩骂、训斥、讥讽、嘲弄、取绰号、排队、隔离等。教师的各种心罚对学生心理和情感的伤害造成的后果是非常严重的。教师对学生心罚的结果，往往是使学生心灰意冷，萎靡不振，沮丧沉沦，自尊心受到打击，失去自信心。心罚给孩子留下的是一种内在的创伤，是一种无助感和无望感。这种师生对抗一般表现为心理和情感及人格的冲突，这种冲突隐秘而不外显，多半是依靠直觉和情感的微妙变化来体察。化解这类对抗更为艰难，最主要的是教师要树立正确的学生观，确立民主、平等意识，与学生建立良好的人际关系，尊重学生。

上面三种冲突形式，其程度心罚重于惩罚，惩罚重于体罚，体罚固然不能容忍，但相对来说，心罚对人造成的后果更严重。

（3）师生冲突的解决　师生冲突发生时，如果处理不当或过于草率，是不利于问题解决的。在日常教育教学中常见的不当处理方式有两种：一是高压政策，即教师使用强制手段将矛盾平息下去；二是草率了事，当冲突发生后，教师不愿意正面解决冲突，而是掩盖冲突，就事论事，草率处理，只求能将冲突暂时平息下来。

教师可从以下几方面对冲突进行分析并着手解决。

1）要抓住主要矛盾。面对冲突，教师要抛开表面现象，切忌就事论事，不要和学生纠缠具体细节的是与非，而要找出冲突的根本原因及产生背景。

2）要加强师生间的思想沟通，敞开思想，坦诚以待，加强相互理解。教师要向学生说明其思想和行为的真正动机，同时让学生说出他们的真实想法和感受。如果教师认为自己的做法有什么不妥，可以率先检讨，这种真诚往往会感动学生，也会赢得他们的谅解，学生也会反过来检讨自己的错误。如果学生承认了自己的错误，教师应在讲明道理作出适当批评的同时，对学生过激的行为要宽容大度。

3）师生要共同分析产生冲突的原因，只有找到原因，才能有针对性地找出解决的办法。教师要全面、耐心地听取学生的意见，共同分析原因，找出解决冲突的一致看法，但是教师切忌迫于学生的压力而放弃原则，放弃立场，因为解决冲突并不一定要屈从于另一方的意愿，师生双方通过共同讨论达成共识，才能使冲突顺利解决。

在现代学校教育中，师生冲突是不可避免的，关键是要处理得当，教师要用民主的态度对待学生，尊重学生，热情耐心地帮助学生，不断加深对学生的理解，加强与学生的思想和情感沟通，努力营造一种和谐、健康向上的师生关系。

3. 良好师生关系的特点及构建　良好师生关系的建立，尽管要受到多种因素的影响和制约，但由于教师是教育活动的主要设计者和教学过程的主要调控者及教育成败的主要责任人，在全部教育活动中起主导作用，所以师生关系的建立和发展主要取决于教师的工作作风和人格品质。

（1）良好师生关系的特点　素质教育的根本目的是要把学校的教育工作从“知识中心”“应试中心”，转到以学生发展为中心上来，其核心是培养学生的自主意识和创新能力，全面提高民族素质，在认识素质教育的本质意义和核心内容的基础上，实施素质教育就不能停留在表面性的“少搞考试，多搞活动”上，而该抓住核心解决根本问题，那就是确立学生在整个教育过程中的主体地位，确立教育的一切工作为学生发展的服务思想，为此必须首先革新传统的师生关系。

在推进素质教育的过程中，我们应该建立什么样的师生关系呢？概括地说，就是应该建立民主平等的新型师生关系，这种关系的特点应从以下几个方面体现出来。师生民主平等，意味着教师对学生作为人的价值的承认；教师对学生人格的尊重；教师对所有学生的公平对待和一视同仁；教师对学生的信任。

新型师生关系的本质是民主和创造，它是充满生命活力的现代教育的生动体现，在这种关系当中，学生体验的是平等、民主、自由、尊重、信任、同情、理解和宽容。形成的是自主自觉的意识、探索求知的欲望、开拓创新的激情和积极进取的人生态度。教师的活动也不再是依据既有模式灌注现成知识，而是要用对学生活跃的思维和变化的情绪，不断推出有创意、有针对性的教育策略，在师生平等相待的情境中，师生共同面对的就不仅仅是知识和教材，而是更为广泛更为精彩的现实生活，通过这种民主平等的交往，素质教育所提倡的学会做人、学会求知、学会健体、学会劳动、学会交往，可望成为现实。

（2）良好师生关系的构建

1）教师与学生交往的原则如下。

第一是平等。平等是一种人格的平等。教师与学生同样是人，其人格是绝对平等的，只有达到了这个平等，师生才可以真正沟通。

第二是尊重。尊重是一种爱，一种信任。只有教师对学生付出真挚的、深沉的爱，只有教师对学生体现出一种高度的人格信任，才能得到同样的回报。

第三是宽容。宽容是教师思想境界的标尺，也是教师人格力量的展示。

第四是理解。理解是教师与学生交往的前提，更是当代师生沟通的关键，因此，理解学生是教师的首要任务。

2）教师与学生交往的技巧如下。

教师除了坚持平等、尊重、宽容、理解的基本原则外，还必须讲究方法和技巧。下面将对常用的一些方法、技巧，做粗略的分析。

第一，要知道学生心里在想什么，教师与学生交往，首先应知道学生心里在想什么，怎么想。

第二，期待。“皮格马利翁效应”证明：只要教师真正“爱”学生，对学生寄予期望，所有学生都会取得较大的进步，特别是成绩不好的学生。教师与学生交往，就是要通过自己的特定行为方式，将各种期待有意识地传达给学生。比如将一个任务交给一个能力较弱的学生，相信他能完成这个任务，这实际上就包含了一种期待和信任。又如，教师主动和成绩不好的学生接触，同样蕴含了一种期待，学生便会在这种期待中，努力超越自己，把教师的期待内化，最终达到与教师期待的一致性。

第三，记忆。希望别人记住自己，是人需要尊重的表现，教师在与学生的交往过程中，记住学生和与其有关的一切信息，并在交往中表现出来，如学生的名字、年龄、家庭、兴趣、爱好、特长、心理状态、个性特征等，可以使其自动缩短师生之间的心理距离。比如，教学中，老师叫不全班级学生的名字，有时甚至张冠李戴，无形中使学生觉得你这个老师对我们根本不感兴趣，更谈不上关心爱护我们了，从而拉大了师生之间的心理距离。

第四，公平。教师与学生交往，尤其要注意公平对待。有的教师对不同学生的相同行为表现，往往不能一视同仁。例如，没有按照教师的思路去解数学题，没有按照书本上的要求去进行试验等，一个“调皮鬼”这样做，教师认为是“故意捣乱”，而一个“好学生”这样做，教师认为是“有创造性”。对前者教师给予批评，对后者教师给予表扬。对于学生行为的反应，是由教师对这一行为的知觉来决定的。由于以往的经验，教师形成了知觉定式，这种偏见会使学生感到，教师有的亲近，有的疏远，对人不公平。

第五，幽默。这是学生对教师普遍要求和赞赏的一种素质，也是教师与学生形成良好人际关系的一种催化剂，教师的幽默，能给人留下深刻的印象，能够活跃课堂气氛，能够冰释各种误解。在教学中，教师应该幽默地表达知识，力求自然，不是刻意追求，而是自然而然；内容高雅，不是“只博一笑”，油腔滑调，而是格调高雅，不落俗套；不能过度夸张，要有限度，不能失去幽默的真实；寻找最佳时机，尤其注重幽默的场合和对象；动机要正确，要把幽默和讽刺区别开来。总之，把幽默这种艺术上升为一种含笑的启示，给学生以智慧的启迪和情感的陶冶。

第六，暗示。这是教师对学生产生心理影响的一种特殊交往方式，暗示的过程主要是通过语言或非语言符号进行信息传递的过程，由于学生的年龄、思想、智力、经历不同，决定了学生受暗示的程度不同。所以，如何对学生暗示及利用暗示达到良好的人际关系效果，便是教师要注重的问题。一是巧妙运用，直接暗示和间接暗示；二是采用积极暗示和避免消极暗示；三是综合运用语言暗示和非语言暗示；四是学会使用反暗示，即教师利用学生的逆反心理所进行的一种相反信息的传递。教师要学会科学地、艺术地运用暗示方法，让学生在不知不觉中接受思想观点、知识和意念，实现交往的有效性。

第七，谈话。这是教师的基本功，是师生沟通的常见方式。教师与学生的谈话有几种不同的性质。一是接触性谈话，即“随便聊聊”，意在寻求心理接近，这也可以说是一种感情投资；二是调查性谈话，即针对某人或某事了解过程，弄清前后因果，以便正确判断；三是教育性谈话，如鼓励、表扬、防范等，教师应根据不同的内容和目的设计谈话的方法。尤其要做到以下几点。一是对学生持尊重、平等的态度，不要采取处罚的、轻视的、责难的态度；二是要慎重地考虑选择提出问题的方式，最好从学生喜欢听的话谈起，诱发学生插话，谈思想，表露真情；三是不要急于求成，急于得出结论，应善于开导、启发，多在建立信赖关系上下工夫；四是对学生自由的、主动的、有独立见解的谈话持积极倾听态度；五是对学生要热情理解，不能敷衍塞责，要站在学生的立场上理解她们提出的问题；六是注意自已的姿势和神态，尤其要注意学生所表现出的不同的复杂心理，如推测心理、逆反心理、防御心理和懊丧、惊恐心理等。

第八，角色淡化。教师是社会的一员，不仅充当教师这一社会角色，还充当多种角色，如长辈、学长、朋友等，教师与学生交往，既是角色交往，又是个性交往，是以双重身份出现的，既是非个性的社会角色执行者，又是具有独特个性的人，既是群体的一分子，又是独立的个人。

在现代社会中，青年学生交往的一个重要特点，就是对于体现非个性的“角色交往”的现状愈来愈感到厌倦，而更多地去寻找既充满友谊，又增加生活情趣的个性交往活动，以达到心理和精神上的平衡，因此，“老师也是朋友”便呼之欲出，实际上，就是希望老师淡化角色，以朋友的姿态参与交往。

教师、学生和教学内容作为教学过程的基本要素，要素与要素之间是紧密联系的。具体有教师与学生的关系、教师与教学内容的关系及学生与教学内容的关系。在教学过程中，每一对关系的两极往往是不一致的，存在着一定的矛盾，如教师的教学要求与学生现有发展水平之间不一致，教师教学的局限性与教学内容的全面性之间不一致，学生已有知识经验与教学内容之间不一致等。正是有了这些矛盾关系，才能推动教学活动的进行，又通过教学活动，使各种矛盾得以解决，使教学过程不断向前推进，使学生在此过程中得到提高和发展。教师是主导，学生是主体，教材内容是纽带。教师对教材不能照本宣科，只有通过对教材内容进行内化处理加工，变成学生乐于接受的知识才会使教学效果见到成效；学生接受教师的教学是通过教学内容完成的，要学会尊师重教及掌握科学合理的学习方法。另外，教学方法手段也是教学过程中不容忽视的客体因素，它是教师、学生与教学内容产生密切联系的纽带，其完善与否、运用得当与否，对教师和学生准确、快速传授与掌握知识，提高教学的效果与效率起着重要作用。

总之，教学过程中各基本教学要素之间的关系，集中反映了教学过程的特殊矛盾，以及教学过程的本质和规律，它们在教学过程中相互作用，构成了一个完整的动态系统，只有将这三者的关系处理好才能取得教学的整体优化，这也是教师制订教学原则和确定教学方法的重要依据。

第三节　烹饪专业教学过程的本质

关于教学过程本质的认识，不同学者有不同的看法，目前比较有影响的主要有教学过程内化说、特殊认识说、教学过程交往说及教学过程多本质说等。不同认识并无优劣、对错之分，只是对教学本质不同角度的认识及认识个体所持有的教学哲学观不同而已。

一、烹饪专业教学过程的本质观

对教学过程的本质的不同认识其实代表了大家不同的教学本质观，这归根结底是与个体所持有的教育哲学观紧密联系的，从认识论的角度出发，将教学过程视为一种认识过程，由此而有教学本质的“认识说”“认识—实践说”；以价值论为研究视角，将教学过程视为一种追求教育价值目标实现的活动过程，而有“价值增值说”。从心理学角度来考察，有“发展说”“反映说”；从教学发展来考察，有“传递说”“学习说”。以实践论为指导，有教学本质的“实践说”。采用现代解释学方法，又有“语言活动说”等。

研究者出发的角度不同也造成了教学本质认识的不同，比如，着眼于学生来考察教学过程，形成了“学习说”“学生实践说”“发展说”“认识说”等诸观点。着眼于教师来研究教学过程的本质，就产生了“价值增值说”“传递说”“教师实践说”等认识。而从师生双方的角度来论证教学本质，则有“交往说”“知情同一说”“审美过程说”“多本质说”等。

不同的研究视角决定了教学本质认识的多样性，但无论观点如何不同，研究者都普遍认为揭示教学的本质应该用全面的马克思主义哲学理论来指导，做到唯物论与辩证法的统一、认识论与本体论的统一、历史与逻辑的统一，同时实践的观点应是马克思主义首要的、基本的观点。

对教学本质的探讨，着眼角度各不相同。有的是从教师教的角度，有的是从学生学的角度，有的是从教学的角度，有的从一个侧面概括，有的从两个侧面概括，有的从整体概括，有的着力于教学过程归属的分析，有的着力于教学过程性质的分析，有的着力于教学过程功能的分析等。

（一）特殊认识说

特殊认识说将教学过程认为是学生的特殊认识过程，这种认识活动以人类已有的知识为主要对象，力求在较短的时期内传授大量的人类科学文化知识，使个人知识达到当代社会的认知水平。其主要特点是：教学是学生个体的认识活动，不同于人类历史总认识；有教师的指导；教学认识无论是方式还是内容都具有间接性；教学认识具有发展性和教育性。

特殊认识说以马克思主义认识论为指导，按照认识的普遍规律来把握教学的一般过程，确定了教学理论与实践的一个方法论前提，但批评者认为：仅仅局限于唯一的特殊认识过程，不利于深入、全面揭示多层次的教学过程的本质，违背了马列主义唯物辩证法的认识论；认识过程是囊括不了教学过程本质的，具有很大的片面性，这种片面导致教学实践中片面强调传授知识，忽视了智力、能力、情意、思想品质、体质等，忽视了学生多种心理的参与；也无法解释教学过程中的某些规律，如教学的教育性规律；该学说只描述了教学过程中学生的学习活动，忽视了教师的教授活动；它在教学实践中极易形成师生的主客体关系，造成教学上的片面和单一，不利于学生个性的整体性和谐发展。

（二）教学过程内化说

教学过程即内化过程，或者说教学过程就是内化与外化统一的过程。把外部的客体化为内部的主体称为内化，教学效果的好坏由知识内化与智力内化水平的高低决定。

1. 知识内化　知识内化即外部的知识结构转化为学生主体头脑内的认知结构。对于知识内化问题，皮亚杰认为，内化有两种方式：一种是同化，即头脑中已有的认知结构与将要接纳的认识结构基本一致时，便把它直接纳入已有的认知结构之中；另一种是顺应，既当认知结构与将要接纳的认知结构不一致时，那就要改变已有的认知结构，再去接纳新的知识结构，这种内化实质上就是通常所讲的新旧知识的联系。美国教育心理学家奥苏贝尔提出了保证有效内化的两个必要条件：学生要具有内化倾向，即把新知识结构与认知结构中原有适当观念联系起来的意向；学习的材料与学生具有潜在意义，即学习材料可与学生认知结构中可利用的有关旧知识相联系。

2. 智力内化　智力内化即外部的实际操作转化为学生主体头脑内的智力操作。前苏联学者加里培林认为，内化的过程可以分为以下几个阶段。活动的定向阶段，这个阶段就是确定活动的目的和进行步骤，并在头脑中构成活动课题的一定印象；掌握物质或物质化活动阶段，这个阶段是通过手的操作来获得物体的直观印象；形成出声外部语言的活动阶段，即以出声的外部语言的形式来完成实际的活动；转化不出声的外部语言活动阶段，即由朗读转为默读，在语言机制上要进行很大的改造，必须对儿童加以训练才能使其掌握；形成内部语言活动阶段，内部语言是“为自己所利用的语言”，它的功能主要是为固定智力的过程的个别因素与调节智力过程的开展而服务的。

有内化必有外化，二者是同一过程的两个不同方面，内部的主体转化为外部的客体称为外化。学生把获得知识应用于实际活动，或是按照智力操作的规律去进行实际操作，以解决实际问题，便是外化。没有内化便没有外化，内化是外化的基础，没有外化也不会有优质内化，外化可以使内化成果得到巩固与加深。从内化的角度去把握教学过程的本质和规律，有如下几个方面的积极效应：有助于诱发学生全部心理活动的积极性；有助于尊重学生的主体地位，发挥学生的主体作用，调动学生的主体积极性；有助于教学外化；有助于加强教师的主导作用。

（三）教学过程交往说

这种教学是教师的教与学生的学的统一，这种统一实质上就是交往，《基础教育课程改革纲要（试行）》指出："教师在教学过程中应与学生积极互动，共同发展，要处理好传授知识与能力培养的关系。"师生的交往互动，是教学过程的本质属性。没有师生交往互动，就不存在真正意义的教学。教学交往的属性，决定了教学过程的本质规定性。

1．交往的本质属性——主体性　交往是主体的生存状态与活动方式，有交往的主体，才有交往的行为，才能构成交往活动。处于教学交往中的教师与学生应该是教学过程的共同的主体，它们之间不是施教和受教、改造和被改造的单一对象关系，关系上平等、活动上自主、教学上民主。有了师与生，特别是学生主体的定位，交往的双方才能相互尊重，敞开心扉，彼此接纳，相互作用，教师才能真正成为学生学习的伙伴和朋友。交往主体性的发挥才能真正体现教学过程的民主性。

2．交往的准则——相互理解　理解是交往的"生态条件"，只有相互理解，才能相互沟通，相互倾听，相互信任，相互合作；没有理解，人的交往就会萎缩。教学不是教师单方面的表演或说教，而是拥有教学理论素养的教师与学生进行交往文化的过程。教学任务的完成、教学活动的创新离不开师与生共同努力与相互配合。相互理解才能清除长期统治教堂的"师道尊严"的无形屏障，使彼此走向对方的内心世界，使师与生情感共鸣、思维共振。交往的相互理解属性决定了教学过程的合作性。

3．交往的运行机制——视界融合　交往的相互影响、相互作用体现了"主体间性"的存在，这种"主体间性"的实质是没有内外压力的制约的相互理解与沟通。教与学的交往是双向的、互动的，包括教师与学生、学生与学生、师生与教材及其各种教学资源等；单方面的教与学不是无济于事就是索然无味。而教学过程中的对话、沟通实现着参与者对现实和历史的各种视界的汇聚融合。在相互碰撞的回应中，来自对方的信息不断为自己所吸收，对各自的认识偏差，不断地加以克服矫正，新的思想、新的视点不断产生。视界融合的过程就是教学的意义构建过程，也是师生吸纳人类文明、净化心灵、共同发展的过程。这种交往的固有机制铸成了教学过程的第三个品行性——创造性。

4．交往的存在状态——全息互动　交往是双方或多方的接触、往来、对话和沟通，教学中交往的意义，也远远超越了它原始的语言学的意义，它已成为人们存在与发展的基本方式。教学是交往的特殊形式，是有知识和经验的人与获得这些知识和经验的人之间交往的特殊活动。教学就是这一交往活动，不仅指向参与者的认知过程，也指向参与者情意价值的形成过程，作用于其身心各个方面。全息互动的交往是一种能动建构，包括知识技能的获得、智慧能力的提高、主体人格的完善，它不仅是知识的生产，也是精神生产的过程。交往的全息互动属性保证了学生全面和谐发展。

教学是交往的特殊存在形式，交往决定了教学活动的本质。用“教学交往观”审视教学过程，并以此构建共同主体的师生关系，将传统的教学改造为平等、民主的教学，沟通是合作的教学，互动创生的教学，促进人全面和谐发展的教学，这是我们的基本出发点和理想追求。交往是人类社会生产和生活中普遍存在的基本活动，是人类社会性的主要表现形式。任何一个人既是个体的存在，也是一定社会关系的存在，现实社会中每个成员的成长和发展，一个发展必然存在着与他人、与社会的接触、交流和往来。与他人的相互理解、相互交流是每一个人与生俱来的心理需求。没有交往，就没有社会，就没有人类的存在，也就没有人类及其社会的发展。教学作为人类重要的社会活动，其本质就是人与人的交往，这种交往既体现了一般的人际关系，又在教育情境中“生产”着教育，推动着教育的发展，交往的教育功能体现在交往双方为共同目的，就共同内容进行探究、发展、获得真理的过程之中，正如我国学者叶澜教授所说：“教育起源于人类的交往，人与人交往，也隐含着教育构成的基本要素。”

（四）教学过程多本质说

教学过程多本质说具体包括多方面本质说和多层次本质说。其基本观点是：教学过程是一个多层次、多方面、多形式、多序列、多矛盾的复杂过程，教学过程的本质应该是一个多层次、多类型的结构，主张用系统论的观点，从整体性和全过程上对教学过程各个侧面进行客观的、系统的、全面的、综合的分析研究。

教学过程多本质说的合理之处在于承认人们可以从多方面、多角度去分析研究教学过程的本质，有利于打开思路，克服认识上的单一化和形而上学的弊端，但批评者认为：唯一的依据唯物辩证法的本质观，本质是事物存在的依据，事物的本质只有一个而不是多个，否则该事物就失去了存在的依据；该学说把一个事物与其他事物的每一种联系或关系，都看成该事物的一种“类型”的本质，并将它们并列起来，违反了分析与综合相结合的原则；该学说没有揭示教学的整体本质，它接受的是教学过程的特点或学科属性，本质只能是对所揭示的特点和属性的一种抽象；该学说提出的各类型本质之间没有逻辑上的内在联系，即没有层次上的深化、递进关系，也没有同一平面上的并列关系，如此还可提出更多的本质，使对本质的认识越来越糊涂；研究教学的本质，可吸收各门学科的研究成果，但是绝不能用各门学科推导出一个相应的教学过程的本质，认识论提供的是思维的方法，而生理学、心理学等学科提供的是科学基础，只有从教学论的角度才能对教学过程的本质作出解释。

二、教学过程本质研究

（一）我们应该树立怎样的教学本质观

教学本质究竟是否存在？长期以来，人们一直习惯于本体论的思维方式，认为在千变万化的教学现象中存在着一般的、普遍的、抽象的、统一的本质，一旦揭示了事物的本质，就把握或占有了真理，从而能够更好地认识和控制事物。教学理论研究的一个首要且极其重要的使命在于找出这个本质，没有人对问题本身的价值及研究的方法提出过质疑。这种唯理性的本体论倾向的研究思路是我国教学本质研究的主流，因而也是造成教学过程本质讨论没有根本性进展的重要原因。然而在后现代主义者看来，一种事物确实有许多的特征，但是事物本身却不能区分，并告诉人类哪些是本质的，哪些是非本质的，能够区分的只有人类，但是人类却找不到一种标准来判断自己的区分是不是符合原样的，更找不到一种标准来判断自己区分时所使用的标准是不是合理的。在他们看来，在教学活动中，根本没有什么真理性的教学的本质和规律，即使存在，在教学研究中，试图再现教学本质或规律，也是不可能的，因为任何研究者都是以某种先入之见为出发点来进行教学研究的。

确实，承认本质的存在，就可能沾染本质主义的色彩，陷入本质主义的危险；如果认为没有，也就意味着可能陷入不可知论。这两种倾向都不利于教学研究的深入发展，然而，教学之所以为教学，恰恰由于有着本质的存在，否则肯定已成他物了，我们也就无法确定所研究的教学或是别的什么了，因此，对待教学本质的正确态度，也许我们应该像一些温和的反本质主义者所希望的那样：一方面拯救本质范畴和保存本质信念，另一方面反对本质主义，也就是说，我们应该通过思维方式的变革和研究范式的转向，来重建教学本质研究的方法论基础，而不能彻底抛弃本质信仰，放弃本质追求。

（二）教学本质研究范式的转向与合理定位

1. 确立实践论的研究范式 现代教学研究范式的主要特征就是对具有确定性的教学本质或规律的探求，认为要摆脱概念、理论和规范的任意性，不能依据毫无根据的偏见传统与外在权威，只能诉诸理性自身的权威，诉诸终极的基础，它所遵循的是事先设定事物的本质，然后用此种本质来解释对象存在和发展的思维模式。由于这种思维模式，把教学视为一种外在于人的实体，采用的是自然科学的主客二分的认知模式，这就容易导致对现实教学活动的遮蔽和遗忘，从而使教学本质研究陷入纯粹形而上的思辨，事实上，自马克思主义的唯物辩证法诞生以来，人们认识世界一般存在两种哲学形态，从现象和具体活动角度来认识世界形而下的现象哲学，从理性和抽象属性方面来认识世界形而上的理性哲学。在教学论研究中，教学本质不能仅停留在形而上，所谓探寻本质的研究层面上，形而上的思考，只有与形而下的关系有机结合起来，才能使教学研究从抽象走向具体，走向现实的教学存在，也只有从现实的教学存在中，我们才能找到教学是什么的确切解答，同时更为重要的是，我们将教学本质视为各种具体教学研究的形而上学的基础，进而确立教学的合理性观念，以此审视具体教学实践活动，发现现实教学实践中存在问题并加以解决，以促进教学的有效变革。

2. 确立理解的研究范式 理解的研究范式，以解释哲学为基础，如果说认识论指导下的教学本质的讨论旨在支持住并占有真理，那么在解释学的方法下，研究教学本质则是通过语言中的中介来理解或诠释教学。理解是解释学的核心方法，理解不是对客观认识知识的说明，而是人生经验表达方式，他卷入了人的情感态度和体验，是人与人、人与自我、人与文本之间的沟通交流，其研究不再仅仅是为了寻找某些本质、规律，并为这些本质、规律作出证明，而是要面对教学现象，摒弃具有排他性的“理论”概念，尝试着去解释而不是去“界定”教学现象。最大的特点是其开放性，即对任何现象的解释不能是一元的、单向度的，而是多元的、多维度的、歧义的和多视角的。但由于现在解释学过分注重这种“多元”和“差异”，而往往缺乏对“一致”“共识”“一元”的理论论证和重视，所以容易导致相对主义。因此，哈贝马斯（Habermas）的“共识理论”也许值得我们借鉴，即提倡对教学现象进行多元的解释，但是我们也要寻求在更大的范围内，特别是研究者与研究者之间、研究范式与研究范式之间的视界融合，通过对话与交流达成共识，从而走向对教学的整体理解，为未来的教学及其研究提供具有深度的方向。事实上，教学本质的研究只有立足于教学实践，在教学的特殊性与普遍性、现实性与理想性、科学性与人文性等种种张力之间进行合理的定位，并借助于“共识理论”，才能通过辩证的综合达到对教学实存的合理逼近，使得教学本质论能够更具质感和实践理性，从而拉近理论与现实的距离。

三、烹饪专业教学原则

教学原则是在一定的教学目的下，人们对教学过程客观规律的能动的认识和反映。它是指导教学过程的一般原理，是对教学工作的基本要求，是进行教学的方法依据，是人们在长期的教学实践中，对教学过程中客观规律的高度概括和对教学经验的总结。教学原则具有时效性、发展性和针对性等特征。

从总体上讲，教学论原理中的教学原则多数都适合烹饪专业的教学工作。但是，在烹饪专业教学中，有两类教学原则值得引起特别重视：一类是对烹饪专业技术教育具有特别指导意义、针对性较强的教学原则，另一类是一般性的教学原则在烹饪专业教学中有其特殊的理解。总体来说，烹饪专业教学最重要的教学原则可以归纳为科学性原则、实践性原则、可接受性原则、系统性原则、学习目标性与目标控制原则、直观性原则，以及教学与生产相结合等原则。

（一）实践性原则

烹饪专业教育的目的反映在教学工作上，就是烹饪专业教学的实践性要求，即烹饪教学要以实践为出发点并作为教学工作的导向和最终的目标。在烹饪专业教育中加强实践性教学环节具有重要的理论和实践意义。尽管在强调教学的实践性原则的同时，并不能否认学生应当具备一定的理论基础。但是，烹饪教育中对学生实践能力的系统培养是第一位的，学生是否需要，或需要在多大程度上接受系统化的理论教育，应完全取决于学生未来的要求。任何脱离工作岗位实际需要的、对教学的理论化程度和理论教学的系统性的过高要求，都违背烹饪教育的总体目标。贯彻实践性的教学原则，应当做到以下几点。

1. 理论与实际相结合 教与学的双方都应当自觉地去完成这个联系的过程，即教师要理论联系实际的教，学生要理论联系实际的学，做到学用一致，学以致用。理论教学必须以实践性教学的需要为依据，实践性教学又要在理论性教学的指导下有效开展，两者统一在具体的培养目标上。理论课教师要围绕烹饪专业的培养目标，根据生产实际和学生未来职业发展的要求组织教学；并按照烹饪专业的最新发展状况、经济社会发展现状和日常生活实际补充教材，选择适当的教学方法；要让学生明确所学知识与实际问题的联系，使学生学到活的知识。同时，从事烹饪实践课教学的教师，也要充分贯彻理论对实践的指导作用，使学生的实践能力具有科学的基础。

2. 充分发挥实践教学场地的作用 包括实习宾馆、实验室和演示室等。学生实践能力的高低，是评价烹饪教学质量的重要指标。为了最大限度地培养学生的烹饪专业实践能力，缩短学生从毕业到独立顶岗的适应周期，应当充分利用实习宾馆、实习基地和校外相关餐饮企事业单位的生产、营业和办公现场，对学生进行具有针对性的与现实生产或工作相一致的培训，尽量让学生亲自动手实践，使学生不但具备在学校模拟工作环境中的工作经验，而且具备一定的实际工作经验和一定程度的核心能力。

3. 教师实践能力 教师应具备一定的与所教学生专业一致或相近的职业实践经验，了解学生毕业后所从事工作的实际要求，包括劳动生产技术人员组织管理情况和行业发展现状等。其中，实习指导教师要有娴熟的操作技能、较强的本专业的实践能力和必需的工作经验；专业理论课教师虽然不需要在特定的专项技能上达到很高的要求，但应当对所教烹饪专业领域内所有技能点都有所了解并能完成基本操作。

（二）系统性原则

高等烹饪教育的目的是培养具备烹饪学、营养学、酒店管理等方向知识的专业技术人才。通过职业分析所得到的职业岗位要求，是对这一从业能力具体、完整的说明，其各项内容之间具有一定的逻辑秩序和内在联系。因此，要求烹饪教育的教学工作必须按照职业岗位能力的内在联系系统地进行。

由此看来，烹饪专业教育与普通教育教学的系统性原则在内涵上既有相同之处，又有很大的差别。相同之处在于：两种形式教育的教学都必须保证教学的整体性，都要注意各个教学内容之间所固有的内在联系，教学工作必须循序渐进并保证相对的完整性；其主要区别在于，普通教育教学的系统性是由教学科目如数学、物理本身的学科系统决定的，而烹饪教育教学的系统性则取决于职业活动的系统性，如烹调工艺学、面点工艺学、食品雕刻艺术、酒店管理等组成的系统，系统元素之间具有其特定的内在联系。贯彻系统性的教学原则，应当做到以下几点。

1）教师要了解烹饪职业岗位与培养目标的总体要求，了解各个教学内容之间的逻辑关系，了解专业理论课教学内容与烹饪职业岗位要求间的具体联系。在教学中，要注意烹饪专业教学内容系统连贯、层次清晰、重难点突出，准确地再现烹饪专业技术体系的精华。要特别注意烹饪专业理论教学和实践技能培养在内容选择、时间安排上的协调一致及各个教学科目之间的协调。

2）由于在实际的烹饪职业活动中，人们的行为过程总是按照所谓“完整的实践”模式进行的，即可划分为学习或获取必要的资料信息、制订可行的工作计划、作出行动的决策、实施工作计划、在工作中控制保证质量和评价工作成就等6个步骤。因此，要求在烹饪专业的教学过程中，尽可能注意全面、系统地培养学生这6个方面的能力，以形成系统、完整的烹饪专业实践能力。

3）应处理好烹饪专业、专业基础和文化知识教学在“系统性”上的关系。强调教学的系统性，首先要强调大系统的完整性，而不是子系统如数学等学科教学的完整性，否则就会混淆全面和局部的关系。这一点，是长期困扰烹饪专业培养目标和课程计划设置的难题。

（三）学习目标性与目标控制原则

由于烹饪专业教育的最终目标必须由行业认可。因此，与普通教育相比，烹饪专业教育更加注重出口规格。学习目标是学生通过学习获得的、可测定的新的行为方式；是检验教学内容、教学方法、教学媒体的选择，以及制订课时计划和进行教学成果检验的基础。在教学工作中，应当明确、准确地描述学习目标，而不只是简单地罗列出教学内容。这就是教学的学习目标性原则。在教学过程中对既定的学习目标进行控制，保证学习目标的实现，对于保证烹饪专业教育的教学质量具有重要的意义，这是教学的学习目标控制原则。贯彻学习目标性与目标控制的教学原则，应当做到以下几点。

1）教师要了解、掌握有关学习目标的理论，如学习目标的定义、目标的层次划分及结构等。能够科学、准确地制订可以操作的、各种级别层次的学习目标，特别是单元学习目标和课时学习目标，即科学描述可观察到的学习终点行为，这是科学地组织教学活动的必要条件。

2）教师要具备根据已经制订的学习目标，按照既定的终点行为评价标准来检查、评价学生学习成果的能力，善于从多种渠道获得有关学习成果的反馈信息。学生应当逐步学会根据教师给出的学习目标，独立控制自己的学习过程，评价自己的学习成果，这是培养学生良好的质量意识和职业道德的最佳方法。

3）学习目标的控制和保证不是一次性的行为，而是贯穿整个教学过程的持续性行为。在制订课时教学计划时，教师应当将教学内容和教学过程划分为若干个结构合理的单元或阶段，并为其撰写准确的学习目标；在教学过程中，学生应通过复习、总结、应用和练习等多种措施，保证每一个阶段目标的实现；在整个教学过程和各个教学阶段结束时，教师应通过测验等，检验是否达到各个等级的学习目标。

（四）可接受性原则

可接受性原则就是要求烹饪专业教学的内容、深度和广度，教学的方法及教学组织形式等符合学生的年龄、心理特征和文化知识水平，使学生在完全能够承担的学习压力下，尽可能多地获得烹饪专业实践能力，并保持较高的学习热情。烹饪专业的教育目标、烹饪专业客观教学条件和烹饪专业学生的文化基础及兴趣特长等诸多因素，决定了在烹饪专业教育教学中贯彻可接受性原则具有重要的理论和现实意义。贯彻可接受性的教学原则，应当做到以下几点。

1）教师应当具备良好的教学理论基础和相应的实践能力。在科学技术高度发展、职业技术教育的教学内容日益复杂的今天，必须通过必要的教学简化过程，把教学内容集中到最主要的专业内容上，并使学习难度与学生的接受能力基本一致。教学简化包括水平简化和垂直简化：水平简化是对教学内容的精减过程，即选择与培养目标相当的教学内容；垂直简化是通过适当的教学媒体和语言表达方式等手段，把教学内容的难度降低到能被学生接受程度的过程。教学简化是在教学实践中实际运用教学论原理的核心。

2）教师应了解学生的基本情况，如家庭背景、所处社会环境、班级风气及对所学专业的认识和态度等，准确地估计学生的实际学习能力，科学地检查学生的现有水平，掌握烹饪专业学生的生理和心理特征及烹饪专业能力形成的规律，为准确进行教学简化打下基础。

3）应处理好同一性和差异性的关系。教师在整个教学过程中既要统一安排，面向全体，全面提高和保证教学质量；又要兼顾个别学生的差异，使学生的潜在能力得到最大限度的发挥，使不同能力的学生都达到培养目标的基本要求。应做到“因材施教”。

（五）直观性原则

直观性是指外界事物作用于人的感觉器官而在大脑中产生的感觉、知觉和表象。人们的认识活动是从这些具体的感觉、知觉和表象开始的。由于学生职业和社会经验还很缺乏，特别是对技术过程的想象力和抽象思维能力还很有限，所以，在教学中贯彻直观性的教学原则是烹饪专业教育学生认识规律的反映。直观不但可以使抽象的知识具体化、形象化，为学生的理解和记忆创造条件，而且能够促使感性的烹饪专业实践和生活实践经验与理性知识相结合，提高学生的学习积极性。贯彻直观性的教学原则，应当做到以下几点。

1）在教学活动中，教师要尽可能地利用直观教学手段，减少学生学习和认识过程中的困难，帮助学生建立起实践经验和理性思维的联系。教师还应当重视直观教学媒体的运用质量，在熟练使用传统的挂图模型、幻灯片、投影仪等教具的同时，充分利用现代科学技术提供的多种直观化可能性，如张贴板、现代音像技术和计算机辅助教学等技术设备，使教学的直观化过程达到较高的水平。

2）在教学中不同生活经历、不同年龄甚至不同年级的学生对直观教学手段的要求是不同的。因此，直观教学要有目的性，不要流于形式，为直观而直观，直观是手段，不能把教学中的观察停留在现象上。应通过直观观察调动学生的思维活动，使学生通过分析、比较等思维和推理方法，从表象上升到概念。

3）注意直观和抽象相结合。直观毕竟不是目的，应注意培养、开发学生的抽象思维能力，特别是对烹饪专业技术或制作过程的抽象思维能力。

（六）科学性原则

科学性原则有两方面的含义，一方面是指烹饪专业教学内容本身的科学性，即烹饪专业教学内容应当是对自然和社会现象及其规律的准确无误的揭示和反映，是对长期职业实践经验的系统总结，代表着当代科学技术成就和管理经验；另一方面是指教学方法的科学性，即教师在设计、组织和指导教学活动的过程当中，应当采用符合教学目标和内容要求的、科学的、最优化的方法。贯彻科学性的教学原则，应当做到以下几点。

1）教师不但要正确掌握所教课程的内容和烹饪专业相关技术发展的新成果，了解烹饪专业学生未来将要从事职业的工作范围、工作环境和所在岗位的任务，了解学生应具备的知识、能力结构及其范围，而且要在一定程度上了解学生未来工作的企事业单位的生产经营特点和劳动组织方式，具备一定的实际工作经验。只有这样，才能保证所传授的知识、技能和经验的正确性。

2）烹饪专业教育的实践性特征和我国现阶段烹饪专业教育的区域性特点，决定了很难有完全符合当时、当地经济结构和发展水平的、系统全面的配套教材。这就给烹饪专业教育的教师提出了比普通教育教师更高的要求：教师除了深入领会和掌握现有的教学大纲、教材等教学文件以外，还必须具有正确选择教学参考资料和作为教学参考资料的技术文件的能力。事实上，在绝大多数发达国家里，根本不存在我们传统意义上的烹饪专业教育教材，教材只不过是教学材料和参考资源所谓“学习资源”的统称，教师必须根据学生的实际状况、当地经济结构和发展水平及社会就业情况确定教学的内容和要求。

3）坚持在科学性的基础上把知识教育、能力培养和思想品德教育统一起来。教师应有意识地培养学生的辩证唯物主义世界观，既要使知识传授和思想教育建立在科学性的基础之上，也要反对单纯的技术统制论观点。

（七）烹饪专业教学与生产相结合原则

教学与生产相结合是烹饪专业教育教学的重要原则，即学生把在学校中学到的知识、技能运用到生产实践中，直接参加生产活动。教学为生产奠定基础，而生产又为实习教学提供了良好的环境和手段，并对教学提出新的要求。因此，在烹饪专业教学中贯彻教学与生产相结合的原则有着重要的现实意义。通过学生直接参加生产劳动，可以培养他们的劳动习惯、社会责任感，培养许多在学校课堂上学习不到的能力，如爱公物、守纪律及服务意识和质量意识等。贯彻教学与生产相结合的教学原则，应当做到以下几点。

1）对烹饪专业教学和生产要有统一安排，既要有学生在校学习期间总的生产实习安排，又要有每学期的生产实习安排，应制订切实可行的实习计划。可根据教学的实际状况安排多种形式的实习。

2）建立相应配套、完整的实习基地，包括对口专业的企事业单位、校内实习基地和家庭生产实习基地等。

3）教师应当熟悉教学内容，具有将生产实习和教学相结合的能力。

4）引导、鼓励学生开展技术推广活动，开阔学生的视野，鼓励学生进行社会服务实践。

四、烹饪专业教学的优化路径

烹饪专业教学过程是一个师生互动的过程。教师怎样结合烹饪教育的特性来组织教学，让学生掌握烹饪专业技能、获取专业知识，从而构建属于自己的经验和知识体系，这需要采取科学的教学策略。

（一）教学策略概述

教学策略是指以一定的教学观念和教学理论为指导，为实现一定的教学目的，完成特定的教学任务，获得预期教学效果，实现教学目标而制订，并在实施过程中不断调适、优化的教学总体方案。它包括科学组织各种材料、媒体，合理运用各种手段方法，确定师生行为程序和组织结构等内容。教学策略的定义充分说明了以下几点。

1）教学策略的选择和设计必定是在一定的教育观念和理论的指导下进行的，任何一种教学策略的背后都有一定的教学观念和理论作支撑。

2）教学策略具有明确的指向性，它是由特定的教学目标所决定的，直接为实现教学目标、完成教学任务、解决教学问题服务。

3）教学策略不仅重视“教”，而且重视“学”，教和学相互作用，相互影响，形成一个动态的良好循环。

4）教学策略应体现综合性，要充分考虑教学的各种要素，不仅要掌握专业知识，在专业知识的学习过程中，全面培养学生，使其知、行、情、意等全面和谐发展。

5）教学策略是教学方法的方法，有具体、明确的内容，可供师生在教学中参照执行或操作，因此具有较强的可操作性。

教学策略与教学模式不同：教学模式是相对稳定的、可供参照的一系列教学行为的组合；教学策略本身是灵活多变的，不具有相对固定的属性。教学策略的结构性却显得不足，而且它往往比较明显地指向于单个的教学行为。教学策略与教学方法也不同：教学策略不是教学方法，而是方法的方法。教学策略的内容更具体灵活，层次也比教学方法高，教学策略是教学实施的总体方案。教学策略关注的是一个整体的策略，而教学方法关注的是具体的方法，从某种意义上说，教学方法是教学策略的具体化。

（二）烹饪专业教学策略的优化方法

在烹饪专业教学过程中，运用教学策略来优化教学过程，这并不意味着对教学过程作局部改进和完善，而是科学地直接地实施一套措施体系。它不是某一种新的教学组织形式或方法，而是指导教师合理地组织教学过程的重要方法论。

1. 研究烹饪专业教学内容，确定教学目标 教学内容分析是进行课堂教学策略设计的一个重要环节。它将影响教师对教材的把握，直接影响对学习水平的确定和教学目标、学习目标的陈述，以及教学媒体的选择等随后的各个工作环节。我们对教学内容的分析可以从三个方面进行：一是建构教材内容的知识体系，二是确定知识点，三是确定教学内容的重点和难点。如果完成此三项工作，就为目标的确定打下了坚实的基础。

教和学的目标是教师和学生从事教学活动的指南和出发点，同时也是评价教与学活动的依据，可以说，教与学的目标是影响教学策略的制订和选择的重要因素之一。教学策略是否有效，一般是以能否实现教学目标和学习目标为标准的。首先，我们应该注意的是在教学中目标不同，目标的层次水平不同，所应采取的教学策略也不同；其次，从学生的主体性出发，不但教师应该有教学目标，而且学生应该具有学习目标，教学目标和学习目标是作用于两个完全不同的过程，服务于两个不同的主体；最后，在制订目标时，应该全面考虑认知、情感和动作技能领域的目标。这样则可以充分体现素质教育的全面发展观。

2. 分析教师、学生和教学条件 为了使策略方案更加具有针对性，策略的制订应以一定的因素为基础依据。优化教学策略应深入全面地把握以下三个因素。

（1）学生的特征 教学策略方案的制订必须以学生的基本特征为前提。如果忽视学生的特征分析，那么所制订的教学策略就会失效，因为学生的特征决定着教学的起点，而教学策略的设计必须从学生的这个起点出发，才能做到对症下药。根据教学设计理论，分析学生特征一般可从三个方面入手，一是了解学生的一般特征，主要是指学生的心理、生理和社会的特点。二是了解学生的起始能力，主要是分析学生对从事特定的学科内容的学习已经具备的有关知识与技能的基础，以及对学习内容的态度。三是了解学生的学习风格，学习风格是指对学生感知不同刺激、并对不同刺激作出反应这两方面产生影响的所有心理特征。

（2）教师本身的特征 教师本身的特征是制约教学策略设计的主观条件。教师在教学中表现出来的不同特征，从另外一个侧面影响着教学策略的设计。教师是教学策略的主要策划者，而教师的个性是各不相同的，这些不同点主要包括教育教学观念、教学语言表达能力、教学研究能力、媒体应用能力、教学经验与教学风格等，很显然，教师在考虑教学策略的设计时必须充分研究这些因素，使所制订的教学策略能够符合以上这些条件。可以说，教学策略只有符合教师本身的条件，能为教师所掌握，才能发挥作用，有的策略或方法虽好，但教师缺乏必要的条件，无法驾驭，那么再好的策略也是无济于事的。

（3）教学条件 教师进行教学策略设计，应该考虑当地或本学校教学条件的可能性，目前我国各地的社会发展很不平衡，各地的教学环境和教学资源差别很大，要在约束条件许可的范围内工作，教学策略的制订要符合实际条件。

（4）关心、关怀学生 学生到学校来学习和生活，主要的需要就是自尊感和归属感，不爱学习的学生，绝大多数不是“脑子笨”，而是他“不愿学习”。只有创造条件，满足学生对归属感和自尊感的需要，他们才会愿意学习，才有可能取得学业成功，许多学生正是由于在课堂上得不到认可、接纳和表现出对别人的影响力，才转向课外活动、校外小团体等寻求满足自己需要的机会，可以说“只有愿意学，才能学得好”。

（5）营造民主、平等的师生关系　教学过程首先是师生间的交往、对话，是心灵的撞击，必须营造民主、平等的师生关系，教师应尊重学生的主体地位，相信学生具有巨大的学习潜能。教学过程的优化只能在民主平等的过程中开拓学生的人格，也只能在民主、平等的环境里得到良好的发展，学生的思维火花只能在师生交流互动中迅速地点燃。教师应由居高临下转向“平等中的首席”，由权威者变成学生的朋友，从知识的传递者变为学生的引导者，从课堂的统治者变为学习过程的组织者。教师要爱学生，学生也应亲其师，这样才可能在师生间的对话、沟通中，学生的知识、能力、身心都得到发展，使教学过程在相互倾听、接受和共享中成为精神互通、共同创造的和谐学习共同体。

（6）充分挖掘课堂的教学资源　师生在教学过程中的交往和对话的主要材料是教材，但教师在教学中应忘记学生是教学过程的主体，教师应为学生的发展而设计教学，教师有课程资源开发的义务和责任，教师不应只是教教材，把教材当作不能走样的教案的脚本，而应该是用教材教，应以学生的学为重心，充分突显学生学习过程中的丰富性、多变性与复杂性，由学定教。把教师的刻板行为转化为师生民主平等的交流互动中的具有艺术特色的即兴创造，并机智地运用学生提供的活的教学资源，科学地调整教学流程，把教学信息反馈贯彻在教学过程始终，只有通过师生之间的信息联系与信息反馈，使学生的学影响教师的教，教师的教才能更好地指导学生的学，达到优化教学过程的目的。

（7）重视教学内容设计　教学过程是一种特殊的认识现象，学生的学是一连串的问题—思考—解答的反复循环过程。没有问题，没有思考，就没有学生学习的矛盾运动，就没有真正的学习，就不会产生教学过程中师生之间的实质性的交往与对话，因此，在教学内容的设计上必须以问题为主轴，以思维为主线。而设计的问题必须具备形式上的新颖性，使学生获得新的感受，也要有内容上的生动性，使问题情境能促进学生的观察与思考，同时还应有方法上的启发性，在体验问题的情境时，从中受到启发，发展智力，提高能力。教师不要把问题的答案直接向学生注入，而要善于捕捉与学生对话的契机，培养学生的问题意识，引导学生深入钻研，积极思考，提出新的、有价值的问题。教师还应主动参与学生的学习活动，鼓励学生的探索精神，尊重学生的感受、体验与理解，在师生交往、对话的思维撞击中，激发学生的学习兴趣，陶冶学生的情操。教师要成为学生学习过程的促进者，适时地按照教学目标和教学过程对教学效果作出价值判断，把握教学过程的方向，教师应对学生作出鼓励性和发展性的评价，引导学生自主评价、自我超越，营造一种积极向上的学习氛围。

（8）因材施教　我国教育史上，一直把因材施教作为一条重要的教学原则，我们应把因材施教全面地理解为不仅是依照学生身心发展的规律和个性特长组织教学，还要依照教学内容正确地选择教学方法（即因课施教），当多数学生的学习风格属于同一类型，制订教学策略可以“一种为主，其他为辅”，在采取统一的教学策略进行集体授课的同时，再针对其他不同类型的学生进行个别教学和指导。如果学生之间的学习风格种类较多、差别较大，应尽可能采取小组化、个别化的教学组织形式，以适应不同学生的需要。

本章小结

本章主要阐述烹饪专业教学过程，烹饪专业教学过程遵循教育科学的一般性原理和规律，但也有自己的特点，教师应该对这一过程进行深刻的理解，找到科学的教学优化路径，提高教学质量。在对教学过程的分析和理解中，处理好教师和学生所处的地位和扮演的角色尤为重要。明确学习的主体是学生，而不是教师。针对这个特殊的群体，教师应该注重真实生动的教学案例，这样的课堂教学更具有启发性，使学生从中得到一些感悟，使学生懂得如何进行学习，明确学习的方向，让学生成为知识的主人。

思考练习

一、名词解释

教学过程概念　教学过程本质

二、简答题

1. 简述烹饪专业教学基本要素的相互关系。
2. 简述烹饪专业教学过程的基本阶段。
3. 简述烹饪专业教学的原则。
4. 简述烹饪专业教学的优化路径。

第三章 烹饪专业教学内容

学习目标

通过本章的学习，使学生了解烹饪专业教学内容的组织选择，理解烹饪专业教学内容的结构与类型，并能对烹饪专业教学内容进行开发设计，在内容实施过程中进行评价。

知识导入

在一定程度上，教学内容决定了学生的学习方式和预期的学习成果，进而影响着人才培养的类型和质量。职业教育的职业属性是职业教育教学内容价值取向与定位的依据。但由于不同类型的职业教育课程的结构特点不同，从而决定了职业教育教学内容有各种灵活而多样的组织形式与呈现方式。

教学内容是培养人才的总体设计方案，是教学计划的核心内容，对教学内容的选择是一种普遍的教学现象，只是不同的专业有其不同的设计依据与方法。教学内容是通过课程的设置来体现的，从职业教育的角度看教学内容是由知识、技能和态度三个基本要素构成。烹饪专业作为一种职业教育，其教学内容的选择首先是职业的导向性，这是人才培养的基础，课程内容将教育对象导向就业所必需的知识、技能和态度。烹饪专业是以烹饪技能为核心，烹饪技能是建立在手工操作与经验基础上的，因此，烹饪教育以技能教育为主，紧密地与职业岗位所需要的技能相结合，这是烹饪教育的特点。

第一节 烹饪专业教学内容的选择与组织

一、烹饪专业教学内容选择的影响因素

教学内容的选择是指根据特定的教育价值观或课程观及相应的课程目标选择课程要素的过程。对教学内容选择的依据进行分析，能帮助我们在内容选择和组织上作出更合理的决定，从而更好地为构建科学合理的职业教育课程体系服务。

烹饪专业教育的职业性非常突出，专项性与直接性是对教学内容选择的必然要求。专项性是指专门的一种技能。例如，面点的制作，作为一种技能在行业内是一个独立的工种，在学校中也作为一个专业或专业方向。直接性则是实用性，烹饪教育给予学生的技能与态度在实际中能得到应用，这种技能与态度既不能过时，也不能超越现实太远，知识与技能既要够用，又要有发展的潜力。技能和态度的养成是以知识为基础，因而不能只强调技能而忽略了知识的选择与知识的适用性。知识的选择应围绕着烹饪这一职业的要求来进行，适用性是知识围绕着技能而展开，是学生学习技能与从事这一职业所必需的知识与理论。

教学内容的选择是教学过程中的一个重要环节，教学内容的实质是学生要学习的内容。由于餐饮行业的发展和烹饪技术的进步，新知识、新理论、新工艺、新方法、新原料和新菜点不断地涌现，加之烹饪技术本身的知识与技能也很庞杂。例如，一个菜肴的

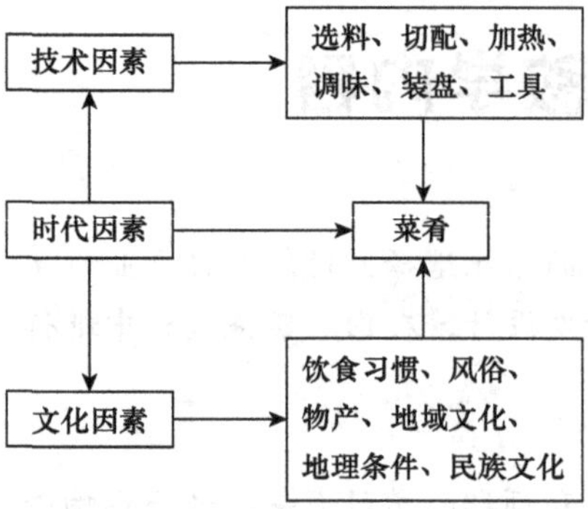

图 3-1　菜肴形成的因素

形成从表面上看并不复杂，但是菜肴的背后有着深厚的文化底蕴与技术的支持（图 3-1）。

对于这样一个庞杂的知识体系与技术体系，在有限的教学时间内，不可能教完有关烹饪的全部内容。所以，合理地选择教学内容就成为实现教学目标的根本保证。

烹饪专业教育教学内容的选样受诸多因素影响。其中主要的影响因素包括两个方面：一是培养目标；二是教育对象。

1. 培养目标　烹饪专业教育的根本任务是培养适应餐饮、营养配餐、餐饮管理等岗位需求的高素质技能人才，并着眼于学生未来职业生涯发展。技能型人才的培养必须模拟企业实际生产，使学生能够在实际工作现场，从事生产、服务中的实际工作任务或解决生产、服务中的实际问题。因此，学生在学校接受职业情境的模拟和仿真训练及由此获得的相关知识在一定程度上就是日常工作的内容。而社会对教学内容选择的需求，主要体现在社会技术进步和劳动力市场对所培养的技能型人才的需求上。因此，烹饪教育既要对受教育者进行就业能力的培养，形成学生较强的胜任工作能力，还要为其发展奠定基础，养成较全面的素质和能力。在教学内容上，强调直接、间接经验的获取，强调具备从业能力所必需的基本职业技能的训练及紧密相关知识的传授，强调规范、价值和事实的主导作用。职业实践所需要的技能操作是教学内容的重点。针对这些技能所进行的相关专业理论知识、实践技能的学习，以及态度、行为方式的培养，是教学内容的基本要求。这表明了烹饪教育的课程应该是一种能力本位模式。

能力本位的培养目标是烹饪教育教学内容的导向标。然而，长期以来烹饪教育教学内容受学科体系框架设置的影响，无法提供最受企业关注的“过程性知识”和基本工作经验，无法提供与岗位实践有直接联系的职业学习机会，因此，人才培养难以满足企业和劳动市场的实际要求，其根本原因是人才培养目标定位不准确，导致教学内容的选择出现偏差。

2. 教育对象　教育对象是教学内容选择的另一重要影响因素。一般来说，烹饪教育的培养对象，主要具有形象思维的特点。传统智力理论只局限于学业智力范畴，只通过传授学业知识发展学生智力，只以学业成绩作为评价标准。在这种理论框架下，进入职业院校学习烹饪专业的学生，被认为是智能低下的“差生”。然而，1983 年，哈佛大学教授加德纳提出了多元智能理论。多元智能理论强调每个人至少有语言、数理逻辑、音乐、身体运动、空间、人际关系、自我认识、自然观察者 8 种智能，多元智能理论揭示了认知功能的多元性，它的精髓不在于提出人们有多少项智能，而在于指出了人与人潜能的差异性与多样性。这种差异性与多样性也就表明各种智能没有优劣之分、轻重之别，只有智能的结构类型的不同。而人的智力类型不同，其成才的目标、方式、途径也不同。每个人都有渴望发展的潜能。

烹饪教育的培养对象与普通教育的培养对象相比，在智能结构、智能类型方面存在着本质的区别。职业院校学习烹饪专业的学生与相应层次的普通院校学生相比，属于同一层次不同类型的人才，没有智力的高低贵贱之分。以多元智能理论审视职业教育对象，可以说，进入职业院校的学生，多数是纸笔测试成绩不好的学生，而这种测试的成绩只能证明学生在语言智能、数理逻辑智能方面的强弱，进入职业院校的学生，文化课成绩不佳并不意味着在其他智能领域也必须是劣势，这种单一的评价模式缺乏合理性、客观性、公正性。

依据多元智能理论分析，职业院校教育对象的逻辑数理方面及语言方面的能力相对较差，而空间视觉、身体动觉及音乐节奏等方面的能力则较强。因此，必须准确定位学生的智能类型，以利于在课程内容选择上充分考虑受教育者的特点，关注学生个体智能的差异对教学的意义。

二、烹饪专业教学内容选择的依据

选择教学内容应认真学习学校与教育行政部门有关的精神与规定，理解人才培养方案中培养目标与培养的理念，研究教学大纲规定的教学目标、教学任务与教学内容，在此基础上根据学生发展的需要，结合行业内对人才的需求状况和本校人才培养方向，同时还要兼顾学校的教学条件来选择教学内容。

（一）教学目标

教学目标就是学校教学要达到的预期结果，它是教学设计与实施的出发点与归宿，贯穿于整个教学运行过程中。教学目标直接受到教育目的和培养目标的影响。内容选择必须依照教学目标，由于课程价值取向的多元化和职业教育的特殊性，要确定烹饪教育教学目标变得越来越复杂。在确定教学目标时，要综合考虑教学目标的有效性、可行性、适应性等因素。

（二）学生发展需要

根据以促进学生发展为本的课程观，烹饪专业教育课程的一个基本职能就是满足学生发展的需要，促进学生的发展。因此，课程内容的选择应该关注有关学生的需要、兴趣、身心发展特点等。学生发展需要包括两个方面：一是未来就业的需要，二是学生未来终身发展的需要。因此，在课程内容选择上要处理好以下几个关系：一是正确处理全面发展与一技之长的关系，关注学生成长的各个方面，重点加强思想道德教育和职业技能培养，促进学生德智体美都要全面发展。二是处理好学生全体与个体的关系，面向学生全体，关注学生个体差异和特长，为其提供符合自身发展所需要的教育，实现所有学生都能全面发展。三是处理好阶段性学历教育与终身学习的关系，着眼于学生的人生道路，帮助每一个学生持续发展。

中等职业学校中烹饪专业的人才培养目标是培养应用型、技能型人才，从学生未来发展的需要角度出发，在教学内容的选择上应从以下方面入手。

第一，以职业为导向选择教学内容。中等职业学校烹饪专业是以就业为导向的职业教育，对学生的知识与技能的培养应与行业人才需求状况相适应。因此，选择教学内容要在行业分析基础上进行。以职业为导向选择教学内容，首先要进行行业分析，行业分析的结果能提供人才规格的社会需求状况，以确定专业或专业方向的设置。例如，餐饮行业对人才需求主要是三类人员，即管理人才、技术人才和服务人才。烹饪专业培养的目标主要是技术人才，而行业对技术人才的需求又分为三类，即中式烹调师、面点师和西式烹调师。所以，很多学校把烹饪专业细分为中式烹调、西式烹调、面点三个专业或三个专业方向，这样课程设置和教学内容的选择就要围绕着中式烹调、西式烹调、面点三个专业或三个专业方向，组成以职业为单元的课程体系，实现专业培养目标和人才特色。

教学内容的选择要突出专业所需要的知识与技能。同是开设烹饪原料这门课程，面点专业在教学内容上就要增加粮食这一部分的比例，重点要突出粮食、油脂、蛋品等原料的教学，而中式烹调就要突出家畜、家禽、海鲜的教学比例。人才培养方向也影响教学内容的选择，如果在人才培养方向认为要培养宽口径的烹饪人才，那么在教学内容的选择上就要兼顾这三个专业方向，或突出某一专业方向。以职业为导向选择教学内容还会受到教育思想、人才观、课程观的影响。

第二，以岗位为导向选择教学内容。企业的生产方式决定了企业岗位设置。餐饮企业是传统的服务业，其生产方式是手工操作，从原料到菜肴要由不同岗位的员工相互配合共同来完成。现在我国餐饮企业中厨师的岗位大体上分为热菜、凉菜（烧腊）、面点三个岗位群。每个岗位群由数目不同的岗位组成（图 3-2）。

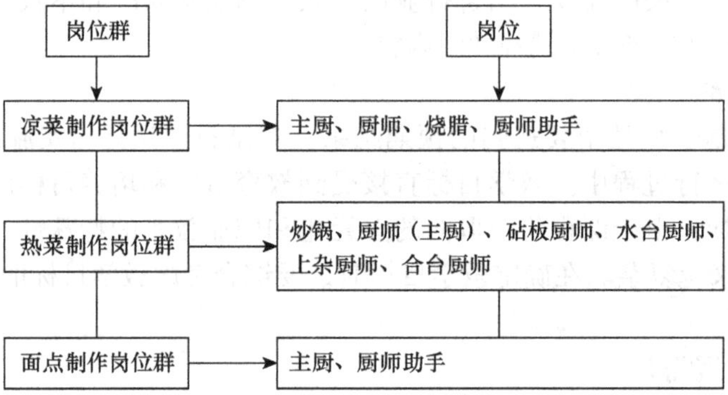

图 3-2　餐饮企业厨师一般岗位群

每一个厨师的岗位都有相应的知识、技能和态度。以岗位为导向选择教学内容的前提是要对餐饮企业的厨师岗位进行调查与分析，整理出每个岗位所需的知识、技能和态度及要达到的标准，这些资料是选择教学内容的基础。例如，由于合台的工作所需的知识与技能比较简单，所以合台厨师一般都是刚刚入职的人或称为学徒，其知识、技能和态度见表 3-1。

表 3-1　合台厨师的知识、技能和态度

知识	技能	态度
菜肴知识	装盘技术	热爱程度
排菜知识	打边造型技术	认真程度
菜肴与餐具搭配知识	装饰点缀物雕刻技术	责任程度
		努力程度
		行为倾向

由于企业的大小、经验的特色不同，其岗位的设置也不尽相同。所以，在分析企业的厨师岗位时要归纳出共性的部分，这样选择的教学内容具有普遍性，培养的学生职业适应性比较强，而不能根据某一个企业的岗位设置来确定教学内容。

每一个岗位的知识与技能可以单独成为一个教学的单元或模块，这些岗位单元教学模块之间既有联系又相对独立，按照实习实训的教学要求，将某一模块的知识与技能传授给学生，学生就会很快适应与胜任这一岗位，如果将所有岗位的知识与技能全部交给了学生，学生也就适应了就业的需要。

第三，以技能为导向选择教学内容。烹饪专业是以技能为核心的教学，以技能为导向选择教学内容就是将教给学生的技能作为教学的主要内容。因此，对烹饪技术的内涵与外延进行剖析，分解成独立的技术单元作为教学内容，强调技能训练，突出学生的动手能力，以技能目标为核心，辅以相关的理论知识，将应知应会融为一体。烹饪技术有若干个技能组成，这些技能见图 3-3。

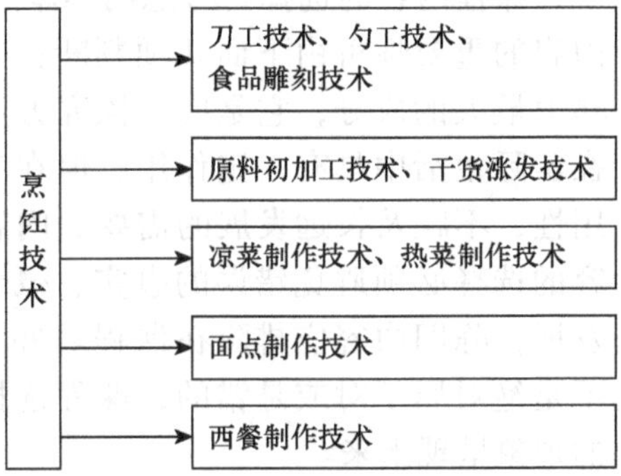

图 3-3 烹饪技术组成模块

烹饪技术由以上 9 个技术模块组成，前 5 个技术模块是烹饪技术的基本技能，后 4 个技术模块实质是三个专业方向或职业方向。因此，在选择教学内容时在大的技术模块下根据专业方向、培养目标再组成技术模块的具体内容。以勺工技术为例，见图 3-4。

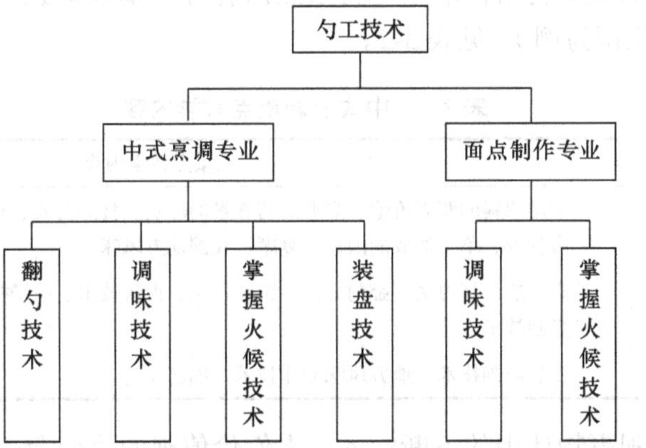

图 3-4 中式烹调专业与面点专业勺工技术的比较

勺工技术由翻勺技术、调味技术、掌握火候技术和装盘技术组成，烹调专业就要学习与掌握这 4 项技术，而面点制作专业只学习与掌握其中的两项技术即可。以技能为导向选择教学内容使学习目标明确，每项专门技术有特定的知识与技能，不会因为内容的繁杂而影响学习的效果。教学内容的选择是根据烹饪专业的特点而进行，按照职业的领域、岗位的要求和技术的分解三个层级进行，职业决定了专业方向，岗位明确了应知应会，技能的分解可供教学方法的选择。

职业教育的职业属性意味着学生个体的发展总是与社会的发展交织在一起。“教育是为学生的未来生活做准备”，因此，在选择课程内容时，就必须要考虑现实社会与未来社会的需求，使学生在未来的公民生活中能有所作为。课程内容满足学生需要、促进学生发展和满足社会需要是相统一的。课程内容只有满足了学生的需要，促进了学生的发展，才能使学生更好地适应社会，满足社会的需要。

（三）课程内容本身的性质

课程内容的选择要考虑内容本身的性质，包括内容的重要性、实用性、正确性等。内容的重要性可由下面几项判断：它是知识和文化中最基本的成分；它是应用性和迁移力最大的成分；它是属于探究方法和探究精神的成分。内容的实用性是指课程内容在实际生活中具有一定作用。但在考虑这一依据时，需要注意不能仅仅考虑立即的实用性，不顾及长远发展的需要。内容的正确性可以由三个层面来判断：第一，课程内容的选择必须避免错误的事实、概念、原则、方法。第二，课程内容必须反映知识的发展，陈旧内容应排除在课程之外。第三，人类的知识、文化、价值、理想，有许多不是绝对属于对或是错的，课程选择就必须采取多元标准判断内容的正确性，将不同的现象呈现出来。

烹饪专业专业课的重点内容选择的基本要求是技能围绕核心技术展开，理论围绕着基础知识展开，基础知识的学习是为学习技能做铺垫，为今后的发展奠定基础。根据烹饪专业的特点，将理论与技能结合在一起的烹饪技能的教学将是今后教学改革的主要方向。同时还要兼顾国家的职业资格标准，学生就业前或就业后要取得相应的职业资格，要参加国家的职业资格鉴定，不能造成学校学的是一套，参加职业资格鉴定的又是另一套的局面，因此，学校的教学要与国家的职业资格鉴定相衔接。根据烹饪专业的特点、行业的需求、国家的职业资格标准，可将重点内容分为基础知识、基本技能和拓展技能三个方面（以中式烹调为例），见表 3-2。

表 3-2　中式烹调重点教学内容

类别	重点教学内容
基础知识	常用原料的营养价值、烹调对营养素的影响、食品污染、食物中毒的种类和预防、厨房管理、菜肴形成的因素、宴席、我国地方风味
基本技能	直刀法、剞刀法、翻勺方法、调味技法、火候技术、吊汤技术、凉菜烹制技术、热菜烹制技术
拓展技能	食品雕刻技术、地方风味制作技术、创新菜肴

随着人们对客观事物认识的不断深入，人们价值观的改变会引起人们对营养保健的重新认识。因此，在讲授营养与食品卫生方面要时刻关注社会上相关的热点问题。另外，凉菜与热菜的烹制有很多方法，在教学时应将当地常用的烹调方法列为重中之重，因为中职的学生在当地就业的多，要突出地方性。

烹饪技术的知识与技能体系比较庞杂，在资源和条件的限制下要实现教育的目标，对教学重点内容的确定非常重要。

三、烹饪专业教学内容的组织原则

教学内容选择之后，要对这些内容进行有效的组织与编排。在教学内容的选择与组织之间，存在着相互影响、相互依存的关系。不适宜的教学内容，无论如何组织也达不到好的教学效果。同样，经过精挑细选的教学内容如没经过合理的组织，也起不到应有的作用。而教学内容组织的合理与否，对师生的教学至关重要。因此，非常有必要对如何组织教学内容进行研究。

教学内容的组织是在组织原则的指导下为实现教学目标将相关的教学内容进行整合。简单地讲，就是将所选定的教学内容按照一定关联及顺序加以编排，从而使所选定的教学内容具有一定逻辑关系。教学内容的组织是教学内容结构化和有序性的标志。组织越严密，内容的结构化和有序性程度就越高。

学习与教学内容之间存在着一定的逻辑关系，正确揭示和安排这种关系，是保证教与学顺利进行的基础，因此，烹饪专业教学内容的组织一般要遵循以下原则。

（一）体现烹饪知识与技能的层次性

将烹饪知识与技能按照难易程度、深浅程度，逐层展开，层次分明，使学生学习起来循序渐进，便于接受、理解和把握。例如，烹饪原料课程内容的编排，无论是按照原料的性质，还是按照用途进行分类，都应从常见的、熟悉的原料入手而展开。学习刀工技术，也应从最简单的直切开始教授与练习，然后才是剞刀法的学习。

（二）体现烹饪知识与技能内在的逻辑性

将各知识点或单项技能有机地联系起来，使之成为联系密切的知识体系或技能体系。例如，刀工技术是由直刀法、平刀法、斜刀法、剞刀法组成。直刀法又分为直切、推切、拉切、滚刀切、锯切、铡切，这些单项技能之间都存在着内在的联系，推切、拉切、滚刀切都是建立在直切基础之上，先学会了直切，其他的刀法也就容易掌握了。如果直刀法掌握得不好，也就不可能学会剞刀法。

（三）体现知识与技能的完整性

现在的教学改革强调对教学内容的重构，摆脱教材的局限性，将教学内容进行重新组织、整合与加工。但是，在对教学内容重构时不能无视知识与技能的完整性，将知识与技能分解得支离破碎。例如，干货原料的泡发是行业中常用的技能之一，由水发、油发、碱发构成，所以不能只讲海参、鱼翅、鲍鱼的泡发。

模块化的教材是一种适应行业需求的教材形式，但要注意模块知识与技能的完整性。

（四）体现模块与行业中岗位对知识与技能要求的关联性

行业中某一岗位的知识与技能可能是由单一的一种技能构成，也可能由多种技能构成，因此，在组织模块式教学内容时应体现岗位的要求。例如，合台岗位的技能比较单一，只需要围边造型的技能。而上杂的岗位就不一样了，它需要掌握蒸锅和干货原料涨发两种技能，“看蒸锅”是蒸的方法在这一岗位中的应用。因此，要组成蒸锅岗位的模块式教学内容，就要将蒸锅和干货原料涨发这两种技能组织在一起，才能达到蒸锅岗位的技能要求。

四、烹饪专业教学内容的组织方法

职业教育教学倡导采用立体整合法，整合教学内容，重在突出以主题为中心、以问题为中心、以项目为中心。结合职业教育教学内容组织方法，烹饪专业教学内容的组织方法可以归纳为以项目为导向、以能力目标为导向、理实一体化和以学生为主体等方法。

（一）以项目为导向组织教学内容

如果将教学目标看作一道菜品，那么教学内容则是要完成该菜肴的所有程序（包括相关工艺、材料、容器等）。以项目为导向组织教学内容就是将一个单元的知识或一项技能分成若干个项目，教学围绕着项目进行。例如，热菜的烹调技法“炸”，在教学过程中可将炸分成清炸、干炸、软炸、酥炸、纸包炸 5 个项目，每个项目都是独立的教学内容，按照项目教学法的教学程序完成教学任务，当这些教学项目都完成时，其烹调技法炸的教学目标也就得以实现了。

（二）以能力目标为导向组织教学内容

烹饪专业以技能为核心，教学的目标就是提高学生动手能力，培养行业所需要的专业能力。因此，这里所说的能力则是烹饪技能。组织教学内容就是以烹饪技能为核心，根据烹饪技术的发展删去陈旧过时的内容，增加新的知识与技能。例如，烹饪原料的初步加工技术，原教材中都有分档取料技能的讲授，而现在由于社会分工越来越细，酒店使用的原料多数是分割以后的原料，如鸡翅、鸡腿、鸡小胸、鸡大胸等，不用厨师自己来分割。因此，这一部分就不用组织在教学内容中。有针对性地将现实的技术教给学生是提高学生专业技能的有效途径。

（三）理实一体化组织教学内容

理论与实践相结合一体化教学的前提是对教学内容的组织。现实使用的烹饪工艺或称烹调技术的教材，绝大部分的内容都可以做到理实相结合。例如，刀工、勺工、上浆挂糊、勾芡、凉菜的烹制、热菜的烹制等内容，都可以在实验室里边讲边做，没有必要先在课堂中进行理论讲解，然后再到实验室里操作。如果遇到问题，现场解答的效果会更好。原料的初步加工这门课程完全可以通过实践教学来达到教学的目的。

（四）以学生为主体组织教学内容

学生是教学的主体，根据学生的基础情况、学情、接受能力、理解水平适当将教学内容进行增删与整合，突出重点、化解难点。例如，低年级的学生应强调基本功的练习，围绕着提高学生的基本功组织教学内容，按照循序渐进、先简后繁、快速提高的原则对现有教材进行重新组合。而由于高年级学生具有一定的基本功和实践经验，聘请社会上的烹饪大师做地方名菜、或创新菜、或专项技术表演，就能实现开拓学生眼界、丰富专业知识、提高学习兴趣的教学效果。

教学内容的组织是将选择好的教学内容如何编排在一起，也包括对教学内容的重构。所以，教学内容的组织关键是教师本身专业知识与技术的积累，对烹饪专业把握的状况和教学规律的掌握。

第二节　烹饪专业教学内容的类型与结构

一、烹饪专业教学内容类型的含义及其类型

（一）教学内容类型的含义

教学内容类型是按照内容设计的不同性质和特点形成的类别。每种类型的内容都受一定设计思想的影响。教学内容类型还直接影响到教学方法与学习方式的选择。

（二）烹饪专业教学内容的类型

1. 基本素质类教学内容　基本素质类教学内容是对学生进行文化教育、职业道德教育、心理健康教育、身体素质教育的一类课程。其主要包括职业生涯规划、职业道

德与法律、经济政治与社会、英语、计算机应用基础、体育与健康、物理、化学等内容。教学内容具体体现在课程的设置上，如烹饪专业学生开设的职业生涯规划、有机化学、无机化学、无机化学分析实验等课程。

2. 职业技能类教学内容　职业技能是按照学生今后将要从事的某一职业所需要的基本职业技能要求。这类教学内容反映了在职业分析的基础上，以职业活动中实际应用的经验和策略作为教学内容，以工作过程逻辑编排教学内容的特点。职业技能类教学内容通常采用实验课方式开展教学，如中式烹调技能、中式面点技能、西餐烹调技能等。

3. 综合能力类教学内容　这类内容是在专业视角下对职业技能教学内容的综合，即将专业中若干个核心技能要求重组在一起进行实践教学，从而使学生对整个专业的技能要求有一个完整、清晰的理解和掌握。如项目教学，往往在一个项目中整合多种相关职业知识与技能，以及职业意识、职业道德、职业素养、质量意识、环境意识、安全意识、敬业精神、团队精神等职业素质要求。这类教学内容通常采用综合实训方式开展教学。

4. 职业资格考证内容　这类教学内容是根据国家推行"双证制"的要求，结合国家"职业资格（技能）证书"考试，将认证要求的具有行业特点与职业要求的核心内容直接引入专业教学中。旨在促使学校教学与行业规范相衔接，与职业要求相一致，促使学生获得国家职业资格证书或职业技能水平等级证书，以提升学生的职业能力和就业竞争力。例如，吉林农业科技学院烹饪专业要求学生毕业至少获得一项职业资格证书（中式烹调师、中式面点师），因此在日常教学中相关专业教师会将职业资格考试内容融入教学中。

二、烹饪专业教学内容的结构

教学内容的结构是指各层次、各类型内容间的构成比例及相互间的纵横关系。在一定意义上说，教学内容的结构是教学内容组织的结果。

一直以来，职业学校的教学内容结构以"三段式"为主，即普通文化类教学内容、专业基础教育内容和专业教学内容。以本科烹饪教育为例，前两个学期以普通文化课教授为主，如化学、英语、计算机等，第三学期开始开设专业基础课，如饮食文化、原料学、卫生学等，第四学期到毕业以专业课讲授为主，如烹调工艺学、面点工艺学、西餐工艺学等。

第三节　烹饪专业教学内容的开发设计

一、烹饪专业教学内容开发设计的概念

烹饪专业教学内容开发设计是指教师根据人才培养的需要，认真分析教材、合理选择和组织教学内容及合理安排教学内容的表达或呈现的过程。它是教学设计最关键的环节，是教学设计的主体部分，其质量高低直接影响教学活动的成败。烹饪专业教学内容开发设计的层次如下。

1. 正确处理教材与教学内容的关系　长期以来，不少教师把教材当成了教学内容的唯一，忠实传授教材内容的教学行为，把"讲完教材内容"等同于"完成教学任务"。

虽然教师在教学中也讲究启发、讨论、师生活动，但对问题的表述都要以教材的表述或理解为依据，教学行为是一种“教教材”的方式。

显然，教材是教学内容的重要载体，但教学行为不是“教教材”而应该是用“教材教”，烹饪专业人才培养，注重理实一体，通识类课程讲解过程中也需要大量的实践经验，通过教学行为实现学生“职业知识、职业技能与职业素质”的三维发展目标。教材并不能直接成为教学内容，只有通过教师的教学实践才能转化为现实的教学内容，两者之间虽然关系密切，但并不完全等同于教学设计。若仅仅拘泥于给定的教材，只是“教教材”，课堂教学就会显得单调空洞，也满足不了学生的学习需要。从教学过程看，它是教师、学生、教材、环境诸因素交互作用的动态过程，是一个“生态系统”，教师不必拘泥于教材内容，而应对教材内容进行加工改造，形成教学方案并付诸实施，在教学过程中动态生成教学内容，从既定的教材内容到通过教学设计形成教学方案，再到实施过程，其间经历层层变革，最终形成了教学内容，所以，教学内容是在教学过程中创造的。因此，教材应该是为实现课程目标而被用来教应该教的教学内容。实践中，烹饪教学在结合教材的基础上，把职业领域的新知识、新技术、新工艺、新方法引入课堂。

2. 准确把握教学内容 好的教学内容设计能发挥教师的教学优势，激发学生的学习积极性和创造力。但在“教学内容”的选择与设计上，有些教师不知什么是该教的，什么是不该教的；不知什么是有意义的，什么是有价值的，致使许多与目标关系不大的，与学生发展无益的教学内容充斥课堂。

准确把握教学内容，一方面，教师要了解学生的现实发展水平，在关注学生积极学习态度的基础上适时进行教学内容的选择与生成；另一方面，教师要认真分析，对教材内容进行“重构”，并且从大量的材料中精心选择教学内容，根据学生的情况再设计和再组织，将教学内容组织化、结构化，这样设计出来的教学内容才会更合理、科学、有效。

3. 以学生为本位 教学内容的设计要分析学生的实际学习情况，因为决定教学内容的除了课程目标之外，非常重要的就是学生的学习本身。决定教学内容的重要因素是学生的学习本身。学生怎样学决定教师怎样教，而不是教师怎样教决定学生怎样学，分析学生的实际学习情况就是要了解学生的学习兴趣、态度、智力、对所学烹饪技术的掌握水平等。

4. 以教学目标为依据 教学内容安排，除了要考虑教材、学生实际之外，还取决于教学目标。教学内容是为教学目标服务的，课堂教学通过教学内容的实施来实现教学目标。教学目标确定之后，教师就要根据它来处理教材，选择教学内容。一堂课结束后，教师要反思所设计的教学内容是否完成了相应教学目标。偏离了教学目标，没有使学生获得相应的智力发展、情操的熏陶和能力的提高，无论那堂课的教学内容多么生动有趣，也是没有意义的。因此，要围绕教学目标，选择适宜贴切的内容，与目标无关或关系不大的内容必须删除，同时，所选内容在学生的“最近发展区”内，要有启发性，能够锻炼学生的思维、启迪其心灵，内容的组织要把职业知识系统的内在逻辑体系与学生学习活动内在的认知规律有机结合起来。

二、烹饪专业教学内容开发设计过程

烹饪专业教学内容开发设计过程应做到以下几点。

第一，积极调研，了解企业对人才的要求。教学内容开发之前，应充分走访餐饮企业、酒店等单位，充分了解企业对人才的要求，做到对接式培养。

第二，确定教学目标。根据企业要求，结合教学实际，确定教学目标。明确教授该内容之后学生要达到怎样的水平。

第三，选定教学内容。内容常常与课程性质相关，也与某一教学具体的内容相关，内容常常具有理论性和实践性两种性质。理论性内容主要在于让学生了解、理解或应用理论解决问题。例如，烹饪方法要求学生了解烹调方法的种类。对于“是什么”的知识，主要是帮助学生如何理解、掌握这些知识；关于“方法与应用”的知识，则主要帮助学生形成概念、规则和解决问题的能力，通过一定量的练习实现；对于“怎么办”的知识，则主要提供给学生必要的策略。理论方面的内容主要是帮助学生形成必要的理论思维。实践性内容常常与学生实际的操作相关联。这一内容的设计，则应注意：教给学生为什么实践？要向学生说明实践性内容的本质，说明实践性内容的操作程序（可通过示范和教师讲解），说明实践性内容教学后的结果。

第四，时间分配。如果一节课属于讲授，则应主要由教师讲授（学生听课）为主要形式，主要分配好知识点的讲解时间即可。但当一节课包括多种任务时，则应考虑教师整体的讲授时间、学生参与时间、学生专注时间，防止教学时间的浪费。

第五，教学内容实施。将设计好的教学内容，融入相关课程的教学当中，在课堂上呈现出来。

三、烹饪专业校本教材的开发

传统烹饪以师徒训练为主，进入学校教育后，始终受该思想的影响，烹饪专业教师匮乏、专业教材相对较少，因此，烹饪专业教学管理者、教师应积极参与校本教材的编写中。校本教材是相对国家通用规划教材而言，由于烹饪技术受地域、办学条件、师资力量影响较大，国家教材不一定完全适用于每一所烹饪学校，所以，学校应积极鼓励相关人员，结合教学实际开发校本教材。

（一）校本教材开发概述

1. 校本教材开发的基本理念

1）以学生为主体，内容符合学生的认知水平，符合学生需求，符合学生今后的职业岗位需求。有趣味性，使学生从中得到学习的乐趣。

2）突出能力目标，职业教育的教学要突出能力目标，即通过学习促进学生的岗位就业能力，通过操作把课堂上的知识转化为能力。

2. 校本教材开发的范围　校本教材开发的范围包括烹饪专业理论教学内容与实践教学内容，以专业性知识为主。

3. 校本教材开发的基本程序

1）成立校本教材开发相关教师小组，进行申报。

2）制订学科校本教材开发方案，包括校本教材开发的计划、内容、预期效果、研究过程等。

3）具体研发。

4. 校本教材开发应包括的具体内容

1）确定教材内容的难度和适用范围。

2）编写思路、课时安排。

3）教学内容及如何处理，主要适用范围和难度。

4）编排体例。校本教材内容篇幅适当简洁，安排适量的插图，帮助学生形象感知；每篇文章（章节、模块）后附有一至两道思考题，以便教学后巩固本节知识；最后要编上本部分知识的目录，以便整合。

（二）校本教材开发原则

1. 人性化原则 教育最根本的特点是以学生为中心，以促进学生的发展为目的。因此我们在教材整合的过程中，既要考虑学生学习所需要的知识结构，又要考虑学生的兴趣、爱好和个性发展的需要，尽量为学生一生的成长负责，要针对学生的实际情况开展调查研究，并以此作为校本教材整合的重要依据。

2. 社会化原则 校本教材的开发要弥补课程内容上以往过分追求科学体系而脱离社会实践、脱离行业企业需求的现象，加强教材与社会实践、行业和企业需求的联系，既要重视知识的传授，又要重视操作技能的训练和知识的实践。

3. 实践性原则 校本教材的开发要改变以前偏重书本知识、结论性知识的现状，强调学生实践能力、创新精神的形成，重视学生在实践中获得积极情感的体验，校本课程的开发正好实现了这一理念。让学生深入社会，在动手实践中发现问题并解决问题。

4. 灵活性原则 校本教材要克服原有课程在时间、空间、内容等方面的限制，为学生提供自主探究的空间。

1）吸纳先进的课改理念和一些有鲜明编写特色的校本教材，力求体现内容上的综合性、科学性、开放性和创新性。

2）体现科技知识与情感的有机结合，科学精神和人文精神并重的思想。

3）强调让学生通过体验、感受，提高他们的“专业技能”和“设计制作”的能力。

第四节 烹饪专业教学内容的实施与评价

教学内容实施与评价是课程研究的两个相互联系又相互影响的重要环节。没有实施，内容设计就只停留在书面上。但内容实施不是简单、机械地执行，而是对相关教学内容的再创造。教学内容实施的结果受到多种因素的影响而处于动态变化过程，能否实现预期的目标，需要采取适当的策略和有效措施予以监测和评价。教学内容评价具有导向、诊断、反馈、促进发展等多种重要的功能，是教学内容实施再创造的依据。

一、烹饪专业教学内容的实施

（一）教学内容实施概述

教学内容实施是将选择、设计好的教学内容付诸实际的过程，是达到预期教学目标的基本途径。在教学内容实施中，教师发挥着主导作用。教师不再只是知识的被动传递者，而应该成为一个研究者，教师不仅要考虑怎样教的问题，也要思考教什么和为什么教的问题。因此，教学内容实施过程中教师应做到以下几点。

1. 教学内容实施首先是教师的学习过程 在这一过程中，教师需要理解教学目标、教学重点和难点等，这是实施的前提。由于职业属性使然，烹饪教育的教学内容实施客观上要求教师除了掌握本专业的学科理论知识体系、教育教学方法外，还必须有本专业的实践经验，了解一线的技术应用现状，能为学生进行示范讲解，即使作为文化课教师，也应对学生的专业情况有所了解。例如，烹饪专业基础课程“饮食文化”涵盖了烹饪专业的全部内容，因此，要求教师必须掌握大量的行业信息及相关操作技能。加上在知识经济和信息社会日益发展的今天，国内外烹饪技术不断进步，烹饪设备层出不穷，网络信息传播迅速，使得烹饪教育的教学内容也必须不断地变化，以适应和服务丰富多彩的经济社会。因此，作为烹饪教育的教师，必须具有根据行业所需的综合职业能力，设计教学活动，开发教学资源，鉴定学生学习成果和职业能力等一系列管理和实施教学过程的能力。而这种能力需要教师不断学习，同时还不能仅仅只靠理论的记忆和逻辑的演绎而获得，它需要教师在实施中去思考、需要动手去做，在做中建构起自己的知识和能力体系。

2. 教学内容实施是教师间的合作过程 教师的工作处于教育体制最基础的一层，课堂是教学内容传达的最后一站，教师课堂教学拥有相当大的自主空间。这容易使“每一个教室自成一个王国，每位教师的教学彼此孤立”，时间一长，就可能产生教师“不愿观察别人的教学，也不愿被别人观察；不愿影响别人教学，也不愿意被影响”的结果。然而，职业教育强调“行动导向”的教学，基于工作过程的内容实施需要教师整体的支持与合作，当前在我国相关院校烹饪专业，教师的“双师型”师资队伍建设从“个体双师”转向“团队结构双师”，折射了教学内容实施的合作性，没有教师整体（包括来自餐饮管理机构、酒店等行业的兼职教师）的支持与合作，便没有真正完整意义上的教学内容实施。

3. 教学内容实施是对相关内容的调适过程 教师最了解教学内容实施的情境因素及实施中所遇到的具体困难，最可能调适内容的只能是一线授课教师。无论是理论内容，还是实践内容，初次实施过程中都会遇到或多或少的阻力，而教学效果只有一线教师最为清楚，因此，应该针对学生的反馈及时调适相关教学内容，使教学效果达到最优。

4. 教学内容实施是教师“观念”和“知识”的重构过程 教师需要转变旧有观念，确立对教授内容的正确态度；教师要对自己能够胜任专业教学抱有充分的信心；教师要学习教学的内容，完善自己的知识和能力结构以适应课程对自己在知识、技能等各方面的要求，进而思考自己的专业发展和获取新的知识、能力。而并非所有的教师都能够主动积极地应对这些“重构”，因此，教学内容实施的最大阻力和助力都源于教师。

（二）教学内容实施的影响因素

影响教学内容实施的因素是多层次多样化的，它们构成一个系统，在特定的环境中发挥综合作用。在这些影响因素中，以下几个方面特别值得关注。

1. 教学内容计划的特征 教学内容计划是实施的前提和基础。实施开始于计划，良好的计划是有效实施的必要条件，因而教学内容计划本身的特征是影响其实施的一个变量。因此，教学内容实施必定会受到计划本身特征的影响。这种影响主要体现在以下几个方面。

（1）*教学内容计划是否具有合理性* 这里所说的合理性包括三层意思：一是指内容选取及内容编写是否具有正确的指导思想和理论基础。二是指教学内容计划既要考虑到人和社会目前的需要，同时又要考虑到人和社会未来的发展需要。这种需要可以理解为变革的迫切性，如果使用者觉得某一变革是很需要的，他便愿意投入较多的时间和精力去实施它。课程计划要尽可能全面地考虑到这些需要，这样才能使课程计划具有很强的针对性。三是指教学内容学时分配是否合理。

（2）教学内容计划实施的难易程度　过难或过易都不利于计划的实施，只有保持在一个合适的度，才能调动起参与者的积极性，保证教学内容实施的顺利进行。实施中应根据烹饪专业不同年级学生对专业知识的掌握程度，开展与其能力水平相适应的教学内容。

（3）教学内容计划是否具有可操作性　烹饪专业相关教学内容，对教学媒体、教学环境要求较高，因此，必须考虑其可操作性。

（4）教学内容计划的清晰程度　这里的“清晰程度”是指教学内容计划的应用者对教学内容计划的理解程度，能让实施者明确地知道应该做什么、为什么要这样做和怎么做的明确程度。理解得越清晰，实施的程度也就越大。

2. 物质基础　学校现有的教育资源，包括活动场所与设施、教育媒体和教育辅助手段。需要说明的是，并非教育物资水平越高，教学实施水平就越高。当教育物资水平达到一定程度之后，真正决定实施水平的还是教学内容实施主体，即师资和学生。

3. 实施主体之间的交流与合作　一般而言，教学内容的实施与三方面密切相关，即决策者、管理者和来自教育实践中的教师。决策者多从宏观上把握教学内容实施的具体方向，强调教学内容实施的意义与价值。管理者在实施过程中起着桥梁的作用，他们一方面安排教学内容实施；另一方面又要指导教育实践中的教师。通过对决策者制订的方案实施效果的考察，他们必须总结经验，吸取教训，并在此基础上力图提出好的建议与意见，以此来改进原先的方案或是重新制订方案。教师是教学内容实施最直接的执行者，他们对实际操作过程中遇到的问题最有发言权。

三者之间的关系如此密切，就要求他们在教学内容实施的过程中进行充分的交流与合作。通过交流，决策者、管理者可以将隐含其中的一些价值理念传递给教师，并给他们提出一些建议与意见。通过交流，也可以让教师更好地理解教学内容实施的意义所在，提高他们实施的积极性，也可以让决策者了解到教学内容实施。教师之间的交流也是很重要的，交流的过程就是相互取长补短、借鉴经验的过程。

二、烹饪专业教学内容的评价

评价是指衡量人物或事物的价值，判断与衡量人物或事物的优点与积极作用。教学内容评价就是通过对内容实施的结果进行判断与评价，从而为调整、修订、创新实施的策略与方法提供依据。

（一）教学内容评价的含义与功能

1. 教学内容评价的含义　教学内容评价应视为对教学内容编制、实施、反馈、调适各个环节、各种因素的价值判断过程。

2. 教学内容评价的功能

（1）改善教学体系　教学内容是某一学科的教学活动过程，即在规定时间内，组织一个特定班集体的学生进行学习的形式。如果把学生在校接受各种教育训练活动看成一个系统，组成这一系统的因素应包括教师、学生、各种教学活动、媒介手段及评价活动等，这一系统的运转受社会及学校教育目标两方面的制约。教师是管理者、各种学习条件的安排者，又是学生专长内容的选择者、教学信息的提供者。学生通过教材及教师的讲授活动接受各种信息。评价功能则在于判断这一活动过程的有效价值。为了不断改善这一系统，必须对该系统实行严格控制，根据系统论的观点，任何系统只有通过信息反馈才能实现有效控制，而教学系统的反馈信息就是通过评价来获得的。因为评价是连接教学系统中各要素的工具，主要功能是通过信息反馈达到教学系统的目的。教师借助于课程评价可创造性地改进教学工作，如确定不必要的部分或存在问题的部门，通过对学生学习效果的评价，可以了解每个学生对所学知识的掌握程度，制订出因材施教计划，也使学生通过评价了解了自身的进步与不足。通过对教学管理的评价，可以帮助校系领导判定学校机关制度的管理，从而有益于提高教学质量。只有将评价反馈取得的信息与调整机能紧密结合，才能有效地改善教育系统。

（2）改进课程建设　　教学内容评价是一种动态评价，通过对过去内容进行评价，对当前教学进行判断，从而对今后课程的发展作出预测规划，但这一切都必须以优化决策、改进教学工作、提高教学质量为目的。教学内容评价与经常性教学评价目的是一致的，两者互相结合。例如，教学质量评价可与教学检查及主讲教师教学评议相结合，专家评议的现场调研可与经常的检查听课、抽查作业相结合，对评价结果的分析处理可与教学总结相结合等。其实，评价本身就是一个边评议、边改进、边提高的过程。如应用得当，可调动广大教师和学生的积极性，也是加强课程建设的有效途径。

（3）提升教学质量、推进教学改革　　通过对教学内容提供某些必要的修订措施，以使其更好地发挥育人载体的作用。这需要通过教学内容研制的不同阶段来实现。在不同的研制阶段，教学内容评价对于教学质量的提升有着不同的表现。这大体上可以概括为以下三个方面：一是在新的教学内容尚未研制之前，通过评价指出原有内容中存在的问题，从而为新的内容实施提供参照，明确教学内容的目标和重点。二是在新的内容开始研制之后，通过评价，进一步评价研制的教学内容是否科学合理。如果不够科学合理，就要做进一步的修改，从而为改进提供参照性的意见。三是在新的教学内容已经研制出来之后，通过评价，进一步分析所研制的教学内容目标是否合理科学，所选择的内容是否系统全面。

职业教育通过几年的改革，取得了可喜的成绩。尤其对教学体制及教学方法的改革成绩更为显著。但真正深入到教学内容的改革还需进一步深化，有些教学内容陈旧、前后脱节，有的内容起点偏低、多次重复等；有的教师授课方法死板，甚至照本宣科，有的则讲解过细，把教学过程仅仅看成为单向知识传递过程，从而忽视了对学生的能力培养，严重影响教学质量的提高，而教学内容评估应用得当，则可除去上述弊端，从而促进教学改革。

（4）改进教学实践　　课堂教学是教学内容实施的基本途径，教学内容评价对于教学实践的改善起着重要作用。这主要体现在以下三个方面。

一是评价教学目标是否落实。通过教学内容评价，判断教师在教学过程中是否落实了所规定的教学目标，其中，包括这些目标落实的质量、落实的水平等。

二是评价教学内容是否落实。通过评价，判断教师在教学过程中是否落实了所规定的教学内容，包括教学过程中是否存在对教学内容进行了增减或遗漏等问题，如果存在增减或遗漏，要弄清楚增减或遗漏的原因，其依据是否充分、合理。如果充分、合理，就能为课程修订提供良好的基础，如果不够充分合理，则需要在今后的教学中进行重新论证。

三是对教学效果进行评价。教学效果评价是教学评价中的重要内容之一。对教学效果的评价离不开教学内容评价的指导。这是因为，教学效果的评价需要有评价的标准，即根据什么来进行评价，而这恰恰是教学内容评价的重要内容。

（二）教学内容评价的类型

教学内容评价根据目的、主体、方法等的区别，可以有不同的划分类型。

1. 依据目的分类　决策性评价主要由教育行政部门召集人员或委托专门机构来开展评价，目的是通过对正在使用的课程的价值和合理性作出判断，为调整有关课程的法律法规和重大决定提供信息。侧重关注教学内容与社会、课程与学生等宏观问题。

研究性评价是指一般由理论工作者为新内容的开发或为改进新内容需要获得积累相关资料和信息而进行的评价。

工作性评价是指主要由教师或学校为教学内容是否对学生的影响达到了既定的目的而进行的评价。主要关注教学内容对学生的直接效果。

2. 依据评价功能分类　形成性评价发生在教学内容设计过程中，主要目的在于评判内容设计各阶段草案或计划原型，以便对之做进一步的改进或修订。

总结性评价发生在教学内容设计完成之后，主要作用在于收集资料，判断教学内容的整体效果，并以此作为今后采用或进一步推广的依据。

3. 根据是否受目标的限制分类　可分为依据目标的评价和不受目标约束的评价。依据目标的评价是以目标为基础进行评价，有什么目标便做什么评价，目标之外的现象一概不列入评价范围。依据目标的评价通常要判断目标的达成程度。因而要求叙述精确的可观察的行为目标。不受目标约束的评价是以整个教育实际现象为范围进行的评价。因为教学内容实施所产生的影响是复杂多样的，与目标相关的现象只是其中的一小部分。因此，课程价值的判断不但应该考察目标的达成程度，也应该考察目标之外的其他结果。另外，不受目标约束的评价还可对目标本身进行评价。

4. 根据评价主体分类　分为内部人员评价与外部人员评价。内部人员评价是指由教学内容编制人员自己进行的评价。外部人员评价是指由教学内容设计人员之外的人进行的评价。内部人员评价的好处是评价者对内容的精神实质有较好的把握，容易把评价与实施方案的改进联系起来。外部人员评价的好处是评价面广，容易做到公正客观，信任度比较高，但这两种评价也都各有其问题，理想的评价是内部人员和外部人员结合起来进行评价。因本研究是总结性评价，故主要是外部人员评价。

5. 过程评价和结果评价　结果评价是一种传统的评价方式。它的特点是只注意到输入和输出两点，对于其中的过程则缺乏注意，这种评价常被批评为暗箱式的评价。过程评价是针对传统评价的弊端而提出的新的评价方式，它的特点是注重实施运作过程的分析，注意揭示影响课程的各种因素及其相互作用。

（三）教学内容评价的过程与阶段

由于在评价取向上的不同，不同的评价模式在具体的过程和使用的方法与技术上也必然存在差异，所以并不存在规范化、标准化的评价过程与方法。作为一种实践活动，教学内容评价是一个动态有序的活动，它应有以下几个基本的阶段。

1. 准备的过程和方法　准备阶段是评价实施前的预备工作阶段。主要工作就是确定评价对象和目的，建立评价机构和部门，分解评价目标、确定评价准则和指标，制订评价方案。

（1）确定评价目的和对象　开展教学内容评价首先要解决“为什么评价”的问题。评价目的反映了评价者的课程观、教育观，也影响到评价方法与工具的运用。确定评价对象是根据评价目的选择评价事项。

（2）建立课程评价机构和部门　课程评价作为一项有组织有目的的活动，不是个人行为，必须由一定的机构或部门来承担。建立正式的评价机构或部门，有专人负责，便于工作的开展，便于资料的收集、积累和调阅。评价机构的人员构成一般应包含三个方面：一是掌握一定的教学内容评价理论，熟悉烹饪行业专业知识、技术发展趋势，具有一定评价经验和技能的专家；二是课程管理与决策部门的人员；三是参与教学内容实施的教师和学校领导。有时还可以吸收社区代表、学生及家长。对于专家的选择，应逐步过渡到建立专家库，从专家库中随机选择专家参与评价。当然这主要适用于综合评价或专家评价的类型。

（3）分解评价目标、确定评价准则和指标　这里确定评价的指标体系最关键，要找出代表性的主要行为和能反映对象本质属性的项目，然后进行分类、确定出评价项目、权重和指标体系。要考虑操作的可行性。

（4）制订评价方案　评价方案是评价工作的依据或蓝图，对评价活动起着指导和规范作用，直接影响到评价的进行乃至成败。评价方案的内容主要包括评价的目的、原则、对象、指标体系、评价方法、评价的组织及时间安排。这些都必须在评价方案中清楚地表述出来，便于执行。评价方案一定要通过多方论证才可出台。

通过认真仔细的研究讨论，应制订出一个以书面文字方式表达的评价方案，让教学评价及其管理人员能够按照它来检查与控制。

2. 搜集资料和数据　这是教学内容评价实施中的重要基础性工作。这项工作主要考虑的是应该收集什么样的资料，应该收集多少资料，应该从哪些方面来收集资料，应采用何种方法和技术等。一般来说，主要包括学生、教师、课程材料及学校与社会几个方面的资料，有时还要收集家长及企业、行业代表的资料。

3. 整理与分析评价资料和数据　收集的资料首先是归类整理。一般而言，这些资料包括数据型资料和非数据型资料两类。对数据型资料要进行计算和检验，然后根据情况分别归类。在这个问题上，传统的做法是建立卡片与卡片箱、文件与文件夹，应用时查出有关的文件与卡片，并进行抄录和复印，形成所要的材料。这种方法比较烦琐，还易出错误和疏漏。而且对于音像资料的保存和查找则更为复杂。随着电子计算机尤其是多媒体技术的发展，这些问题将会得到有效的改善和克服。计算机的特点是存储容量大，材料不易遗失。在专门设计的数据库中还能对输入的信息资料进行分析、统计和检验，提取也十分方便，不会出现错误和遗漏。因此，应积极让现代计算机和多媒体技术在评价中发挥作用。

4. 解释评价资料　通过对资料的整理和分析，评价组成人员就要根据评价指标体系规定的要求，进行指标评定，作出分项结论，分头完成评分评议表。

本章小结

本章主要阐述烹饪专业教学内容的选择与组织、烹饪专业教学内容的结构与类型、烹饪专业教学内容的开发设计、烹饪专业教学内容的实施与评价等方面的内容，教学内容选择的好坏直接影响人才培养质量。

思考练习

1. 烹饪专业教学内容选择的影响因素有哪些？
2. 烹饪专业教学内容选择的依据是什么？
3. 烹饪专业教学内容的组织原则有哪些？
4. 烹饪专业教学内容的组织方法有哪些？
5. 烹饪专业教学内容的类型有哪些？
6. 校本教材开发原则有哪些？
7. 教学内容实施的影响因素有哪些？
8. 教学内容评价的功能有哪些？

第四章 烹饪专业教学媒体

学习目标

烹饪专业教学媒体与其他教学媒体具有共性，本章我们需要掌握教学媒体的概念、性质和教学功能，教学媒体的选择依据和思路，常规教学媒体和技术的设计模式，多媒体教学设计的过程，并在学习过程中能够合理选择现代教学媒体为烹饪专业教学提供帮助。

知识导入

现代科技发展迅速，一些新兴教学媒体正在现代课堂起着重要的作用。烹饪专业教学具有很强的实践性，同时也具有一定的直观性，这就需要在教学过程中合理科学地选择教学媒体，以便于让师生能够以更直观的方式来达成课程目标。

第一节 烹饪专业教学媒体概述

一、媒体、教学媒体

（一）媒体

媒体一词是英文“media”的译名，意思是两者之间。媒体也称媒介，是指信息传播过程中，从信息源到接受者之间携带和传递信息的任何物质工具。也可以把媒体看作实现信息从信息源传递到受信者的一切技术手段。媒体有两种含义：一是指承载信息的载体；二是指存储和传递信息的实体。电影、电视、广播、计算机、网络、印刷材料等和录像带、光盘、磁盘、磁带等都是媒体。在信息社会里，媒体已经成为各种通信工具、宣传工具、教育工具的总称。

（二）教学媒体

媒体用来存储与传递教学信息时称为教学媒体。教学媒体是载有教学信息的媒体，是连接教育者和受教育者双方的中介物，是人们用来传递与取得教学信息的工具。教学媒体就是在教学过程中教师和学生之间传递知识技能技巧的载体。教师与学生之间通过一定的媒介和渠道，达到信息交流、融通和分享的过程或活动。教学媒体是教学目标能否得以实现的重要手段，也是教学目标得以实现的重要途径。而烹饪专业教学媒体就是利用这些手段和途径在烹饪教学过程中对教学媒体的实际应用。例如，具有明确的教学目的、教学内容、教学对象，专门用于教学的电视机、计算机和网络就是教学媒体。教学媒体是学习资源的重要组成部分。媒体包括硬件和软件。教学媒体的软件习惯上也称为教学材料，是指那些包含了教学信息的印刷材料、音像材料和机读材料，后两者一般统称为非书资料、视听教学软件或电教教材等。

二、教学媒体分类

从教学的角度，可以把媒体划分为传统教学媒体和现代教学媒体。

（一）传统教学媒体

1. 教科书　教科书是最基本、最常见的教学媒体。教师运用教科书进行教学的优势主要是：第一，教科书是教学的基本依据。教科书是依据学科特点、教学计划编写的最系统、最全面的文字资料，它把学生要掌握的知识清楚地展现在学生面前。第二，便于学生学习。教师依据教科书讲课，学生在听课时看着教科书，可以加深理解，课后又可以不断复习，以巩固知识。第三，信息容量大。教科书把本门学科学生需要掌握的知识全部包括进来，并按顺序系统地编排。

教科书的缺点是：第一，感染力差。教科书不及多媒体等现代教学媒体那样生动直观，因而感染力受到影响。第二，受到学生阅读水平和理解能力的限制及教师教学能力的限制，同样的教科书可能教学效果却不一样。第三，教科书只适合面对面的教学，而不适合远距离教学。

2. 教案 教案是教科书的辅助工具，是教科书向深度和广度发展的产物。教案是教师根据教科书编写的课堂教学方案。它的优点是：第一，更具有针对性。教科书是面对所有的学生，而教案只是针对某一特定的群体，教科书只有通过教案才能更加适合这一特定群体的理解力，也才能把教科书的内容更加有针对性地阐述出来。第二，内容能够更加深化。教科书阐述的只是一般性知识，而教案却可以增添许多更加生动、直观的案例，把教科书的内容变得鲜活起来。第三，内容更加丰富。教案融入了教师丰富的专业阅历和经验，它可以辅助教科书，增加教科书中因篇幅的限制而不能涵盖的内容，从而使教案比教科书的内容更加丰富。

教案的缺点是：第一，局限性。因教师本人的经验、专业阅历不同，因而不同的教师编写的教案内容也不会完全相同，带有教师个人的局限性。第二，单向性。由于教案只是教师个人使用的教学媒体，学生并不能人手一册看到教案，因而，教案只是教师单方面可以使用。

3. 教学参考书 教学参考书可以视为辅助教科书。可以用作教师讲课时参考的资料，也可以用来作为学生课后阅读的资料，以丰富知识，开阔视野。教学参考书作为教学媒体的优势在于：第一，内容更为全面、详尽，更有深度。第二，具有选择性。教师可以根据教学需要灵活选择，学生也可以根据自己的需要灵活选择。因此，它具有选择性。第三，具有很强的学术和史料价值。因为教学参考书的内容是就某一个侧面而做的更深入、更详尽的阐述，所以说它专业性更强。

教学参考书的缺点是：第一，在学习期间学生选择教学参考书应该是在教师的指导下进行，否则，易于偏离教科书的轨道而误入“歧途”。第二，教学参考书的专业性很强，因此学生理解起来很困难。

（二）现代教学媒体

现代教学媒体是相对于过去的传统教学媒体而言的，是随着近代科学技术迅速发展而产生的一批新型教学媒体，具有现代化的特征。使用时需要电源的教学媒体称为现代教学媒体。现代教学媒体都与“电”有密切的关联，所以又称为电化教育媒体。传统教学媒体一般指黑板、粉笔、教科书等。现代教学媒体主要指电子媒体，由两部分构成：硬件和软件。硬件是指与传递教育信息相联系的各种教学机器，如幻灯机、投影仪、录音机、电影放映机、电视机、录像机、电子计算机等。软件是指承载了教育信息的载体，如幻灯片、投影片、电影胶片、录音带、录像带、光盘、微课、慕课等。

1. 现代教学媒体的分类

（1）按信息作用于人的感觉器官分类

1）视觉媒体：是指信息传递主要作用于学习者的视觉器官的媒体。这种媒体通过生动形象的画面，刺激学习者的视觉器官，为学习者提供感性材料，提高学习效率。这种媒体包括挂图、标本、幻灯片、投影片等。

2）听觉媒体：是指信息传递主要通过声音作用于接受者的感觉器官的教学媒体。这类媒体有利于接受者对事物进行分析，包括录音、广播、光盘等。

3）视听媒体：是指通过视觉和听觉两种方式传递信息的教学媒体。这类媒体能为接受者提供更为全面的信息，这类媒体包括电影、电视、录像、多媒体计算机等。

（2）按信息流动方式分类

1）单项教学媒体：是指信息传递方向单一的教学媒体。这类媒体传递的信息都是由教师传向学生，没有交互。采用此类媒体，学生很少有机会去影响和改变信息，因而接受者的活动往往处于被动状态。教师的讲授就是一种单项媒体，单项媒体具有一定的优点，如信息量大、直观性、形象性、生动性，能在不同程度上超越时空的界限，局限性在于缺少双向交流。

2）双向教学媒体：是指可以双向传递信息的媒体。这类媒体不仅可以由教师传递给学生，学生也可以及时反馈给教师。有利于教师从学生方面及时获取有关信息，从而不断调整教学状态，改进教学。但单位时间内传播的信息量不及单项交流。

3）自学媒体：是指学习者自我控制的媒体。这类媒体的信息传递，从信息源到反馈均由学习者自我控制。

（3）按媒体的物理性能分类

1）电声媒体：如录音机、收音机等，教学信息以声音形式存储和传播。

2）光学投影媒体：如幻灯片、投影片等，这类教学媒体主要是通过光学投影，把教学软件投影到银幕上。

3）电视类媒体：如电视接收机、摄像机、放像机及配套的录像带等。

4）计算机类媒体：包括计算机及其软件系统。在教育教学中利用现代教育媒体，具有教育信息传播的广泛性、直观性和学习的交互性等优越性。

2. 现代教学媒体的特性

（1）传播性　传播性是媒体的重要属性。任何教学媒体都是以特定的符号形状将信息传送给受信者的。在人类社会发展相当长的历史时期里，特别是科学技术飞速发展的今天，媒体的种类在不断增加，功能在不断增强，可供人们选择的媒体和传播手段也越来越丰富。媒体的传播性应包括信息的传播速度、传播范围、传播能力等，只是不同媒体的传播性有所不同。例如，书本、杂志这些印刷媒体适合向个体传递信息，通过发行可以将语言文字等符号传播到各个地方，但其传播速度与传播能力有限；广播、电视媒体以电磁波的形式将声音、图像实时传播到很远的地方，它们具有极高的传播速度和极大的传播范围，利用广播卫星甚至可以覆盖全球；而幻灯片、投影片、电影、录音、录像适合于在有限空间的教室和教学场所传播，当然通过发行也可把各种符号的信息传播到各地。

（2）表现性　表现性是指教学媒体表现事物信息的能力。信息是事物运动形态与规律的表征，即表现事物的空间特性、时间特性、运动特性。由于各种现代教学媒体重现信息的表现性有所不同，从而其表现客观事物的物理属性也有所不同。电影与电视以连续活动的图像和同步的声音来表现事物的物理属性，能以最接近实物的形态逼真地、全面地表现事物的运动方式、相对关系和变化中的过程等，具有极强的表现力，但它们是按时间顺序传播的，瞬间即逝，不利于学生细心观察与思考。无线电广播、录音是借助声音（语音、语义、语调、音乐、事物的实际音响）来表现事物的运动状态与规律，它具有声音与时间的表现能力，但是缺乏空间的视觉表现力。

（3）固定性　信息本身是抽象的，可以用具体的信息符号来表征抽象的信息。而这些信息符号，如语言符号、文字符号、图形符号，或者是图像和声音符号经过处理后得到的视频、音频信号等，都是可以记录和存储的。换句话说，信息符号或信号可被固定在某一种载体上，或承载在某物上，用以需要时再现。例如，固定在书本上的文字符号、固定在磁带上的声音和图像信号等。

（4）重复性　教学媒体的重复性是指固定在载体上的信息符号可以人为地重复表现，即媒体可以根据需要，在特定的时间、地点多次使用。例如，教科书可供反复阅读，教学幻灯片、投影片可反复呈现。教学录音带与教学录像带可按教学需要反复播放，计算机课件存储的信息也能按学习者需求重现等。由于无线电广播与电视图像瞬间即逝，不具备重现能力，只有用录音、录像的形式记录下来才能够再现。

（5）可控性　可控性是指媒体的使用者对其操纵控制的难易程度。幻灯片、投影片、录音、录像、计算机等都比较容易操纵控制，适合集体教学和个别化学习。广播和电视，由于目前还是单向传播，使用者只能按广播时间表去收听和收看。电影放映需要专门的技术，使用者需要经过培训。

（6）参与性　参与性是指应用媒体教学时学习者参与学习的机会。它分为行为参与和感情参与。电影、电视、广播有较强的表现力与感染力，容易引起学习者情感上的反应，引起注意、兴趣，激发学生感情的参与。应用幻灯片、投影片教学时，材料直接呈现在学生面前，教师能以面对面的方式进行教学、讨论，可使学生在行为上积极参与，教师根据反馈信息掌握教学进程，组织教学活动。应用计算机辅助教学，学习者能够根据自己的实际情况自主学习，是一种在行为和情感上参与程度很高的交互式媒体。当前的交互式电子白板，能够在课堂上让学生参与到教学中来，真正体现现代教学媒体的参与性和交互性。

3. 现代教学媒体的特点

（1）信息容量大　随着信息数字化技术和数字压缩技术的发展，现代教学媒体信息容量越来越大。例如，一张640兆节的光盘，每本50万字的书可以储存640本。

（2）多媒体功能　以计算机为主的现代教学媒体，不仅能集合以往教学媒体的视听功能，还能与各种教学媒体相互连接，赋予其媒体的交互性。

（3）智能化程度高　以信息技术为基础的各种教学媒体可以部分代替教学的作用，具有智能化程度高的特点。

（4）虚拟化　计算机可以模拟真实的生活情景，为学习者提供虚拟环境，通过模拟练习，获得在现实情况下无法或不能获得的感性经验和真实体验。

（5）网络化　计算机与通信网络技术相结合，可以建立全国性乃至全球性的多媒体教育网络和课程与教学网络。

4. 现代教学媒体的优缺点

（1）优点

1）直观性的优势。在教学中根据每节课的教学目的和教学重点，从新知识的导入到理解，可以借助声音、图像、影像等，刺激学生的视觉和听觉。

2）趣味性优势。多媒体教学一改过去课堂死板的教学，把枯燥的知识变得生动趣味，不仅加深学生对知识的理解，还能吸引学生学习的注意力，激发了学生的学习热情。

3）形象性优势。有些知识只靠教师语言传递，学生理解起来会有些困难，但是结合多媒体，为学生提供形式多样、功能各异的感性材料、画面等，会加深学生对知识的理解。

（2）缺点　不能完全代替传统教学媒体。

三、烹饪专业教学媒体的功能

教学过程是教育信息传播的过程，有4个基本要素，即传播者、信息、媒体和接受者。要使一个教学系统有效地执行其教育功能，使教学传播达到期望的传播效果，必须有效而充分地利用媒体。可见，教学手段是师生为实现预期教学目的相互传递信息的工具、媒体或设备。随着科学技术的发展，教学手段经历了口头语言、文字和书籍、印刷教材、电子视听设备和多媒体网络技术5个使用阶段。

传统的教学手段主要通过语言媒体、文字与印刷媒体，使用黑板、粉笔、挂图、模型、教科书等实施教学。现代教学手段则开发引进了一系列现代传播媒体，如幻灯片、投影片、广播、录音、电影、录像、光盘、计算机等软硬件及其相应的组合系统，运用语言实验室、多媒体综合教育、视听阅览室、微格教学训练系统、计算机网络系统等实施教学。

与传统的教学手段相比，现代教学手段的优越性表现为三个方面：一是现代教学媒体使教学信息即时传播至遥远而广阔的地区，为实施远程教育、扩大教育规模、实现学习资源共享提供了技术支持；二是现代教学媒体不仅能传送语言、文字及静止图像，还能传送活动图像，能准确、直观地传送事物运动状态与规律的信息，有助于提高教育的质量与效率；三是现代教学媒体能记录储存、再现各种教学信息，计算机还具有信息加工处理并与学习者相互作用的能力，从而为个别化学习、继续教育及创建新型教育模式，促进教育改革与发展提供了物质条件。

现代教学媒体的开发与利用，使教育方式和教学模式都发生了根本性的改变，如个别化学习、远程教育、终身学习等教育方式的出现。由于现代教学媒体和技术的影响，学生和教师的相互关系也发生了明显的变化，教师与教科书不再是知识的唯一来源，在拥有多种教学媒体支持下的学习环境下，学生不再仅仅依赖于班组集体授课的方式。他们可以自己设计学习计划，可以用更多方式进行学习，教师将成为学生学习过程的指导者、促进者。学生则可以在教师的指导下，自主选择班组授课、小组讨论、利用媒体自学等多种适合自己特性的方式进行学习。

四、烹饪专业教学媒体在教学中的作用

（一）提高学生学习兴趣

现代化教学手段融声音、光色、情景于一体，视听并举，动静兼备，改变了以往传统的以教师口授传播信息的教学方法，把教材静态、枯燥的教学内容以生动的方式呈现

出来，这样容易吸引学生的注意力，能激发学生的学习兴趣，有利于开发他们的智力，培养学生的思维能力、表达能力和创新能力。例如，进行烹饪专业术语、名词的讲解，内容很抽象，在课堂教学中，许多传统媒体的教学效果不好，而今天多媒体的出现就解决了这个问题，并且图、文、声并茂，更利于激发学习兴趣。

（二）提高教学效率

教师用网络和多媒体资源中心的资源设计制作电子教案和课件，用现代教育技术手段完成演示、参观和实验等多种教学环节，利用网络批改作业即时与学生交流并反馈信息，以计算机为工具代替纸卷考试，用单独考试代替群体考试，一人一卷考试代替多人同卷考试等。网络技术带来了教学效率的提高。例如，多媒体课件能够将授课内容以大纲的形式呈现出来，这样在一定程度上能够节省教师书写板书的时间，以便有更多时间进行讲解、与学生交流，教师可以很容易地使用和支配更多的信息资源，增大了教师对教学资源的控制范围，并且为教师控制学生的学习提供了帮助。

（三）改进学生的学习方式

仿真实验实训系统，对于演示、参观、操作的过程和经过动画设计出来的想象效果，均能巧妙而容易地实现，学生可以用虚拟工具将机器的零部件一件件拆下来、装上去，观察各个组成部分，还可以对机器或某一部件进行任意角度的旋转和随意放大与缩小。碰到问题，电脑可以随时解答或示范正确的操作方法。同时，考核系统可以随时提供学习效果的检测。

网络技术给学生构筑了一个巨大的学习世界，学生可以根据自己的需要，在合适的时间、合适的地点、合适的条件下，反复利用网络点播、观看、下载多种资源，还可以自己设计、模拟实训，参与网上讨论。网络技术的运用使学生以求索和体验代替了被动学习，引发了学习方式的变化。

（四）适应学生个别差异，实现因材施教

大量的资源可以丰富学生的知识，学生可以根据自身的兴趣、爱好进行广泛的学习，真正达到因材施教的目的。总之，随着多媒体技术的不断发展，计算机辅助教学的普及，多媒体课件也发挥着越来越大的作用，但随之产生的问题也越来越发人深省。怎样才能合理地运用多媒体课件，使它真正地成为有效的教学辅助工具成了教学中的一大难点，这就需要教师正确地认识多媒体课件之间的关系，合理地将现代教育媒体与传统媒体相结合，使多媒体真正地成为优化课堂教学的辅助工具。

（五）培养师生的信息素养

运用现代教学手段，并不是简单地把计算机作为教师演示的工具，也不是教师利用现代信息技术对学生进行知识灌输，而是应用信息技术构建学生自主学习、探究学习的环境，提高学生自主获取信息和加工、整理、应用信息的能力，利用网络特性帮助学生实现协作式学习，教师只是作为指导者、促进者为学生提供必要的支持，使得教学过程从单一媒体、单调方法、单向渠道的传递转变到综合性、创造性、灵活性的交互。学生的学习方式从单一、被动的学习方式，向多样化的学习方式转变，促进学生知识、能力、素质的整体发展，这对培养未来需要的创新人才具有重要意义。同时，运用信息技术手段构建学习环境，师生在课堂内外、网络中共同探讨问题，形成一个新型的“合作者”关系，能使教学相长达到一个新境界。

第二节　烹饪专业教学媒体的应用及发展趋势

一、烹饪专业教学媒体的选择依据

（一）依据烹饪专业教学目标

教学目标是贯穿教学活动全过程的指导思想，它不仅规定教师进行教学活动的内容和方式，指导学生对知识内容的选择和吸收，还控制媒体类型和媒体内容的选择。每门课程、每个单元、每节课都有一定的教学目标，为了达到不同的教学目标常常需要使用不同的媒体去传递教学信息。比如要使学生知道某个概念，或理解某种原理，或掌握某项技能等，可选择图表、实物或三维动画等。为了激发兴趣、升华情感，可选取音频和视频媒体。不同的教学目标决定不同的媒体类型和媒体内容的选择。

（二）依据烹饪专业教学内容

教学内容是教学开展活动的依据，学科不同，选择的教学内容就不同，适用的教学媒体也不同，即使同一学科，各章节的内容不一样，对教学媒体的要求也不一样。这就要求我们在选择教学媒体时，认真分析教学内容。例如，烹饪原料学适合图片展示，烹调工艺学适合虚拟操作。

（三）依据烹饪专业教学条件

烹饪专业教学中能否选用某种媒体，还要看当时当地的具体条件，其中包括资源状况、经济能力、师生技能、使用环境、管理水平等因素。录像教学具有较好的优点，但存在符合特定课题需要的录像片是不是随手可得，烹饪工艺学需要视频直播或者综合性阶梯多媒体教室，一些学校是否具备等问题，因此在选择中要根据教学条件来确定。

二、烹饪专业教学媒体的应用

（一）视觉媒体在烹饪教学中的应用

视觉媒体（主要指幻灯片、投影片）在教学中运用时有以下方法。

1. 书写教学法　即在透明胶片上用书写笔边讲边写，这是投影教学中最基本、最常用、最简便的一种方法。若投影片需要长期保存时，则用油溶性书写笔；若随写随擦，则用水溶性书写笔，也可直接写在投影器的载物玻璃上。

2. 图片教学法　利用已设计制作好的幻灯片、投影片来进行教学，也是最常用的一种方法。教师还可利用幻灯片、投影片提出问题，引导学生在已有经验、知识的基础上，回答教师提出的问题，从而获得新的知识。还可以与书写教学法配合使用，也可制成活动投影片。

3. 实物投影法　通过实物投影仪将实物、投影教具和某些化学、物理实验演示器件，投影放大到银幕上，扩大演示物的观察范围，提高可见度，使全体学生在同一时间内，对演示物的构造、性能和现象的变化过程，有一个直观、清晰的了解。

4. 声画教学法　在幻灯片、投影片教学中，有些教学内容不仅需要幻灯片、投影片显示画面，还需要运用录音机配以解说，做到声画同步，以增强教学效果。利用声画同步教学系统可以实现这种教学方法。

（二）听觉媒体在烹饪教学中的应用

听觉媒体在课堂教学、第二课堂活动、社会和家庭教育、师资培训等方面有广泛的应用。听觉媒体在烹饪教学中应用的方法如下。

1）示范法。为学生提供规范的听觉教材，便于学生模仿和训练。教师要随时对学生进行指导。

2）比较法。为学生提供听觉的对比材料，指导他们分析比较，加强练习。

3）情境法。为教学创设情境，增强烹饪教学效果，通常和其他媒体配合使用。

4）反馈法。随录随放，使学生真实迅速地获得反馈信息，及时进行自我分析和评价，以利于改进。

（三）视听觉媒体在烹饪教学中的应用

用电视和电视教材，可以组织多种形式的烹饪教学活动，在社会和学校的教学工作中，电视也获得了广泛的应用。

1. 远距离系统教学 远距离系统教学是指采用电视和电视教材进行整门课程的远距离教学。我国广播电视大学各门课程均是采用这种形式进行教学的。

2. 课堂教学 电视教学运用得最多、最有效的，应该是在学校课堂教学中。利用电视等现代教学媒体与传统教学媒体相互配合，开展多媒体组合教学，通过教学设计充分发挥教师的主导作用和学生的主体地位，师生双方共同参与教与学的过程，以便取得最优的教学效果。

3. 多媒体课件 多媒体课件（courseware）是在一定的学习理论指导下，根据教学目的设计的，反映某种教学内容与教学策略的计算机软件。多媒体课件是必须根据教学大纲的要求和教学的需要，经过严格的教学设计，并以多种媒体的表现方式和超文本结构制作而成的课程软件。制作多媒体课件的办公软件有很多，教学中使用最方便、最多的是 PowerPoint。

4. 虚拟实验 目前，虚拟实验是在教学改革中一直较热门的话题，虚拟实验的优点对于烹饪教学中的技能操作或者实验项目具有一定的可行性，但也有一定的局限性，目前在我国烹饪教学中还没有正式应用，如果条件成熟，必将为烹饪专业教学带来革命性的变化。

三、烹饪专业教学媒体的发展趋势

（一）教学媒体日益自动化、微型化和多样化

许多现代化教学手段都有了自动装置，帮助教师省去了许多操作麻烦。例如，幻灯机自动换片、无线遥控；电影放映机自动装片、倒片；录像机定时自动录制电视台节目；录音机自动选择节目等。另外，自动收集、统计学生反应信息的学生反应分析器将进入学校教室；摄录像一体的摄录系统运用了微处理机，使一系列烦琐的调整工作趋于全自动化，并具有记忆功能，使教学电视素材的获得变得轻而易举。微型化的现代教学手段便于携带、使用和收藏，将会得到广大教育工作者的喜爱。

（二）教学媒体日益网络化、交互化、便捷化

现代教育技术网络化明显的标志是互联网应用的迅速发展。互联网是遍布全球的网络集合，而且信息的传输速度高，又可以实现远程、广域通信。当这种技术应用于教育时，必将对教学中的教学手段、教学方法以至教学模式产生深远影响，并将引起教育体制、教育方式的全新变革。

激光电视程序教学系统，一改过去录像教学只能单向传输的方式，以激光电视唱盘为软件，同微机联机实现人机对话，使学习过程中媒体对学生的单一作用变为媒体与学生之间的双向作用，学生不再是旁观者，而是学习的积极参与者。这种人机关系的新发展，无疑将会对教学实践产生重要的影响。

移动学习客户端的开发使得学习日益便捷化，利用智能手机的移动学习是一种新的远程学习方式，它有机地结合了移动通信、网络技术的功能，使学习者突破时间和空间的限制，随时随地进行学习，能够有效地节省学习时间、提高学习效率。智能手机的移动学习与其他移动学习方式相比，具有自身的特点和优势：第一，具有广泛性。随着移动技术的发展及智能手机销量的逐步增长，基于智能手机的移动学习必将成为人们日常生活的一部分。学习者可以运用自己的智能手机通过无线网络浏览网页课程资源，也可以和其他学习者进行交流。这大大拓宽了教育的范围，对于终身学习的实现和学习型社会的形成具有巨大的推动作用。第二，具有灵活性。智能手机体积小巧、携带方便，学习者可以按自己的意愿在自己方便的时间和地点，学习自己希望获得的知识，给学习者提供灵活的学习环境。移动学习对于成人教育的帮助尤为明显，成人学习者不再受限于特定时间和地点从事学习活动，能够更好地安排自己的生活、学习和工作。第三，具有个性化。第四代移动通信技术（4G）的发展使得移动学习与学习者个体能力发展成为现实，学习者可以根据自己的实际情况和需要，利用智能手机选择自己的学习方式，进行个性化的学习活动。第四，具有多媒体化。与传统的手机相比，智能手机最大的优势之一就是其强大的多媒体视听功能。当代的智能手机具有宽屏、高分辨率逼真的彩屏，可浏览图片、网页、音频、视频等多媒体素材，为多媒体化的学习资源传输提供了可能。

（三）教学媒体日益大众化、综合化和多媒体化

以计算机为基础的多媒体技术综合运用多种媒体在教学中有机结合，发挥整体效益，以求教学功能的最优化。大众化的电视系统，首先是电缆电视系统与计算机教学系统联合起来，形成兼顾教学、通信和娱乐统一的综合体系。运用通信进行教学，开辟了大规模传播知识的新领域，卫星电视教育将成为教育教学的重要方式之一。

（四）教学媒体日益系统化、科学化

现代教育技术学科体系结构分为基础理论学科与应用技术学科两个部分。基础理论学科有现代教育技术学、现代教育技术哲学、现代教育技术心理学、现代教育技术传播学、现代教育技术经济学、现代教育技术史等。应用技术学科则包括现代教育技术教学法、现代教育技术工程学、现代教育技术管理学等。随着现代教育技术理论研究和实践探索的不断深入，现代教育技术理论将逐步系统化，并在教育、教学的实践中发挥越来越重要的作用。

本章小结

本章主要阐述烹饪专业教学媒体及应用，在新的教学改革形式下，多种媒体的集成对于提高教学质量和教学效率、丰富课堂教学都将起到至关重要的作用。

思考练习

根据专业教学要求，选定一节课的内容，选择一种或多种教学媒体进行设计并说明理由。

第五章 烹饪专业教学评价

学习目标

通过本章的学习，使学生了解烹饪专业教学评价的基本含义、功能、分类、评价方法等内容，并能对烹饪专业教学进行评价，对内容实施过程进行评价。

知识导入

评价是人们对事物进行事实判断和价值判断的活动，对改善人的活动方式具有重要意义。它体现在教育教学领域中就是教学评价，教学评价是课程评价的一个组成部分，是课程实施评价中的一个环节。教学评价的成功与否会影响课程评价的效果。因此，教学评价和课程评价有非常密切的联系。但在研究内容上更偏向于具体化的研究，如课堂教学质量的评价指标体系、学生学习成果、教师的评价方法与体系等。

第一节 烹饪专业教学评价概述

一、烹饪专业教学评价的含义

烹饪专业教学评价是指在烹饪理论教学和实践教学中按照一定的教学目标和教学原则，运用科学可行的评价方法，对教学过程和教学成果给予价值上的判断，以提供信息改进教学和对被评价对象作出某种资格证明。

教学评价是按照教学目标进行的，明确教学目标是教学评价的前提。教学目标总是带有某些程度的原则性、抽象性和笼统性。为了教学评价顺利地进行，必须把教学目标分解为教学指标，并建立教学指标体系。在教学指标体系中，对起主导作用的教学评价指标应适当加大权数，以示其重要性，但对指标体系中权数小的指标，在评价中也不能忽视，决不能仅用一项或几项指标去判断教学质量。因为教学是学生在教师有目的、有计划地指导下，主动地学习掌握系统的文化科学基础知识，形成基本技能、技巧，发展认识能力和创造能力；并使学生身体得到正常发育、健康成长；逐步形成正确的审美观点和感受美、鉴赏美及创造美的能力；逐步养成社会主义的道德行为和思想品质，形成辩证唯物主义世界观的基础，并使其个性得到全面和谐发展的育人活动。其内容非常丰富，反映教学目标的指标较多，掌握系统的文化科学基础知识是教学的一个重要指标，但不是唯一的指标，如只用掌握知识多少来评价教学，就不全面、不科学。所以，教学评价必须按照反映教学目标的教学评价指标体系进行评价。

教学评价是对教学过程、教学成果的价值判断。教学过程是指教师教和学生学的统一活动过程。在这个过程中，教师要根据一定的教育目的，制订和实施教学计划及进行学习指导。学生在教师的指导下，主动学习，达到预定的教学目标。教学过程评价的具体内容包括备课、上课、辅导和学生学业成绩考查与评定的全过程，以及教学的内容、形式和方法。教学成果是指通过教学活动，学生的学习能力和学习成就上的变化表现，教学成果评价也就是要评价学生学习后的学力、学习目的、态度、人格变化及达到教学大纲要求的程度等。可见，教学评价既是对教师教的能力和教的效果作出价值判断，也是对学生学习能力和学习成就上的变化作出价值判断。

二、烹饪专业教学评价的功能

评价是根据一定的价值标准进行的价值判断活动。教学评价的功能可以从不同角度去考察。从领域分，有教育性功能和管理性功能；从性质分，有正面功能和负面功能等。从教学评价的管理作用来分，主要有以下几方面的功能。

（一）导向功能

评价的导向功能是指评价本身所具有的引导评价对象朝着理想目标前进的功效与作用。教学评价的目标、指标、标准对被评价者来说，起着“指挥棒”的作用，引导被评价者朝着理想目标努力。教学评价可以通过确定教学目标、设置评价指标等方式指明教学工作的方向。信息化的教学设计强调以学为中心，学生被赋予较高的主动性和独立性，教师将更为关注学生是否能够在学习过程中按照既定的教学目标努力。事先将评价标准交给学生，将有助于学生自己调节努力方向，从而达到预想的教学目标。在评价活动中，评价者常以国家和社会的价值和需要为准绳，设计一套评价指标和评价标准，被评价者为追求好的评价结果和达到其他目的，就会致力于满足评价标准的要求。评价指标和标准就成为被评价者的努力方向。

（二）诊断功能

在评价活动中，通过对搜集到的信息资料进行整理分析，能发现评价对象（如教育方案、课程计划、教师工作、教学方法、学生学习等）存在的问题和不足，促使教育活动的改进。评价是对教学结果及其成因的分析过程，并以此可以了解到教学各方面的情况，从而判断它的成效和缺陷、矛盾和问题。全面的评价工作不但能估计学生的成绩在多大程度上实现了教学目标，而且能解释成绩不良的原因。例如，学校、家庭、社会和个人中哪方面的因素是主要的，就学生个人而言，主要是由于智力因素，还是学习动机等其他非智力因素的影响，或是两者兼而有之。教学评价如同全面体检，是对教学现状进行一次严谨的科学诊断，以便为教学的决策或改进指明方向。

（三）预测功能

评价的预测功能是指以评价对象的现状为依据，对评价对象的发展趋势及可能性进行预见和推测的功效与能力。教学评价是对评价对象在一系列的测验、调查、观察基础上，进行逻辑分析，最终做价值判断的过程。它不但要对评价对象的现状作出解释与分析，而且在此基础上要对评价对象的未来发展进行预测，避免评价对象在今后的发展道路上走弯路。实现评价的预测功能，主要通过诊断性评价和综合测评的方法进行。这就要求评价者充分掌握评价对象各方面的信息，并对这些信息进行认真整理、深入分析，从而对其未来的发展趋势作出判断。

（四）激励功能

评价的激励功能是指评价对人们具有一种激发情感、鼓舞斗志、振作向上的功效与能力。评价本身不是目的，提高和改进才是评价的根本目的。科学合理的教学评价可以调动教师教学工作的积极性，激起学生学习的内部动机，使教师和学生都把注意力集中在教学任务的某些重要部分。例如，对于教师而言，适时、客观的教学评价，可以使其明确教学工作中需努力的方向；对于学生而言，教师的表扬和奖励、学习成绩测验等，可以提高学生学习的积极性和学习效果。评价通常要区分出水平高低、评价等级。由于评价结论往往直接影响到评价对象的形象、荣誉和利益等，评价常能激发被评价者的成就动机，使他们追求好的评价结果，激励他们全力以赴地做好有关工作，创造更大的教育成就。评价对教学过程有监督和控制作用，对教师和学生则有促进和强化作用。通过评价反映出教师的教学效果和学生的学习成绩。经验和研究都表明，在一定限度内，经常进行记录成绩的测验对学生的学习动机具有很大的激发作用。这是因为，较高的评价能给教师、学生以心理上的满足和精神上的鼓舞，可激发他们向更高目标努力的积极性；即使评价较低，也能催人深思，激起师生奋进的情绪，起到推动和督促作用。

（五）反馈调节功能

通过教学评价，人们可以从各种渠道获得关于教学的各种反馈信息，而分析和研究这些反馈信息可以发现教学中存在的诸多问题，在客观上使师生双方做到心中有数，并有针对性地采取相应措施，调节教与学的双边活动，以达到改进教学、提高质量的目的。连续不断的评价使课堂教学形成一个“教学—评价—教学—评价”在反馈中不断完善的动态系统。这种信息反馈包括两种：一是以指导教学为目的对教师教学工作的评价，通过这种评价可以调节教师的教学工作，也间接提高了学生的学习效果；二是以自我调控为目的的自我评价，即学生通过自我评价加深对自我的了解，以便调整学习策略，改进学习方法，以增强学习的自觉性。通过教学评价可以提供教学活动的信息，以便师生调节教和学的活动，确保教学活动得以顺利开展。在教学活动过程中，外部评价人员和师生对教学情况的反应，对于师生来说是判断教学活动状况的重要信息。依照这些信息，师生既可以分别进行自我行为的调整，也可以共同进行教学行为的校正。

（六）区别和鉴别功能

通过评价，人们可以区别、鉴定组织（如学校）、方案（如课程方案）或个体（如教师、学生）等对象的某些方面或各方面水平的优良程度，确定其有无价值与价值的大小，衡量其是否达到了应有的标准，是否能实现我国和社会赋予它们的目的和任务，为它们评定相应的等级。科学、合理、公正的评价所区分的优良和鉴定的等级是教学管理决策科学化的基础。

三、烹饪专业教学评价的原则

准确的教学评价方法可以使教学工作向积极的方向发展，但如果评价方法不准确或评价标准不当，就可能使评价进入误区，反而阻碍教学工作的开展。为了使教学评价有利于评价对象的发展，教学评价要坚持一定的评价原则，使评价者在准备评价、实施评价和处理评价结果过程中有一个参考坐标，不至于使评价发生较大的偏差，因此，要发挥教学评价的积极功能，就需要遵循如下原则。

（一）客观性与可行性原则

所谓客观性原则是指进行教学评价时，必须遵循客观事实，严格执行评价标准，坚持客观的、实事求是的态度，不能主观臆断或掺杂个人情绪。在进行教学评价时，从测量的标准和方法，到评价者所持的态度，特别是最终的评价结果，都应符合客观实际，因为教学评价的目的在于给学生的学和教师的教以客观的价值判断，如果缺乏客观性就会完全失去意义，还会提供虚假信息，导致错误的教学决策。教学评价要以正确的教育思想和教学理论为指导，遵循课堂教学规律、原则，适应深化课堂教学改革的要求和各专业的特点。同时，也必须采取客观的实事求是的态度，客观地反映被评价对象的真实价值。在编制评价指标体系、设计评价方案、确立评价目标、设置评价指标和标准时，一定要进行深入的调查研究，广泛征求意见，使评价的体系，诸如内容、方案、指标、方法等都要尽可能准确地反映教学的实际情况。

可行性原则是指评价的指标体系及方法技术要尽可能简便易行，教学评价程序要便于实施和操作。例如，在烹饪教学中针对学生动手能力的评价，可以通过设定班级或校级比赛的形式，一方面可以提高学生学习的积极性，另一方面可以评价学生对技能的掌握情况，此种评价简单易行。

（二）科学性与导向性原则

科学性是指教学评价应按教学评价活动本身的客观规律办事，以科学的教学评价指标体系为尺度，以评价信息为依据，采用科学的评价方法技术，在此基础上对评价对象进行实事求是的价值判断。教学评价必须具有一致性与有效性，必须建立在科学的基础上，有充分的科学依据与方法。

评价活动要坚持正确的导向，不仅要使被评价者了解自己的优缺点，还要为以后的发展指明方向。鼓励教师与学生往正确的方向努力，而不是误导师生的教学活动。要对评价的结果进行认真分析，从不同角度查找因果关系，确认产生的原因，并通过信息反馈，使被评价者明确今后的努力方向。所以，评价指标和标准的制订、评价手段和方法的选择都要有利于引导被评价者主动、全面、持续的发展。

（三）公正性与多元化原则

公正性是指教学评价必须“客观、公正、合理”，让被评价者心服口服，真正发挥评价的教育性功能，应做到评价标准不带随意性，评价方法不带偶然性，评价态度不带主观性。中等烹饪教育学校的学生年龄在14～16岁，处在生长的叛逆期，如果教学评价中出现不公平或带有个人感情色彩，将会严重影响学生的身心发展，对学生的未来会产生或多或少的影响。

多元化是指针对评价目的采用不同的教学评价标准。例如，当教学评价的目的是促进被评价者的发展而不是对被评价者进行甄选和辨别时，就不能只用一个评价主体、一种评价标准、一种评价手段来评价不同的被评价者，而是要在尊重被评价者差异的基础上，用多种评价主体的不同眼光，用适合不同被评价者需要的多元评价标准，用多种手段收集的信息来评价不同的被评价者，让每个被评价者得到全面、公正的评价，让每个被评价者的长处都能被发现、肯定和发展。

（四）以学为本与整体性原则

教师的教归根到底是为学服务的。因此，衡量教学质量的根本标准是学生学得怎样，即学生的学习是否主动、是否有效、是否有意义。教学评价应以激发学生学习积极性、促进学生身心的全面发展和提高教学质量为目的。教学评价在教育系统中的作用主要是“用它来改进教与学”。

教学是教与学的双边活动，也是培养学生的知识、智力、技能、个性发展的过程。构成教学过程的诸多因素如师生、教材、设备、环境等不仅各自发挥作用，还相互关联、相互影响，形成整体的教育功能。所以，确定评价指标时，要从整体出发，分析各种因素在教学过程中的地位和它们之间的联系，根据各自在整体中的作用及效应确定指标及其权重。在评价时，要注意教与学、知识和技能的传授与智能的发展、教学与教育这三种关系处理得是否得当，也要注意教学的安排是否符合学生的认知规律，教师、学生、教材、设备、环境之间的关系是否达到了整体最优化。

（五）一致性与灵活性相结合原则

一致性是指进行教学评价时，必须采用一致的标准，做到上下一盘棋，这样评价的结果才具有权威性。灵活性是指由于学校设备、教学条件及校长和教师水平的不同，学校与学校、教师与教师、学生与学生之间又存在差异，实施教学评价不能只搞一个模式，而应针对不同层次的学校提出不同的要求。评价指标与评价标准的制订，以及评价方法与评价程序的选取，都应考虑这种差异，灵活对待。在教学评价中，既要贯彻一致性原则，又要贯彻灵活性原则，应将两者统一起来。

（六）定期性评价与经常性评价相结合原则

定期性评价相当于阶段性评价，如学期中的评价；经常性评价相当于随时评价，如对一天教学成果的评价，或教学进行中就进行评价。为了确保教学评价的功能得以实现，切忌突击性评价。切忌为了应付上级机关检查搞形式上的评比活动，甚至打乱正常的教学秩序，致使评价失去意义。

（七）定量评价与定性评价相结合原则

只有定性评价而没有充分的定量工作做基础，定性评价会给人过多的模糊感觉，“基本上”“差不多”“大概是”“若干”之类的模糊用语对于教学决策的意义是有限的。所以，需要有定量评价作为补充，即应该有尽可能相近的原始数据及对数据的统计处理。同时，不能只有定量评价而无定性分析，这是因为教学活动中有许多因素是无法用数字表达的。不宜量化的东西硬要去量化反而是远离了科学。因此，在教学评价实施过程中，注意用定性评价弥补定量评价的不足。

第二节　烹饪专业教学评价类型

教学目标的系统性、层次性、多样性及达成教学目标所经过的教学历程，决定了教学评价要准确地把握不同阶段的教学要求在广度、深度和难度上的层次性。因此，教学评价的方式就应是多种多样的，而且必须根据各类教学活动特点灵活地加以运用各种评价形式。按照在教学活动中的作用可分为诊断性评价、形成性评价、发展性评价和总结性评价；根据评价的方式可分为相对评价、绝对评价和自我评价；根据评价的主客体不同可分为他人评价和自我评价；根据评价范围的不同可分为单项评价和综合评价；根据评价的水平和层次可分为宏观评价和微观评价；根据评价的分析方法可分为定量评价和定性评价。具体如下。

一、按教学评价的作用分类

（一）诊断性评价

诊断性评价，又称配置性评价或准备性评价，是指在活动开始之前，为使其计划更加有效地实施而进行的评价。它一般是在事物发展进程的某一阶段开始之前所做的评价，其目的是为了摸清条件、基础，发现问题和诊断原因。所以，有的学者又把此种评价称为事前评价。这里的诊断，要求把握被评价事物的两种状态：一是症状诊断；二是原因诊断。前者要求对所评价事物的已有状态作出判断，着重找出存在的问题：后者要求对存在问题的原因作出分析，并对发展变化的可能性进行预测，以便“对症下药”，采取可行措施，使新计划能在原有基础上得到有效实施。诊断性评价在教学中的应用，一般是在学年初或学期初进行。其目的在于弄清学生的学力基础，以便为实现新的教学目标做好准备。通过诊断性评价，判断学生是否达到原定的教学目标要求。如果确认达到了，就正常实施新的教学计划；如果确认没有达到或没有完全达到，就设法弥补学生的学力不足，使他们尽快地具备实施新教学计划的条件。诊断性评价有两个显著特点：一个是重诊断，即对原来的状态和效果进行判断；另一个是重治疗，即对发现的问题加以改进。所以，诊断性评价在各级各类学校的教学工作中得到广泛的应用。但是应当指出，当前在运用诊断性评价时，确实还存在一些有待解决的问题，其主要表现是重诊断而轻治疗，甚至是不治疗，往往只满足于取得的几个数据，没有进行认真的评价，致使诊断性评价在一些学校流于形式。这是评价的不良影响，应及时予以纠正。对于学生的学习，诊断性评价就是在一个新的学习阶段开始之前进行的一种事前考核，它要了解学生对为学习新内容所必须预备的知识、技能和经验等实际掌握程度，了解学生对计划学习内容的兴趣、爱好和要求；根据评价的结果，按照学生的条件和预备知识、技能、经验的掌握程度，修订教学目标、方法，作出必要的决策。在教学进行过程中的诊断性评价也是常见的，它主要用于对学生不能从教学中获益的原因进行诊断。烹饪专业的专业知识多为过程性知识，该评价适合专业教学评价。

在教学改革不断深入的形势下，只有重视教育诊断和教育治疗，才能较好地发挥诊断性评价的作用，达到教学评价的目的。教育诊断要以教育治疗为目的，而教育治疗要以教育诊断为基础，两者融为一体，构成诊断性评价。任何使两者相脱节的做法，都不能算作真正的诊断性评价。

（二）形成性评价

形成性评价是指在活动运行的过程中，为使活动效果更好而修正其本身轨道所进行的评价。这就是说，形成性评价的主要目的，是明确活动运行中存在的问题和改进的方向，及时修改或调整活动计划，以期获得更加理想的效果。形成性评价的着眼点放在过程评价上，因此这一评价形式受到教育评价理论工作者和教师的普遍重视，已成为现代教育评价研究的重要课题。

重视形成性评价是现代教学评价的发展趋势。过去的评价只注重学习结果，而这种评价则强调学习过程，重视评价的反馈机能，其目的在于建立适合于教育对象的教学。形成性评价不仅可以使学生明确今后如何学，还可以使教师明确今后怎样教，帮助教师完成既定的教学目标。形成性评价用于教学，有助于教师及时发现教学中的问题，提出改进措施，修正教学计划。例如，烹饪分解技能教学相对于综合操作（训练）教学全过程来说，它是其中的一个环节，处于教学全过程之中。当各个支持技术教学结束后，教师为了了解教学效果，就可以安排一个综合菜品（成品）制作，并根据学生的操作过程及成品状态对自己的教学情况进行分析、评价和判断。这种评价就属于形成性评价。

形成性评价是一种在事物发展进程中所做的评价，具有反馈的功能。其目的是监督事物的发展，并调整、修正发展过程。这类评价是以原来预定的发展目标作为评价依据的。可见，形成性评价的主要目的在于帮助学生把注意力集中到达到掌握程度所必须具备的特定知识上。通过形成性评价能及时获得反馈信息，了解学生的学习情况，发现教与学的优点与不足，从而有目的、有针对性地调整和改进教学计划和活动，使大多数学生达到预期目标。形成性评价是一种贯穿教学全过程的评价，边教学，边评价，边调整，使教学过程成为一个不断提升的过程。

（三）发展性评价

发展性评价指教师运用有效的评价工具和方法，收集学生学习表现信息，判断学生综合素质发展程度，促进学生进步的评价方式。发展性评价作为一种现代教育理念，具有如下特征。

1. 发展性 发展性评价强调以学生发展为根本宗旨，倡导以人为本。以人为本具体表现为一切教育评价活动均要以学生的需要和发展作为出发点，促进学生知识、能力、态度及情感的和谐发展。

2. 多元性 发展性评价的多元性体现在三方面：一是评价主体的多元性。二是评价标准的多元性。发展性评价标准采用以绝对标准为主，绝对标准、相对标准和个体标准相结合的多元结构。三是评价方法的多元性。

3. 过程性 学生的发展是一个过程，促进学生发展也是需要经历一个过程的。发展性评价强调在学生发展过程中对学生发展的全过程进行持续的关注，而不是只在学生发展过程的终结对学生发展的结果进行评价。它既重视学生的现在，也不忽视学生的过去，更着眼于学生的未来。

4. 情境性 强调发展性评价的情境性就是要求教师因时、因地、因事、因人进行灵活的即兴评价。

（四）总结性评价

总结性评价也称课后评价或终结性评价，是一种在事物发展到某一个阶段之后所进行的评价，这种评价目的是了解整体的效果，提供一个总体评价成绩的资料。总结性评价，一般是在学期末或学年结束时进行，但就某项活动而言，对其进行评价的时间应视活动结束的时间而定。例如，一堂烹调实践课的结束就可以对本节课进行评价。尽管时间有长有短，但必须把握一点，总结性评价是对活动的最终效果所进行的评价。总结性评价的首要目标是给学生评定成绩，或为学生作出证明，或者是评定教学方法的有效性。其目的主要在于检查、总结教学目标的达成情况，评定教学的学业成绩，证明学生掌握知识、技能的程度和能力水平，诊断和预言学生在后继学习中成功的可能性。对于学生学习，总结性评价往往通过期末考试、毕业考试、毕业设计、毕业实习、技能比赛等测量手段进行，评定学生掌握知识和技能的程度并给出评定成绩。

作为总结性评价的重要机能，就是确认达到目标的状态。因此，这一评价形式在我国历来都受到重视，而且用于教育、教学工作之中。例如，学期结束时，学校一般都组织期末考试，其内容一般包括试题的难易程度、内容覆盖面、基础知识、基本技能和能力的情况，以及存在的主要问题和改进的措施等，简言之，要对教学质量的基本情况作出判断和评价。这样的知识质量分析属于总结性评价的应用。

当前，在进行总结性评价中存在的主要问题是：评价效果与改进工作相脱节。其表现是考试结束，评分完毕，就意味着一个学期的教学工作已经告成，有些学校没有进行知识质量分析，更没有把试卷发给学生进行讲评。这种做法，虽然也进行了期末考试，但却没有利用考试进行评价。所以，要想发挥总结性评价的作用，就应采取措施，解决评价中的问题，特别在高等烹饪教育中这种现象普遍存在，学生只知道分数，随着应用型学府政策推出后，各个高校烹饪专业也在进行教学改革，特别是评价标准的改革。

二、按教学评价的方式分类

（一）相对评价

相对评价是指在团体内以自己所处的地位同他人相比较而进行的评价。其评价标准是设在团体之内的。评价学习时要求把个人的得分同团体其他成员的得分进行相对比较，从而明确自己在团体中的地位，达到评价学习成果的目的。相对评价当然也可以用在其他方面，如教师教学质量评价、班主任工作评价等。在学校里，任课教师和班主任经常运用相对评价来评价学生。平时议论某某学生是班里表现最好的，某某学生的数学成绩在全年级拔尖，这都是用相对评价的观点去评价学生的。可见，相对评价对学生学习成就的解释采用了相对的观点，学生的分数所显示的是他在团体中与常模比较之后的相对位置，它不能凭借分数本身来评定其成就的高低。相对评价在中等烹饪教育中经常使用，主要用于对学生学业成绩的评价。我国现行的评分方法有两种，即百分制和五级制。百分制在各级各类学校中都使用，但大学两种方法都用，其中五级是优秀、良好、中等、及格和不及格，随着教学改革的深入，高等烹饪教育对学生学习的评价也逐渐融入普教的评价标准，重视学生的全面发展。

相对评价具有甄选性强的优点，因而可作为分类排队、编班及选材的依据，通过相对评价，可以使个体客观地判断自己在团体中的优劣情况，即自己所处的地位，同时，也有助于树立竞争意识。但是，相对评价的弊端也比较突出，其评价的结果只能概括了解学生成就在团体中的相对位置，不能确切了解学生对其所学究竟达到了何种程度。这种评价方法重视个体在团体内的相对位置和名次，它所衡量的是个体在团体中的相对水平，缺点主要体现在以下几方面。

第一，由于相对评价的着眼点放在个体差异上，不注重是否完成了既定的教学目标，结果导致学生争分、争名次，忽略了自身素质的提高。

第二，学业评价因有两头小、中间大的比例限制，很难反映出学生的进步状态。本来有的学生进步很大，成绩可评为优等，但因比例的限制，只好降低其等级。这种做法严重挫伤了一些学生的学习积极性。

第三，学生学业成绩的优劣，是评价教师教学成果的重要依据。因此，评定比例的限制同样也会挫伤教师的积极性。也就是说，不论教学质量有多大的提高，学生学习成绩的优劣比例都不会发生变化。

（二）绝对评价

所谓绝对评价，是指为判断完成既定目标的程度而进行的评价。这种评价的评价标准，是设在评价对象所在团体之外，与该团体无直接关系。也就是说，这个标准不受该团体的约束。但它必须体现国家对受教育者的基本要求，是将教学评价的基准建立在被评价对象的群体或集合之外，这个标准被称为客观标准。评价时把评价对象与客观标准进行比较，从而判断其优劣。实施绝对评价，是以个人的得分同既定的评价标准对照比较，从而判断完成任务的程度。

绝对评价所关心的是评价对象是否达到目标及达到的程度，它是以达到目标的形式把评价的内容表现出来的。因此，在进行绝对评价时所用的考试题目，其范围要广，综合性要强，并有一定的代表性。如果评价标准能够制订得比较科学、客观，那么被评价者只要与这个绝对标准相比较，就可以判断自己的实际水平究竟有多高了，即达到目标的程度。

绝对评价标准一般是教学大纲及由此确定的评判细则。为绝对评价而进行的测验一般称为标准参照测验，它的试题取样就是预先规定的教学目标，测验成绩主要表明教学目标的达到程度，这种测验的成绩分布通常是偏态的。低分多高分少，为正偏态；低分少高分多，为负偏态。绝对评价的优点是评价标准比较客观，如果标准设置、使用得当，可使每个被评价者都能看到自己与客观标准之间的差距，以便不断向标准靠近。另外，教学管理部门通过这种评价，可以直接鉴别各项教学目标的完成情况，明确今后的工作重点。绝对评价最主要的缺点是客观标准很难做到客观，容易受评价者原有经验和主观意愿的影响。

绝对评价的最大特点，就是有一个共同的客观标准可循。学生通过同这个既定标准对比，便能判断自己的学业水平。如果是实行标准化考试，学生的学业成绩在校际之间应该是等值的，即价值一样。也就是说，某学生在甲校是 90 分，转到乙校也应该承认这个 90 分，不应因学校的变动而造成分数贬值或升值。但是，当前学业成绩评定要完全做到这一点还是比较困难的，因为还没有实施绝对评价的规定和要求，即使有此评价活动，其评价标准又往往受到评价主体主观因素的影响，有失公平、公正。

（三）自我评价

自我评价是被评价者参照一定的评价标准，对自己的教学或学习情况进行分析、判断、总结的活动过程。它把被评个体的过去和现在相比较，或者是对他的若干侧面进行比较，这也是个体内差异评价。个体内差异评价方法分为横向评价和纵向评价两种。所谓横向评价是在个体的横断面上选取一个方面与其他方面相比较来评价某一方面的表现。例如，将学生的学业进步情况与学生的品德进步情况、健康发展情况相比较，可以了解学生学习成绩进步的相对大小。所谓纵向评价，即对被评对象的过去和现在进行比较，看其有哪些发展变化，是进步还是退步了。个体内差异评价的结论表示方式有数值和评语两种。横向评价主要采用评语方式指出个体的优势和不足。纵向评价多是采用数值方式来反映个体发展的趋势和进步程度。个体内差异评价充分注意了个体的差异和发展，能使评价者和被评价者准确了解到个体的优势和弱点及努力的方向，在评价过程中不会给被评价者造成很大的压力，适合于因材施教。但它既不与客观标准相比较，也不与别人比较，故容易使评价对象坐井观天、自我满足。

重视自我评价是现代教育评价的一个突出特点。随着时光的推移和教学评价的发展，自我评价越来越受到人们的重视，已成为教学评价的一种重要形式。这种评价方法充分照顾到了个性差异，在评价过程中不会给被评价者造成过大的压力。但是，由于自我评价时对评价标准的把握难以控制，也没有其他被评价者进行比较，难以判定被评价者的实际水平和差距。所以，自我评价常与相对评价结合起来运用。

三、按教学评价的分析方法分类

（一）定性评价

定性评价是指对不便量化的评价对象和内容，采用定性的方法，作出价值判断，具有人文化、情境化等特点。它主要是对评价资料作“质”的分析，运用分析与综合、比较与分类、归纳与演绎等逻辑分析方法，对评价所获得的数据、资料进行思维加工。分析的结果一种是描述性材料，数量化水平较低甚至没有数量化，而另一种是与定量分析密切结合的定性分析。一般情况下，定性评价不仅用于对成果或产品的检验分析，更重视对过程和要素相互关系的动态分析，以评价变量之间相互影响的过程。

（二）定量评价

定量评价是指将那些能够直接数量化的、而且存在量化途径的评价指标进行量化的评价方式，具有标准化、客观化、讲求效率等特点。它从量的角度，运用统计分析、多元分析等数学方法，在复杂纷乱的评价数据中总结出规律性的结论。由于教学涉及人的因素，各种变量及其相互作用关系比较复杂，因此为了揭示数据的特征和规律性，定量评价的方向、范围必须由定性评价来规定，二者密不可分、互为基础、互相补充，切不可片面强调一方而偏废另一方。

四、按教学评价的对象分类

（一）教的评价

教的评价是针对教师在教学上的表现作出价值判断和决定的历程。其步骤是依据教师表现的标准收集一切有关信息，其目的在于了解教师教学表现的优劣得失及其原因，从而协助教师改进教学或作为相关人事决定的依据。换言之，教的评价是以一定的方法、途径对教师在教学中的表现和效果如教师教学理念、教学内容、教学方法、教学行为、教学管理、教学资源利用、教学效果等作出价值判断和决定的一个持续过程，其目的在于增强教师的教学效能，促进教师的专业发展。教师可以从中获得反馈信息，及时调整教学计划，改进教学方法，采取必要的补救措施，以期收到最好的教学效果。

（二）学的评价

学的评价是指依据教学目标对学生知识、技能、能力、品德等发展进行测量分析，以鉴定学生的发展进步性而对教学实施价值判断的过程。学生是教育的对象，学校教学水平和质量的高低，最终体现在培养学生的质量上，因而学生评价是教学评价的关键。学生评价所涉及的内容比较多，范围也很广泛，应力求从多个方面去评价学生的发展进步情况。比如，对于认知领域、情感领域及动作领域中那些可以明确表述且要求所有学生必须掌握的学习结果，可以通过标准参照测验或掌握知识测验对学生的教学目标的达成度或者掌握程度作出检测分析。此外，评价者也可以通过对学生动态行为的观察、评价获得大量的有助于了解、判定教学状况及效率的真实材料，而有效地了解学生的学习情况，并能够促进教师有针对性地调整教学，从而促进学生进步。

（三）过程的评价

随着教学评价理论研究的深入，教学评价不但关注对学生学习结果的评价，而且由于强调教学过程中学生的主体性和教与学的互动性，教师与学生的相互影响贯穿于教学过程中，所以更加重视对整个教学过程进行监控和评价。教学过程的评价主要是对教学目标达成度、教学环节是否合理、课程内容是否完成、教学方法是否得当等方面的评价，即对师生双方通过教学达到目标的情况进行评价。

（四）课程的评价

课程评价是以具体的课程为对象，以判断课程的价值及其功能为目的的实践活动。随着教学评价的深入实践和评价的不断细化，课程及教材的评价作为独立的领域渐渐从教育评价中分化出来，形成了三种有代表性的模式：一是泰勒等在“八年研究”基础上提出的“行为目标模式”；二是美国著名评价学者斯塔夫比姆的“CIPP［背景评价（context evaluation）、输入评价（input evaluation）、过程评价（process evaluation）、结果评价（product evaluation）］模式”；三是美国斯克里芬的“目标游离模式”。

（五）课堂教学的评价

课堂教学是教学工作的中心，课堂教学的好坏是学校全面提高教学质量的核心问题。教学本身的复杂性决定了课堂教学评价的复杂性，至今仍没有一个统一的教学评价模式。综合国内外的研究成果，课堂教学评价主要包括以下几项指标：教学任务、教学目标、教学内容、教学组织、教学基本功、教学方法、教学效率和教学效果等。

（六）学习资源的评价

学习资源是指那些学生能够与之发生有意义联系的人、材料、工具、设施、活动等，如各种教学产品（设备、实物、标本、教学软件、网络资源等）。学习资源的评价主要是根据教学目标，测量和检验学习资源所具有的教育价值。

第三节　烹饪专业教学评价的内容与步骤

一、烹饪专业教学评价的内容

烹饪专业教学评价的内容很广泛，其中涉及范围广、影响面大的是课堂教学评价和学业成绩评价。若要使上述内容的评价能够实施，并得到认可，就需要具备完善的评价指标体系。

（一）烹饪专业课堂教学评价

烹饪技术不同于其他技术，以手工生产为主，对实践动手能力要求极高，因此对课堂教学的评价包括理论课堂评价和实验课堂评价。

1. 教学目的及任务　教学评价要求课堂教学应根据教学大纲、教材内容、班中学生实际情况和教学的整体性原则，制定出明确、合理的教学目标，提出恰当的教学任务，且能在教学各环节中围绕教学目的、教学任务进行教学，重要的是提高学生单位时间习得率。教学目标评价标准大体包括：一是教学目标的制定要符合本班学生的实际，力求达到目标明确、适度、具体、可操作，关注学生个体差异，因材施教，使不同学生在基础学力、发展学力、创造学力得到不同水平的发展。二是注重知识与技能、过程与方法、情感态度与价值观三维目标的有机整合。

2. 教学内容安排　在课堂教学中，既要引导学生掌握科学知识，培养能力，增强体质，又要使他们受到辩证唯物主义世界观教育和共产主义思想品德教育。总之，教学内容必须是科学性和思想性的有机统一，做到教书育人。教学内容评价标准大体包括：

一是活化教材，注意教材内容的整合，为学生提供现实的、有意义的和富有挑战性的教学内容。二是内容的呈现有助于学生的自主、合作、探究学习。

3. 教学方法和手段 恰当地运用教学方法和手段，可以改善教学的功能，提高教学的效率和质量，有利于促进学生掌握知识，发展能力，增强体质，提高审美观点。评价教学方法和手段的具体要求如下。在一节课运用的教学方法和手段，要有利于教学任务的完成；适用于教材内容的性质和特点；符合学生的年龄特征、知识基础和思想情况；适合于当时的教学环境和教师的自身特点。要求教师善于使用一般教具、教学仪器和电化教学的工具，有效地使教学方法和教学情境密切配合；充分发挥教材和教学资料的作用，有助于学生独立学习能力的培养。

教学中教师如设置引人入胜的情境，理论联系实际地启发，引导学生动脑、动手、动口，使课堂教学形成教师教得生动活泼、学生学得积极主动，师生关系和谐融洽的局面，体现出教师的主导作用和学生学习的主体作用。例如，烹饪与营养教育专业酒店服务类课程教学中，针对餐厅接待、服务知识，教师就可以通过人员分工在课堂中设置酒店接待服务情景，进行教学。

4. 教学的形式和结构 对于教学组织形式和结构来讲，要作整体评价，既要考虑对教育目的的作用，又要分析对本节课教学目标的实现情况，既要看到对学生今后学习的影响，还要考虑教师主导作用的发挥和学生主体作用的体现。要看评价课的形式和结构是否符合教材内容的特点、学生的知识水平和接受能力及教学条件等。切忌机械的、不求实效的形式主义的做法。要看一节课中各部分教学活动的时间分配和掌握是否恰当，如不分内容多少、主次、难易，一律平均分配时间，这显然是不合理的；必须充分地利用一节课的时间，不浪费一分钟。

5. 教师的教学态度 对于教学态度的评价应该做到以下几点。

第一，教师在课堂教学中，对知识的阐述、原理的分析和解释，要具有严密的科学性和逻辑性，对规律的探索要认真、严肃、不草率从事，对学生应该掌握的知识和技能，严格要求，从不马虎。

第二，启发鼓励学生独立和正确回答问题，按时完成作业，对回答问题和作业中的错误与不完整的地方，不排斥，不讽刺挖苦，要耐心启发引导，帮助学生找出问题的症结，直到得出正确的答案为止。

第三，对学习不努力、功课跟不上的学生，不歧视，不放弃，关心他，热爱他，耐心教育、帮助，使他逐步提高，赶上一般学生水平，做到因材施教。

第四，教态自然、端庄、亲切、热情，服装整洁、大方。

第五，教师在课堂教学中，要以自己严谨的治学态度、高尚的言行风范、渊博的学识才能去感染和影响学生。

第六，教师的基本功，教师的教学基本功对提高课堂教学质量有直接的作用，它也是评价课堂教学的一项重要内容。评价的具体要求是：板书设计合理、工整、简明，能成为学生获得知识的思路图和纲要信号图表，语言准确、清晰、简练，具有直观、启发性，语调抑扬顿挫、适当，用普通话教学。

第七，课堂教学效果。评价课堂教学效果时，不仅要看学生对知识的掌握情况，还要注意对能力和非智力因素的培养，注意对思想品德形成的作用和对学生个性品质发展的影响，要求课堂不仅是教书的场所，也要成为育人的阵地。

（二）烹饪专业学生学业评价

学生学业是反映学生发展水平和学校教育质量的核心指标。传统教育有时将学业成就与学习成绩混为一谈，往往以考试成绩代替学业成就，其实这是无法完整衡量出学生学业成就的。对于隶属职业教育范畴的高等烹饪教育来讲，要真正评价学业质量和教育效能，必须要满足整体上全面反映学生的发展这一教育目标的要求，所以学业评价比起当前的考试，无论是在形式上还是在内容上都要求更加规范和完善。

1. 烹饪专业学生学业评价的主体 烹饪专业学生学业评价是根据一定标准，对学生的学习活动进行价值判断的过程。这里的标准不单单是学校和社会的评价标准，也包括学生个体的内省标准。

从广义的评价主体来看，学生、家庭、教师、学校、社会均是学生学业成就的评价主体，学业成就的价值体现在它对学生、家庭、教师、学校、社会需要的满足。对学生而言，学业成就的终极价值是满足学生个体发展的需要，即学业成就所具有的促进学生全面、自由发展的价值。课程或学业活动有没有价值，主要应该看能不能满足学生的需要。对社会而言，学校、教师、家庭、社会则期望经过学业活动，在学生身上表现出某些属性，即某些预期的学业成就，人们希望表现在学生身上的某些预期的学业成就，在某种程度上能满足学校、教师实现其教育功能的需要，也能满足家庭对子女的要求，还能满足社会对未来人才规格的要求。因此，社会是通过学生的某些预期的学业成就来间接地对学生学业活动进行价值判断的。

可见，烹饪专业学生学业的评价主体是多元的，其中最基本的是学生个人与社会这两个评价主体。课程或学生学业活动的直接受益者是学生，是课程或学生学业活动的价值主体。学生通过学业过程满足其全面的、自由发展的需要，并实际得到发展。课程或学生学业活动的间接受益者是社会（包括学校、家庭），社会通过学生经历学业活动，成为社会所需要的成员，从而满足社会发展的需要。

2. 传统学业评价的弊端分析 传统的学生学业评价是以考试、测验为主要手段，以掌握知识多少为目标，强调学生学业评价的选拔功能和甄别功能。传统学生学业评价的根本问题是，仅仅以抽象的社会作为学业成就的价值主体，忽视学生自身的价值主体地位，以所谓的社会需要（主要是对学生知识掌握状况的要求）为目标，并强调通过传统考试来选拔和淘汰学生。从某种程度上看，学业成就就是学生的属性，评价学生的属性实际上就是对学生进行价值判断。因此，传统的学生学业评价把学生、学生学习成绩和学生学业成就混为一谈。烹饪教育隶属职业教育范畴，这种单一以学生学习成绩为评价标准的方式显然已经不能适应目前我国烹饪教育改革发展的需要。

具体说，其弊端主要表现为。第一，评价功能失调。过于强调评价的甄别与选拔功能，忽视改进、激励、发展的功能。第二，评价重心过于关注活动结果。忽视对教学活动发展、变化过程的动态评价。第三，评价主体单一。忽视被评价者自我评价的价值，基本上没有形成多元主体共同参与的、交互作用的评价模式。第四，评价标准机械、单一。忽视评价者的自我评价价值，没形成多元互动的评价模式；强调共性和一般趋势，忽略了学生、教师、学校的个性发展和个体间的差异性。第五，评价内容片面。过于注重学业成绩，忽视创新精神、实践能力、心理素质、行为习惯等综合素质的评价，或者缺少有效的评价工具和方法。第六，评价方法单调。过于注重量化评价和传统的纸笔测验，对体现新的评价理念的性质评价方法不够重视。第七，忽视对评价的反馈和认同。使评价的激励、调控与发展功能得不到充分发挥。

3. 烹饪专业学生学业评价的改革　职业院校学生学业评价既要关注学生学业的阶段性评价，更要关注学生学业的形成性评价，关注学生职业知识、职业技能、职业素质的目标达成度。因此，烹饪专业学生学业评价改革，应注意从以下几方面把握。

（1）确立发展性学业评价观　由于职业教育教学过程具有职业定向性的属性，因而学生的学业评价应以发展性评价的理念，注重学习过程等形成性的多元评价，通过评价促进学生达到职业教育培养目标的要求，更要发现学生的潜能，发挥学生的特长，了解学生发展中的需求，帮助学生认识自我，建立自信。发展性学业评价不同于水平性学业评价和选拔性学业评价，它是一种重过程，重视评价对象主体性，以促进学生发展为根本目的的学业评价。发展性学业评价的基本内涵表现为以下几点。

第一，评价的目的是为了改进，而不是为了检查和评比，关注学生内在发展动力，促进其不断完善，实现预期的目标。

第二，十分注重过程而不仅是结果，将形成性评价与终结性评价有机结合起来，使学生学业发展过程成为评价的组成部分；而终结性的评价结果随着改进计划的确定也成为下次评价的起点，进入学生发展的进程之中。

第三，在共性的基础上关注个体差异，关注人的全面发展，强调评价的民主化和人性化的发展，重视学生的主体性与评价对个体发展的建构作用。

第四，评价内容综合化。重视知识以外的综合素质的发展，尤其是创新、探究、合作与实践等能力的发展，以适应人才发展多样化的需求。

第五，评价标准分层化。关注学生之间差异性和发展的不同需求，促进其在原有水平上的提高和发展的独特性。

第六，评价方式多样化。将量化评价方法与性质评价方法相结合，适应综合评价的需要，丰富评价与考试的方法，如成长记录袋、学习日记、情景测验、行为观察和开放性考试等，追求利学性、实效性和可操作性。

第七，评价主体多元化。注重学生在评价过程中的作用，强调平等、民主、科学、开放、协商、共建，体现“以人为本”的主体性评价的价值取向。

（2）关注学业评价的职业导向性　学生学业评价的内容要转变为更加接近或体现职业资格标准内容。以职业资格为依据，按课程目标要求，设计促进学生学习发展的评价指标，采用多元评价，结合教师评价、家长评价、学生评价的方式，树立正确的学生观，充分尊重学生，促进学生的全面发展。

（3）建立开放型的学生学业评价方式　要改过去平面单一评价为立体综合评价，除了书面测试、口头测试，更要重视实践动手能力的评价，强调学生学业评价方法的多样化、综合化；要改过去一次定格评价为多次激励评价，充分尊重学生的个性差异，鼓励学生的学习积极性，形成良好的自我调整、自我需要、自我激励的学习机制。

二、烹饪专业教学评价的步骤

烹饪专业教学评价是一项比较复杂的工作，要想评价结果具有一定的可靠性和有效性，就应该研究烹饪专业教学评价的具体步骤。在一般情况下，烹饪专业教学评价的进行有以下几个步骤。

（一）明确评价目的，端正评价态度

明确评价目的，与教学评价方案的制订有着密切的联系，它直接影响着评价工作的安排、评价标准的确定、评价形式和方法的选择。同时，明确的评价目的不但使评价者和被评价者有了努力方向，而且使评价组织有了科学管理的依据。

以往教学评价存在走形式、走过场的现象，致使有些教师和学生对教学评价产生误解，认为教学评价是折腾教师、耍花样，并出现抵触情绪，态度不积极，影响教学评价的健康开展。为避免这种现象，需要运用反复宣传、正面引导、典型引路的方法，使教师、学生及有关领导正确认识和了解教学评价的意义，真正看到实际，进而明确目的，端正态度，提高参与教学评价的自觉性。

（二）制定和学习教学评价指标体系

在教学评价过程中，还需要认真细致地制定教学评价指标体系，它是评定教学质量的准绳，制定教学评价指标体系是教学评价的关键环节，它在很大程度上决定了评价结果的信度和效度，决定着评价工作的成败。制定教学评价指标体系必须以现代科学的教学思想为指导，以教学评价的目的和教学大纲为依据，从而明确哪些方法和哪些要素要评，哪些方法和哪些要素可以不评，哪些是主要的方法和因素，哪些是次要的方法和因素，使评价指标体系在现代科学的教学思想指导下，成为教学评价目的的具体化。

1．教学评价指标、教学评价指标体系的概念　评价指标就是根据一定的评价目标确定的、能反映评价对象某方面本质特征的具体评价内容，必须是看得见、摸得着的。指标是目标的观测点、测量点，是可以通过对客体的实际观察获得明确结论的。

评价指标体系是指不同级别的评价指标按照评价对象本身逻辑结构形成的有机整体。它是衡量教育评价对象发展水平或状态的量化体系，在教学评价方案中处于核心位置。评价指标体系是系统化的、具有紧密联系的、反映评价对象整体的一群指标或具体指标的集合。评价指标只能反映评价对象和评价目标的一个方面或某几个方面，评价指标体系则能反映评价对象和评价目标的全部，评价指标体系大致由评价指标、权重和评价标准三个系统构成。

2．评价指标体系建立的步骤

（1）确定评价对象　即明确评价对象是什么，以及评价的是其哪一方面的特征。例如，评价的对象可以是烹饪专业学生的理论学习成绩，也可以是烹饪专业学生的操作能力；可以是教师的业务素质，也可以是教师的课堂教学。

（2）分解要素，确定指标体系　将构成评价目标的主要影响因素分解成相互联系又相互独立的子系统，使评价目标具体化为可测量的指标。为使指标具有可测性，有时可能将评价目标分解为二级子系统、三级子系统或更细。例如，对饺子制作教学的评价，可以分解为对面坯调制的评价、对制馅的评价、对成型的评价、对熟制的评价。

（3）给评价指标分配权重　权重能体现指标的重要性。一般更为重要的指标被赋予更大的权重，每一级指标的权重有不同的意义，一个指标的权重表明的是它与同级指标相比的重要性程度。

（4）量化指标并确定标准　指标要做到可数量化，即可以通过具体的行为加以表征。在这一步中要明确指标测量时所采用的测量工具和评定方法。然后是明确指标数量化的具体标准。

3. 评价指标体系的设计要求

1）一致性。既要使评价指标与评价目标一致，又要使下一层次的指标与上一层次的指标一致。

2）可测性。评价指标系统中末级指标（最低层次指标）要用可操作化的语言加以界定，它所规定的内容可直接测量，以获得明确结论。

3）可比性。评价指标必须反映评价对象的共同属性，反映评价对象属性中共同的东西。

4）独立性。在指标体系内同一层次的指标必须各自独立，指标间不能相互重叠和包含，不能存在因果关系，不能从一项指标导出另一项指标。

5）完备性。设计出来的指标体系必须是一个完整、协调的系统，能够全面地、毫无遗漏地反映评价目标或上一层次指标。

6）可行性。设计评价指标的数量和评价标准的高低都要适中。有足够的信息、人力、物力和切实可行的量化方法可供利用。

7）可接受性。设计的评价指标必须经过人们的努力方能达到。

4. 设计评价指标体系的方法

（1）*初拟评价指标的方法* 初拟评价指标是评价目标分解，使其具体化和可操作化。其步骤是把教育的总目标分解为次级目标（或称一级指标），再将次级目标分解成为二级目标。由高到低逐层进行，越是下一级指标，越是具体、明确、范围小，直至分解到指标可以观察、测量、操作，形成末级指标为止。这样形成一个从一级到二级，直至末级的指标系列。分解教学目标或评价目标是一个逻辑分析过程，必须保证设计的指标能体现评价对象的本质和主要内容，不但要做到全面没有遗漏，而且要做到没有重复，同时要做到将不重要的和非本质的内容从指标体系中删除。最后使评价的指标体系有较高的概括性和充分的代表性。初拟评价指标时要请有经验的专家根据评价对象的本质特征拟定和编写评价指标，拟定指标常采用的方法有头脑风暴法、理论推演法、典型研究法。

（2）*筛选评价指标的方法* 初拟评价指标一般数量较多，有些能反映评价对象某方面的本质特征，符合评价指标设计的原则，但也有些评价指标不符合设计原则的要求，评价指标相互包含、交叉、矛盾、互为因果关系。因此，还要对初拟指标进行比较、鉴别、筛选、归类合并，形成符合要求的评价指标系统。进行这项工作的方法有专家个人经验法、调查统计法和主成分分析法。

专家个人经验法是请专家根据其经验判断评价指标和取舍。采取这一方法时对专家的个人水平要求较高，专家应该有很深厚的专业知识，同时要有从事评价工作的丰富经验。这一方法比较容易实施，而且效果也不错，但有时仅靠专家一个人的经验难免主观片面。

调查统计法指同时调查多名专家学者，然后根据对其意见统计来决定评价指标的取舍。通常是将初拟的评价指标编成问卷，初拟指标的每一项都是问卷中的条目，然后请专家对每一条目表达出取舍意见，或判断其重要性程度。统计专家的问卷结果，将专家认为不需要或不重要的条目删除。

主成分分析法是一种多变量统计技术，其实质是将为数众多的观测“变量”缩减为少数不可观测的“潜变量”（又称因素，或公共因素、公因子等），用最少的因素概括和解释大量的观测数据，从而达到简化观测数据、建立起简单结构的目的。通过分析所发现的因素是高度概括的，用它们能描述观测变量中的大部分信息，而且使观测数据容易解释。就是说主成分分析可以将意义一致的条目聚集成类，研究者可以根据分析结果作出取舍决策。例如，如果分析发现有近一半的条目测量的是同一部分内容，这方面的条目就应大大压缩。当然主成分分析法本身也不是非常完善的，有时甚至会得出与事实不相符的结论，这一方法只能为指标体系的合理性提供一定程度的佐证，指标体系的真正建立还要依赖本领域的理论知识。

为了充分发挥教学评价指标体系的作用，必须认真学习和研究评价指标体系。因为指标体系的文字都比较简练，也很概括，如不进行深入的学习、研究和领会，就不能掌握其精神实质，教学评价的功能就不能得以体现。

（三）确定评价方法

教学评价方法就是评价者为了完成教学评价任务、实现教学评价目的所采用的办法和手段。任何一项教学评价活动，在明确评价任务之后，都必须采用适当的评价方法。否则，要完成教学评价任务就是一句空话。教学评价方法有针对学生评价的方法，也有针对教师评价的方法，它们存在着交叉，因此我们把对教师和学生的评价方法放在一起学习。

1. 教师教学评价方法　教师教学评价方法有很多，确定用哪种评价方法必须根据教学评价目的、教学评价指标体系，既注意评价方法的全面要求，又不能主次不分，一定要讲实效，使评价方法具有科学性、灵活性和实践性。所谓科学性，就是指评价方法要适当、准确、客观。所谓灵活性，就是指评价方法要灵活多样，凡能用测验和考试方法收集评价信息的，就用测验和考试进行考查。如不能用测验和考试方法进行收集评价材料的，则采用观察、问卷、谈话等评价方法加以考查。所谓实践性，就是指评价方法要从实际出发，便于操作，注意实效，不搞形式。具体评价方法包括以下几种。

（1）*观察法*　观察法是收集教学评价信息的基本方法。它是评价者根据教学评价指标的要求，有目的、有计划地直接对评价对象进行察看，以获取评价信息的方法。观察法主要用于收集不易直接量化的评价信息。学校教学中不易量化的指标很多，如教学指导思想、教学能力和教学中的非智力因素等，都需要从观察中获取评价信息，观察法虽然不及测试法精确，易受评价者态度、情感等主观因素影响，但是借助此法往往可以获得许多有价值的第一手资料，而这些信息用其他方法是难以得到的，如教师的态度方法、学校教学的环境气氛，以及学生的态度兴趣、习惯、创造性、价值观等都需要通过观察法收集充分的信息资料。观察法有以下几种。

1）自然观察：这是一种不加任何控制的自然状态下的观察，如对教师平时的备课、上课、辅导、作业批改和教学态度等进行不通知本人的观察，这种观察设计的时间长、范围广，易于发现被评价者内心的真实状况，缺点是不易把握重点。

2）选择观察：这是只在某一时间或特定场合对评价对象有目的地进行观察，如上课预备铃后，对全班同学的课前准备进行观察。

3）实验观察：这种观察是在相当严密的条件控制下，调控被评价者的行为反应，以及一并进行关联性观察，如对学生进行心理实验，观察其动作反应，在教学评价中常用的是自然观察和选择观察。

不管用哪种观察方法，要想取得有价值的评价信息，都不是一件容易的事。这就要求评价者在运用观察法时必须注意以下几点，要有充分的准备，要及时做好记录，运用理智对获得的观察信息进行分析，去伪存真。

（2）调查法　调查法是对评价对象有计划地获取有关评价资料的一种常用方法。在教学评价中，按确定调查对象的方式可分为全面调查和非全面调查。全面调查是对所有被调查对象的全面性普查；非全面调查分重点调查和抽样调查两种，重点调查是选择对实现评价目的有典型意义的单位、人或事的调查，抽样调查是从涉及的全部研究对象总体中选取一部分样本加以调查，选取样本的方法主要有简单随机抽样、分层抽样、整体抽样三种，在教学评价中，可以根据具体情况和要求选用合适的方法。在教学评价中，根据收集信息的性质可分为证实性调查和问题性调查两种，证实性调查是对已知材料加以证实或否定的调查，如听到教师对学生作业批改不认真的意见，通过调查来证实意见的真实性。问题性调查是对某一问题或某一事件的情况不清楚、不了解，通过调查来摸清情况，弄清问题实质的调查。在教学评价中，调查的方法又可分为谈话法、问卷法和自我汇报法等。

（3）查阅文献资料法　这种方法是根据评价目的和评价指标的要求，通过查阅有关文献资料获取评价资料的方法，学校中有许多文献资料，如学校的教学计划、教学管理的规章制度、学校教改计划、教学总结、学生的学习册、教师的教案和教学研究会议记录，这些文字资料，有的是国家颁发的教学指导性文件，教学中必须贯彻执行，有的是学校教学活动情况的真实记载，它能反映教学工作的真实情况。教学评价应该查阅这些文献资料。例如，通过翻阅学校的教改计划，教学研究会议记录和工作总结等材料，就可获得教学改革的评价资料；通过查阅分析历年来学生的学习成绩登记表、毕业生情况调查登记表和教师教学改革和教学研究成果等材料，就可获得学校教学动态和教学质量这些评价指标的信息。在教学评价中，运用此方法，应注意以下几点：评价者要根据教学评价指标，明确查阅哪些资料，制订查阅计划，确定人员分工；提前通知教学管理人员把要查阅的文献资料整理好提供给查阅人员，查阅教学文献资料的人员必须具备一定的教学业务知识和洞察力，通过查阅文献资料获得教学评价所需要的信息；同时要善于抓住典型的有代表性和反映教学评价对象实质的材料，尽量和观察方法获得的情况相结合，既有书面材料，又有实例，以便提高教学评价的态度。

（4）测验法　测验法是对行为样本的客观化和标准化测量，主要包括三个要素：行为样本、标准化和客观测量的评价指标。行为样本，意味着过程测验的行为样本应该是相应行为领域的一个有效代表；标准化就是要求测验的编制实施评分及对测验分数的解释等环节，都应该依据一套系统程序；客观测量的评价指标包括构成测验的题目质量、测验的信度和效度。

1）测验的编制。

第一，确定测验目标。对于教育教学测验而言，目标就是教育教学目标，根据布鲁姆等的研究，教育学的教育目标可以分为三个领域；即认知领域、情感领域和动作技能领域，每一个领域还有若干个子项目，教育教学测验目标就可以据此来确定。例如，面点工艺学试验课测验目标，就是要求学生掌握面团调制技法、馅心制作技法、面点成型技法等。

第二，选取测验内容。测验的内容多是从教学内容中抽取出来的一组小样，而且通常还只能是一组极其有限的小样，所以测验内容的选取一般要通过双向细目表来确定，命题的双向细目表可以解决如下三个问题：测验内容中所涉及的每一个内容范围的相对比例；测验目标中所涉及的每一个层次目标的相对比率；每一个目标层次在每一个测验内容范围内的相对比例。根据上例，面点工艺学学习的其中一个目标是掌握面点成型技术，那么我们可以选取“包”为测试内容。

第三，确定题目形式与测试形式。依据测验手段的特征来划分，测验形式主要有口头测试、纸笔测试和实践操作测试等，应根据接受测试的情形来划分，测验形式有个别化测试和团体测试两种。测验题目形式主要是主观性题目、客观性题目和实践性题目。而针对“包”这一技法，可以设置成实践性题目。

第四，测验题目编写的原则。测验题目编写的一般原则如下：测验题目要反映测验的目的，并对其所测量的内容有代表性；测验题目适合于被测者能力水平，且能区分出不同被试者的水平；测验题目所提供的信息，不能对答案有暗示作用；测验题目之间相互独立，不能相互暗示；提纲要简明，以免被试者找不到重点，避免双重否定的语法；题目的叙述要简明易懂，杜绝使用晦涩的语言；题目要有唯一的正确答案，避免涉及社会经济和个人隐私的内容。例如，“包子的制作”。

第五，确定测验的题量与时间。要求在单位时间内 90% 以上的学生能完成所有测试内容。例如，要求 10 分钟内，每人包 10 个包子。

2）测验的分析。

第一，测验质量的定性分析。测验质量的定性分析就是依据测验编制者的知识和经验，通过逻辑判断和推导，对测验作出性质评价。主要评价以下几个方面，测验目标是否恰当，测验题目类型是否能达到测验目标要求；检查命题双项细目表中测验目标与测验内容的权重是否合理，测验内容对教学内容是否有足够的覆盖率，测验内容是否与测量表相符；反思测验题目的编制是否符合相应的命题原则或方法；考查测验题目内容与数量的搭配是否与命题双向细目表的要求相符；检查测验题目的编排与组织是否合理，测验的印刷有无错误。

第二，测验质量的定量分析。测验质量的定量分析是依据预测所收集的数据资料，运用数理统计的方法，对测验的可靠性、有效性和测验题目难度、区分度等进行的定量评价。包括以下几项。

测验的题目分析。测验的题目分析主要包括题目难度分析和题目区分度分析。题目难度就是测验题目的难易程度，即题目对被试者知识和能力水平的适合程度的指标。题目难度通常用通过率来表示和计算，就是以通过或正确解答某题目的人数比例作为该题目的难度指数。

测验的信度和效度分析。测验的信度又称为测验结果的可信程度，它是指测验结果的稳定性或一致性。从被试者来说，在同一测验的多次测试中能获得相似的分数，从主试者来说，不同的测量人员能给出相似的分数，如判断饺子皮的质量，准确称量要比称量估算可信度高。测验效度是指测验结果的正确性或准确性。也就是测验分数能正确反映测量想要得到的内容和特征。如果一个测验能真实地测出所要测量的特征，这个策略或测量表就是有效的。

测验过程的标准化分析。测验过程的标准化分析是指测验的编制、实施、评分及分数的解释这一完整过程的一致性。测验过程的标准化分析主要有如下要点。一是测验题目的标准化。对测验中的每道题目进行难度和区分度分析，修改或淘汰不符合各项指标要求的题目，把符合指标要求的题目留下编入测验。二是测验实施过程的标准化。为测试的实施过程制定同一标准，即确定测验条件相同的标准。除了指导语和时限、材料等测验本身因素的统一外，还应该对测验周边环境或条件进行控制，以保证测验条件的统一。三是检测评分的标准化。标准化检测的评分要求客观、公正，及时并清楚地记录被试者的反应，确定标准答案表或正确反应表，将被试的反应与记分键进行比较，给被试者的反应评分。四是测验分数解释的标准化。这一标准化是指从同一分数应该能够得到相同的解释和推论。对于常模参照测验而言，就是要建立"常模"，作为分数解释的依据，而对于标准参照性检验来说，就是要对测验所包含的内容尽可能地作出清楚的定量描述。五是测验说明书的标准化。这一标准化是指正式测验编制完成之后，还应编制一份包括对以下问题作出清楚描述的说明书。其内容包括测验目的和功能；测验编选题目的依据；测验实施程序、时限和注意事项；测验的评分标准；测验分数解释的依据；测验的信度和效度及其计算方法。

对学生进行评价除上述方法外，还有表现性评价和成长记录袋等评价方法。表现性评价是指通常给评价对象提供一个要求较高的任务，然后要求评价对象来完成（口头、书面或创造产品），然后依据其完成的"产品"性质进行价值判断的教学评价。成长记录袋就是把个人的成果系统地收集起来，放在一个合适的容器如文件夹、档案袋（目前还有软盘、光盘等）中，每过一段时间，根据所收集的内容对学生的进步或进步过程等进行评价，以这样的方式进行的评价就是成长记录袋评价。

（5）其他评价方法　教师教学工作评价要注重发展性评价，要以现代教师发展观为引导，以促进教师业务发展为目的，建立促进教师不断提高教学水平的评价机制，建立以教师自评为主，校长、教师、学生、家长共同参与的评价体系，制定和完善各种评价程序和标准，充分发挥教学评价的导向、诊断、激励、反思、改进和发展功能，使教师从多种渠道获得发展和改进信息，对自己的工作作出客观评价和有深度的反思，促进教师的专业教学水平不断提升和发展，不断提高教学质量。教师教学工作评价的方法很多，主要有教师自我评价、学生家长评价、同行评价、专家评价及领导评价等，这些方法往往在教师教学工作评价中联合使用，以使评价的结果更加具有客观性和接近事件的真实性，评价者和被评价者更加容易接受评价的结果。

1）教师自我评价。教师自我评价是发展性教师教学工作评价的核心，是指教师通过自我认识，进行自我分析、自我评价、自我判断，从而达到自我提高的过程。教师自我评价对教师而言，需要具有支持性和信任性的教师自我评价氛围；要建立和完善系统的可操作的教师自我评价指标体系；对教师的教学工作自评结果要重视并发挥自评结果的引导作用；学校要非常慎用教师的教学工作自评结果，不直接与教师的奖惩挂钩；还要注意与他评等评价方法相结合，促进教师自我评价、反思能力的提高。同时，学校要加强教师自我评价工作的管理和引导，防止教师自我评价过程中因过高或过低评价自我，影响教学工作情绪的不良现象发生。

2）学生、家长对教师的评价。建立学生、家长共同参与的教师教学工作评价体系，是发展性教师教学工作评价的重要内容，旨在帮助教师从多种渠道获得信息，不断提高教学水平。

首先，学生参与教师教学工作评价。学生作为教育的对象，是教师教学活动的直接参与者，他们对教师的教学活动有着最直接的感受和判断；其次，教育的最终目的是为了促进学生综合素质的全面发展。因此，学生参与教师教学工作评价是学生应有的权利。此外，学生参与教师教学工作评价，能加强对教师教学活动的监控，有助于促进教师反思教学工作习惯的形成，促进教师反思能力的提高。

学生参与教师教学工作评价有两个担忧。一是学生是否讲真话。由于教师拥有对学生行使各种奖惩的权力，再加上传统思想中“师道尊严”观念的影响，可能有一些学生因担心对教师教学工作评价引起的不良后果而不敢讲真话，尤其是面对教师教学工作中存在的问题时，学生担心评价结果不好时，教师会把不满情绪迁移到教学中，最终吃亏的还是学生自己。二是学生的评价是否客观。由于学生受年龄、知识和社会阅历的限制，对教师的工作、生活了解不全面，可能会产生“盲人摸象”的片面评价；学生不能透过现象看本质，不能从发展的角度来认识和理解教师的良苦用心，把“好”评为“坏”。这些会使教师对学生参与教师教学工作评价的客观性产生怀疑。更有一些教师担忧那些“刺头”学生会借此发泄不满，攻击教师，提出不合理的看法。在学生参与教师教学工作评价中，学校要采用相应的对策，使得评价结果更接近客观事件的真实性。始终做到：第一，从态度上信任学生，学校和教师首先要相信学生是友好的且有能力判断的，相信他们参与教师教学工作评价有助于促进学生自身的发展。在这种积极心态的引导下，以一种诚恳、开放、民主的态度，将这些信任的信息传递给学生，从而引导绝大部分学生以一种客观公正、严肃负责的态度参与到教师教学工作评价中来。教师应清醒地意识到，无论是否给予学生参与教师教学工作评价的机会，学生对于教师教学工作的判断和评价是客观存在的，他们的意见随时都有可能从不同渠道、以不同的方式反映出来。与其这样，不如以坦诚的态度通过参与教师教学工作评价的方式将学生的意见和建议引向促进教师教学工作水平提高的健康、积极的方向，在良性循环中不断促进教师的教学工作发展。第二，分析评价结果，珍惜了解机会，教师要端正心态，对评价结果进行分析，勇于面对问题，不要纠缠于结果的公平性等问题中，而真正需要反思的是隐藏在这些问题背后的教育教学思想、行为、方法，学生的深层次的需求，以及考虑自己的教育教学在哪些方面需要改进。教师更应该珍惜这样一种与学生直接沟通的机会，在相互了解中达到互相理解、澄清误会和解决问题，赢得更多学生的尊重、支持和信任，更有效地开展教育教学工作。第三，综合分析多方信息，不草率下结论，要以冷静公正的态度处理学生多种的评价结果，不以牺牲教师的利益来讨好学生，也不以维护教师利益而生硬地拒绝学生的意见。要对来自多种渠道的信息进行综合分析，给学生反映权、说明权和知情权，给教师解释权、申诉权，慎重下结论。在分析评价结果时，要注意甄别很差的评价结论，如果这种很差的评价结论明显带有学生的主观色彩，在进行结果总体分析时，应该去掉这部分很差的评价结论，从而保证评价结论的真实性和客观性。第四，对学生进行引导，在学生参与教师教学工作评价之前，对学生进行必要的引导和培训，如帮助学生了解参与教师教学工作评价的目的和内容，熟悉教师教学工作评价的过程和程序，以及如何使用教师教学工作评价工具或技术等。

3）同行专家评价。这其实是教师之间的相互评价，由于教师之间经常相互交流，对相互的课程知识又比较了解，所以同行专家评价更能从内涵方面给出一个客观的评价结果。一般情况下，学校可采用的同事评价方法主要有：通过发放“教师教学工作评价表”对同事的政治思想、业务水平、工作态度、工作实绩进行评价，如对遵守教学常规情况、课程教学质量、学生综合素质培养情况、教学方法应用情况、教师外在内在形象、学生班级管理情况等进行评价。同事评价的目的是发现评价对象的优点和不足，以便取长补短、互相学习、共同提高，切忌在评价中相互闹矛盾。为了真正作出客观、合理、有价值的评价，避免教师间的摩擦或矛盾，评价结果不直接与教师的各种利益和名誉挂钩。

4）学校或管理者对教师的评价。学校或管理者对教师的评价是指学校教务处、督导组等对教师进行评价。一是学校通过平时的各项起初、期中、期末检查，课堂听课，参加教研活动，收集同行、学生的评价分数或意见等，根据评价体系要求，对学校的每一位教师作出恰当的评价，作为期末评价量化的依据；二是通过讲课大赛、技能大赛等从中不断发现优秀人才，为优秀教师搭建发展的平台，促进其向更高水平发展；三是对存在一定问题的教师随时督促指导，促进其在原有的基础上有所发展。

2. 学生学业评价方法 学生学业评价可以采用多种方法，教师可以从实际出发，根据不同情况采用适当的方式，由于课堂是千变万化的，没有任何一种方法能适用所有的情况。

（1）提问评价 在对学生进行口头提问时，应注意精心设置些开放或半开放性的问题，通过正面鼓励与激励，以充分暴露学生已有的知识和思维过程，确立学生的学习起点，以及当时的学习水平，从而有针对性地进行教学，教师可以对全班学生分阶段、分批次、有针对性地进行提问，在这一评价环节中，只要学生能够积极回答问题，勇于暴露自己的真实思维，就应给予较高的评价，切忌所提问题形式化。

（2）日常作业评价 在进行日常作业检查时，应明确学科的日常作业可以包括学生的课后练习、探究性实验报告、单元知识总结等。教师在以往判出正误、给出等级的同时，还应适时针对学生出现的问题提出改进性建议，帮助学生尽快进步，也可以通过学生对自己日常作业的整理，进行自我评价、反思，寻找适合自己的学习策略。

（3）日常行为观察评价 日常行为观察法是指在平时对学生的各项学习活动行为表现的观察记录，并由此大致判断学生达到某种等级水平的办法。例如，情感领域教育目标的测评不能像认知领域那样要求学生给出最高表现，也没有标准答案，影响因素较为复杂，学生在情感领域的发展水平总是表现在外部行为、习惯上，因而可用观察法来测评学生情感领域的发展水平。

（4）实验活动性表现评价 实验活动性表现评价是通过观察、记录和分析学生在实验学习活动中的表现，对学生的参与意识、合作精神、实验操作技能、探究能力、分析问题和解决问题的思路及能力、知识的理解和认知水平及表达交流技能等全方位的评价。评价的结果以简单的方式加以记录，在比较分析基础上，给出恰当的反馈，激励学生进步。

（5）测验评价 测验作为考查认知领域的一种传统的评价方式为我们继承使用，但应根据课程改革的需要作出相应的改进，知识和技能考核的重点不要放在知识点的简单记忆和重现上，不应孤立地对基本技能进行测试，而应放在解决实际问题的背景中去评价，从知识的整体联系上去考核。对烹饪专业学生的评价应与职业技能鉴定考核相结合，重在开放性试题的考核。

（6）推行多元化评价　多元化评价是指用多种评价手段、多种评价方式、多个参与主体来衡量学生的学习效果。对学生学习的评价不仅要关心学生学习的结果，更要关注他们学习的过程。只有关注学生学习的过程，才会及时反映学生的真实学习现状，才有机会采取有效的措施，调动和激励学生的学习积极性，从而得到良好的学习效果。在过程性评价中，要特别注意评价方式和评价主体的多元化，把学生自评、小组互评、教师评价等多种评价融合为一体，把口头测评、书面考试、实践检测等评价手段结合起来。或进行政、校、企、生四方综合评价，积极调动和发挥各方的优势。

（四）按计划实施评价

明确教学目标、目的和确定教学评价方法之后，还必须按计划实施评价。教学评价计划是实施教学评价的行动纲领，它反映了教学评价的目的、方法、步骤和时间安排等问题。如不按计划实施评价，会使评价工作先后无序，顾此失彼，造成评价工作紊乱，效率降低，不能完成教学评价任务。

（五）写出评价结论

根据全体教学评价人员的评价结果，评价的组织机构要准确地写出教学评价结论。教学评价结论应用定量和定性相结合的方式表示，对被评价者作出关于教学水平或学业成就是否达到标准的结论。写教学评价结论时，应做到客观、公正、准确。

（六）进行评价信息反馈

教学评价的最后一步，就是要根据评价的结果向有关组织或个人进行信息反馈，提供改进教与学的建议。这一环节工作的质量高低，直接关系到教学评价的作用能否得到充分发挥。进行教学评价信息反馈的主要内容包括以下几个方面：第一，向被评价者反馈有关教学评价信息；第二，向有关教育领导机构或领导者反馈评价信息；第三，向教学评价工作组织反馈评价信息；第四，学生学业成就评价的信息也需要选取适当的途径向家长进行反馈。

教学评价可以按照上述6个步骤进行，也可以根据实际情况对上述步骤进行改进或完善。

本章小结

本章主要阐述烹饪专业教学评价概述、烹饪专业教学评价类型、烹饪专业教师教学工作评价、烹饪专业学生学业评价，重点内容为教学评价类型，难点为教师工作和学生学业评价。

思考练习

1. 教学评价的功能是什么？
2. 教学评价原则有哪些？
3. 烹饪专业教学评价类型有哪些？
4. 教师教学工作评价包括哪些内容？
5. 学生学业评价包括哪些内容？

第六章 烹饪专业教学研究

学习目标

通过本章的学习，使教师掌握教学研究的内容，开展教学研究教师应具备的素质，选题的方法，并能指导学生开展教学研究，进行毕业论文的写作。

知识导入

现在的教育已经进入一个新的历史阶段，应试教育逐渐向素质教育、创新教育阶段过渡。教育新观念，新思想不断涌现。那种传统意义上的“两耳不闻窗外事，一心只读圣贤书”的“钻在故纸堆”中的人，已经很难适应当今的教育发展需求。作为一名合格的烹饪教师，除了要具备必要的科学文化素质、专业操作技能以外，还要掌握必要的教育教学理论，如教育学、心理学、教学法等。此外，还要不断进行教学研究，尤其要对教学方面、关键工艺方面、新技术方面等进行研究。

第一节 烹饪专业教学研究概述

一、烹饪专业教学研究的含义

烹饪专业教学研究是指在烹饪教学、科研过程中一种有目的、有计划、主动探索教学实践过程中的规律、原则、方法及有关教学中亟待解决的问题的科学研究活动。

通过教学研究，可以架起课程理念和教育理论转化为教学行为的桥梁，促进先进教学经验和优秀研究成果的提炼和传播，促进教师的专业发展和改进教学；教学研究可以促使教师的角色由传授型向研究型转变；教师在教学研究过程中也可以体现自身的价值，体验成功的乐趣。一个教师如果不重视研究，或许他可以成为一个经验型的教师，但肯定难以成为学者型、专家型的教师。当然，影响教师专业化发展的因素有很多，其中教学研究是不可或缺的方面。因此，教学研究是现代教师的一项基本功。

新一轮教育课程改革，是一次教学观念与教学方法的大变革，烹饪专业教育对教师提出了更新更高的要求。要求教师除了具有高尚的职业道德、良好的心理素质、扎实的专业知识和较强的动手能力外，还应具有从事本学科教育、教学研究、科学研究，运用确切的语言、文字表述自己教学经验、研究成果的能力。特别是随着课程改革的实施，各级教育行政部门越来越重视教师的专业发展与个人成长，于是针对教师的各种荣誉称号，如教学新秀、教学能手、学科带头人、名教师、科技成果奖等的评比接踵而至，还有评定职称要求在某一层次的刊物上发表几篇论文，指导学生毕业开展毕业论文，这对提高教师的学科教学素养无疑起到了积极的促进作用。

二、烹饪专业教学研究的内容及方法

（一）烹饪专业教学研究的内容

1. 烹饪专业教学特点 教学特点是教学过程中表现出来的一种特性，烹饪专业隶属职业教育范畴，与其他专业相比，其教学特点既有相同之处又存在许多不同，因此对教学

特点的研究，直接影响人才培养的方向及教师对教学内容的把控。例如，烹饪专业教学对基本技术要求较高，针对这一特点，教师在教学中就应该加强对学生实践动手能力的培养。

2. 烹饪专业教学方法 教学方法分为传统教学方法和专业教学方法，在教学过程中，传统教学方法有其特有的优点，因此教学中采用较多，但是传统教学法多数是以教师为主体，不符合现代的教育理念，而且烹饪与营养教育专业属于新兴专业，如何在教学中发挥学生的主体作用，对专业教学方法的研究至关重要。例如，项目教学法将烹饪工艺进行分割，形成单独项目，进行教学，这样有助于思路清晰，便于开展教学和研究。

3. 烹饪工艺过程 工艺过程是烹饪产品制作的关键，传统的烹饪生产完全以手工操作为主，凭借的是经验，特别是操作过程中讲究适量、少许，很多环节没有明确的评价指标等，随着食品科学的发展，标准化和中央厨房成为烹饪发展的新方向，因此对烹饪工艺过程的标准化研究势在必行。例如，“烹饪过程中油温的控制”，传统烹饪过程中，油炸时对油温的要求是几成热，对于初学者来讲很难控制，如果采用电炸锅或红外温度测定仪，就很好掌握油温了。再比如，同一个菜品，不同的人做会有不同的味道，就算同一个人分别做两次，味道也会有差别，如有些饺子馆就采用中央厨房生产，统一配送，制作出的饺子味道、大小、形状基本相同。

4. 烹饪新产品的开发 烹饪新产品的开发包括菜品的开发、面点的开发和烹饪原料的开发，这一过程涉及烹饪领域和食品科学领域的交叉学科。例如，马铃薯在中国传统饮食结构中属于副食品，但随着国家马铃薯主粮化计划的开展，马铃薯被制成马铃薯面粉，这属于食品科学领域的研究，而接下来如何运用到烹饪中，则是烹饪领域需要解决的问题。

5. 烹饪文化的历史传承和发展 中国拥有5000年的饮食文化发展历史，也被誉为“烹饪王国”和“烹饪古国”，但是对于某些饮食文化现象、饮食发展规律、炊餐器具等的研究并不系统，如何让中国饮食文化传承和发展是饮食文化研究界的一个重要课题，如饮食资源的开发及饮食旅游线路的发掘等。

6. 烹调原理 烹调原理的研究包括烹饪过程中的刀工力学、蛋白质的变化、热传递的过程等。传统的烹饪只讲究经验，产品的评价强调“适口者珍”，对烹饪过程变化的机制研究甚少，随着食品高新技术的发展，检测技术的进步，对烹饪加工过程中机制的变化研究成为可能。

（二）烹饪专业教学研究的方法

现在的烹饪教育已经进入一个新的历史阶段，更加注重技能型人才培养。教育新观念、新思想不断涌现。那种传统意义上的“闭门造车”的“师徒训练”，已经很难适应当今的教育发展需求。作为一名烹饪教师应当积极采用不同方法进行教学研究。教学研究的常用方法很多，主要有以下几种。

1. 经验总结法 经验总结法是目前世界各国运用最多的一种教学研究方法，是指对先进教育教学经验进行科学总结的研究方法。这里的经验一般是指来自教学实践的直接经验，在经过准确、真实、足量的记录，认真筛选、核实、验证，以及理论化后的教学经验。所以，教育经验总结就是一种有目的、有计划的，以发生过的教育事实为依据，通过现场观察、访问和调查来搜集经验性材料，对经验现象进行思维加工，从而获得比较深刻、比较系统的教育知识的研究活动。

2. 调查法、观察法 调查法是指为了达到预设的目的，按照一定计划，系统地收集、研究调查对象的各种材料，并进行分析、综合，从而得出结论的研究方法。其目的是收集一些典型数据和材料，既可以全面把握当前的状况，也可以揭示存在的问题，弄清前因后果，为进一步的研究或决策提供观点和论据。调查法既可以采用访谈法、电话调查法，也可以采用问卷调查法。在大范围进行情况调查时往往采用问卷调查法。问卷调查通过收集资料，然后作定量或定性的研究分析，归纳出调查结论。采用问卷调查方法时，根据需要确定调查主题，然后围绕这个主题，设立各种明确的问题，作全面摸底了解。问卷有开放型问卷和封闭型问卷（也叫结构型问卷）。

观察法是运用感觉器官来观察研究的现象、对象的方法。运用观察法，必须及时将观察的情况记录下来，作为教学研究的第一手材料。

3. 实验法　实验法是指在一定规定的条件下，严格按照课题的要求进行操作，以得出真实的实验数据。这种研究方法一般包括实验选题、实验设计和实验实施三个步骤。其中最重要的是提出理论假说，确定实验因子（可操纵的因素），控制实验，进行科学的验证及实事求是地推断结论，作出评价。实验法的关键是要事先制订出严密的方案，并按照实施方案的要求严格进行研究。

4. 行动研究法（实证研究法）　行动研究法（实证研究法）是采用调查研究方式对教学实际情况作深入细微的剖析，再经过归纳、概括、提升后得出有关结论的研究方法。行动研究法（实证研究法）一般要经过设计调查问卷、统计分析、差异性检验与结果分析几个阶段。这种方法在欧美各国使用比较广泛，近年来在我国已有不少研究工作者开始使用，并取得了明显的效果。

5. 文献研究法（资料研究法）　文献研究法（资料研究法）主要是指搜集、鉴别、整理文献，并通过对文献的研究，形成对事实科学认识的方法。这种研究方法有助于我们从宏观角度对教学研究中的某一问题进行把握。在做文献研究法（资料研究法）时，首先需要确定资料来源和选择标准，然后对所掌握的资料进行定量、定性，或二者兼顾的分析。一般来说，科学研究需要充分地占有资料，进行文献调研，以便掌握有关的科研动态、前沿进展以了解前人已取得的成果、研究的现状等。这是科学、有效、少走弯路地进行任何科学工作的必经阶段。从教育科学研究的全过程来看，文献研究法存在于科学研究的准备阶段和进行过程中。

6. 比较法　围绕研究课题，采用对照、比较的方法进行研究，从中看出其异同、优劣、高下等。

7. 归纳法　从若干个典型材料中概括、抽象出一般的规律。

以上几种方法只是教学研究中经常采用的主要方法，在使用时也常常是综合运用的。现代科学不仅大大拓展了我们的视野，也为教育教学研究提供了更多的技术支撑和物质保障。要做好教育科学研究，我们首先要立志投身于教育事业，有志于教学研究，这样才能使我们投入极大热情掌握科学的研究方法，并加以发展和创新。

三、开展烹饪专业教学研究的教师应具备的素质

开展烹饪专业教学研究教师应具备扎实的专业知识和良好的研究素养。

（一）具备扎实的专业知识

教师的专业知识称为教师的本体性知识，它是教师组织教学活动、开展教学研究的

基石，包括理论知识和实践技能。理论知识是从事教学及研究的基础，实践技能要求教师具有一定的实践操作能力。作为教师必须具有渊博的科学知识，熟练的操作技能，良好的思维品质。在科学的探究过程中，教师不再把科学知识的传授作为自己的主要教学任务和目的，也不再把主要精力花费在检查学生对知识掌握的程度上，而是成为学习共同体中的成员，在问题面前，教师和学生一起寻找答案。

（二）具备良好的研究素养

教学研究是建设科研型教师队伍的需要。教学研究不应只是教研人员和教育专家的专利，一线教师也应该而且能够开展教学研究。时代越来越需要研究型教师、学者型教师。联合国教育、科学及文化组织在一份报告中曾指出："在今天，从教师在教育体系中的作用看，教师与研究人员的职责趋向一致。"这意味着教学需要具有科研素质的学者型教师，这是新世纪教育发展的必然趋势。许多优秀教师的教学实践和教学研究经历充分说明，要探索教学规律，要培养学生的创新精神和探究能力，必须转变"教师只要把书教好就行了"的传统观念，不能只满足已有的教学经验，不能只做教书匠。要把自己的教学实践、教学经验加以科学地总结，上升为教学理论，形成自己的教学特色。

1. 教师应该具备科研意识　指教师对科研的意义有充分的认识，有强烈的科研需求和内在动力。衡量一个教师有无科研意识，主要标志就是看其在教学工作中是否自觉自愿地主动地给自己提出科研的任务要求。

2. 教师应具备科研精神　指教师不但想科研，而且敢于科研，不怕困难与麻烦，勇于承担课题，并以坚强的毅力把课题做好，取得优良的成果。衡量一个教师有无科研精神，主要标志就是看其在科研中是知难而退，使课题半途而废，还是知难而进，使课题善始善终。

3. 教师应具备科研能力　指教师承担和完成教学研究所必备的各种能力，主要包括选题能力、搜集信息的能力、研究设计的能力、研究组织实施能力和总结写作能力。

4. 教师应具备科研品德　主要包括勤奋、合作、不图名利、尊重别人的成果、不抄袭、不剽窃、扎扎实实、不弄虚作假、有较高的事业理想。

第二节　烹饪专业教学研究选题

教学研究课题的选择，是教育科研工作的首要环节，也是关键的一步。这是因为课题的选择引导着研究方向，并制约整个研究工作的进行及研究的价值。但在现实之中，确确实实存在着一些教师找不到研究课题，不知道如何选择研究课题的问题。针对现存的种种问题，我们将从课题来源、课题选择的一般步骤、课题选择的方法和策略等方面做具体的分析与介绍。

一、烹饪专业课题的来源

烹饪一线教师作为特殊的教育研究群体，不同于专业研究者，其研究工作应主要围绕自身的教学、实践展开，课题来源主要有以下几个方面。

（一）教学、实践中发现的问题

教学中的问题是教师教学研究课题的主要来源。教学、实践中的问题可以说是千变万化、层出不穷的，主要包括以下几种。

1. 教育教学活动中的问题 教师可以把那些重要的、迫切需要解决的问题直接转化为研究课题。例如，烹饪专业教学中学生的厌学状况如何？如何提高学生实践动手能力？从这些突出的现实问题中提出课题，进行研究，最能充分发挥教师自身的优势，能直接提高教学质量。

2. 生产实践中遇到的问题 许多科研课题，来源于生产实践中遇到的瓶颈，这个瓶颈就是一个很好的科研课题。

（二）阅读中发现的问题

教师的研究课题应主要来源于教育教学实践之中，但并不是说教师可以完全放弃对理论资料的占有，可以在"无阅读"的状态下做任何研究。实际上，占有一定数量的研究成果，研读、学习相关的理论文献，对教师来说是很必要的。与此同时，这也是研究课题的另一个重要来源。主要包括以下两种途径。

1. 文献中提供的启示 通过阅读文献资料，在了解他人的研究基础上，教师可以发现自己要研究的课题。这主要有以下几种情形：第一，研究与他人相同的问题，但是阐发自己的观点，得出自己的结论。例如，看到别人的研究论文"马铃薯全粉制作工艺研究"，自己在思考的基础上，发现自己可以采用不同的方法制作，会得出不同的研究结论，于是选择同样的问题进行研究。第二，选择一个与他人的问题类似、接近的问题进行研究。例如，别人研究的"慕课背景下大学英语课程改革"这一问题，自己选择"慕课背景下面点工艺学课程改革"这一问题。第三，选择一个比他人的问题更具体或更深层次的问题进行研究。因为前人或他人的研究成果总会留下他们所没有解决的问题；同时教育在发展，一个问题解决了往往又会引出另一个新问题。例如，素质教育是近年来备受关注的一个问题，涌现出大量的研究成果。但是当阅读了若干有关素质教育的研究文章之后就会发现，目前素质教育的研究还侧重于理论研究，且较为笼统和粗糙，与实践联系不足，尚未把有关理论与教育教学实际工作融会贯通在一起，而且职业教育如何开展素质教育也是一个问题。教师在阅读研究成果时，要时时注意结合自己的工作实际进行有针对性的思考，将自己已有的经验与阅读材料中的分析相联系。

2. 教育信息的启示 教育类的报纸杂志及有关的课题指南之中，都有教育科研与动态成果的反映，透露出各种各样的教育信息。教育报刊上有很多信息，经常阅读教育类报纸和杂志，可以从其提供的教育信息中发现很多有价值的课题。

课题指南也是为教师提供教育信息最为直接的一个渠道。为了提高教育研究的水平，有计划地进行教育科学研究，国家级、省级、市级教育领导机构在认真分析全国和各省区的政治、经济和教育发展状况基础上，分别制定出一定时期教育科研课题指南和规划，为进行教育科研选题提供依据。例如，各级教育科研领导部门往往会以年度教育研究课题指南、五年规划课题指南、委托课题等形式提供一系列的教育研究课题；哲学社会科学的科研领导部门提供的哲学社会科学研究课题指南中，也往往包含一部分教育研究课题。教师可以密切关注课题指南，结合自己的实际情况选择具体的研究课题，进行申报。

（三）交流中发现的问题

教师可以从与他人进行教育教学问题的讨论中得到启示，从而发现需要研究和探索的问题，并通过对有关问题的深入思考，进一步将有关的问题发展为教育研究的课题。

事实上，有不少教育研究课题正是通过这种途径而提出来的。

首先，可以从其他教师的成功经验或失败教训中总结出研究课题。在与他人的交流中可以获得大量的信息，因为每一位教师都会在教育实践中积累不少的经验与教训。例如，有的教师对学生和蔼可亲，从不训斥学生，师生关系一直很好，所教班级纪律好，学习成绩好；与之相反，有的教师管理十分严格，但班级纪律却时好时坏，学习成绩平平。有的教师在教学过程中喜欢“跑题”，却深受学生喜爱，课堂氛围十分活跃，学生的学习兴趣也十分浓厚；相比之下，有的教师在教学中“一板一眼”，在课堂中常常遭受“冷遇”，学生也总是无精打采。这些经验与教训，或是在一定范围内收到了好的成效，或是在某种程度上产生了负向影响。那么，这些教育经验与教训之中反映了什么样的教育规律？某些措施和效果之间的因果关系是什么？怎样从教育经验与教训中提炼、揭示出一般的教育规律？这些都可供教师提出课题并进行研究。因此，教师一定要善于与他人交流，从别人的心得中吸取智慧，从别人的成果中吸取营养。

其次，教师与持有不同理论观点的教师进行交流，可以为其提供一个相互冲突的对立面，为提出研究课题提供参照。不同观点之间的碰撞交锋有利于扩展研究视角和视野，在进行争论的同时，只要选准角度，突出个性，就能选择很好的研究课题。例如，关于学生思想品德教育这个问题，有人持“教育主导作用论”，有人持“环境制约论”，两种理论都有较强的解释力，且都能“自圆其说”。但这两种观点之间却存在着明显的矛盾与不一致。有人专门针对这一问题，进行了“学校德育与社会道德环境关系”的研究，提出了新的理论观点，对学校德育的“主导作用”做了条件限定，对社会道德环境的性质与发挥效能的规律进行了探讨，明确了二者的性质、特点和相互关系，从而为改善学校德育提供了科学的理论依据。在选择这类课题时，教师必须了解争论问题的历史、焦点和现状，客观地分析各方的依据和不足，结合自身，提出对该问题的看法或解决问题的方法。在广阔的教育领域，科学研究的课题数量众多，选择课题的渠道和途径也很多，上面介绍的仅仅是教师日常工作中较为常见和操作便利的几种。只要做个有心人，虚心学习，勤于思考，就一定能找到适合自己的研究课题。

二、烹饪专业课题选择的一般步骤

课题的选择是一个比较困难的过程，要经历一个从产生研究动机到选定研究方向，从研究问题朦胧到逐渐清晰，从有初步的研究构想到确立研究问题及明确研究目标的过程。选题要按以下步骤进行。

（一）调查研究，选择研究方向

确定教育科研的研究方向是选择教育科研课题的基础。一个研究课题的确定，往往是在教学实践中，受某一教育现象的触发，产生研究的冲动，或者阅读教育理论书籍、教育杂志、报纸及教育文献资料时受到启发，产生联想，萌生教育科研意向。因此，一开始往往拿不定主意，会对几个研究方向都感兴趣，这时就需要进行深入细致的调查研究，了解有关课题发展史实、课题研究水平与今后发展趋势。对于一线教师来说，调查研究的方法主要是查阅资料和专家咨询。

查阅资料可以考察哪一个研究方向更具有研究价值。广泛阅读有关资料，吸收与消化有关领域其他人的研究成果，了解他们研究达到的程度及目前的研究动态，然后根据选题的原则，反复比较、认真考虑该方向研究的理论和实践价值有无继续深入挖掘的必要和可能；自身在此方向有无较多的信息积累和研究基础；相对于其他方向，有无更多的环境条件优势。这样，在了解前人研究的基础上，比较几个研究方向，选择最适合自己的一个研究方向确立下来，把精力集中在这个方向上。此外，教师还可以征询专家或对某方向有研究经验者的意见，可以从中受到启发，取得借鉴，有时要反复听取各方面的意见之后再确立自己的主攻方向。

（二）总结提炼，确立研究课题

方向确立之后，就要对这个方向上要研究的问题进行必要的主题提炼，才能加工成有意义的、提法准确的、切实可行的课题。教师在实际研究中，尤其是初涉教育科研领域时，或多或少存在着选题宽泛、狭窄、模糊等不当现象。因此，教师在进行有效的研究之前，必须对所选定的问题进行必要的提炼，以形成和确立有意义的、问题提法原则上是正确的、有可能实现的科学问题进行研究。具体策略有以下几个。

1. 缩小策略　即将宽泛的主题缩小到易于把握的程度。主题涉及范围的大小应与研究的时间和地点、研究人员和对象的数量、研究事件的多寡等相适应。对于过于宽泛的主题，教师可以考虑缩小研究对象的范围。例如，“我国高等烹饪专业教学改革研究”可缩小为“某某地区或某某学校高等烹饪教学改革研究”。此外，教师还可以考虑聚焦研究问题的核心。

2. 扩展策略　即将狭窄的问题进行扩充、丰富，使其值得研究。问题狭窄在于研究的主攻因素太小，或不具备代表性和普遍性，使研究没有价值。对于教师来说，研究问题宜小不宜大，但毕竟是研究，如果问题过小，就无须研究了。例如，“怎样帮助某某同学提高烹调操作技能”是一种个别的具体问题，要从这个问题中提炼出值得研究的课题，应该从普遍性的角度对其扩展和丰富，如这个学生的操作技能是否一直不好；班上其他人是否也这样，有多少，他们是否有共同特点；什么原因引起他们操作技能的不好等。通过这样的扩充和丰富，我们可以把这个问题提炼为“某某班级学生烹调操作技能学习困难的成因与对策研究”。这是通过对个别现象由表及里、由特殊性到普遍性的提炼。

3. 分析策略　即将复杂、模糊的问题进行分解，或对模糊问题各要素的关系进行分析，使研究的问题简化、清晰。对于模糊、复杂的问题，教师常束手无策，不知道从何入手解决，分析能使问题范围清楚集中，它是教师提炼科研课题的重要策略。

（1）分解问题　指将一个复杂的研究问题按照内在的逻辑体系，分解成若干个相互联系的小问题，使这些问题形成具有一定层次结构的问题网络，从而在具体化的基础上确定所要研究的问题。例如，面点工艺学课程教学改革，研究者可将此问题分解为理论教学改革、实践教学改革等一系列问题。通过分解研究问题，不仅使研究的问题更加明确，还可以帮助研究者，使所要研究的课题沿着一定脉络，由浅入深向前推进，形成稳定的研究方向。

（2）分析因果　指分析问题产生的原因及影响，发现问题的内在联系，以便深入准确地掌握问题之根本。

（三）分析梳理，明确研究目标

课题确立之后，就要明确研究目标。课题研究目标就是通过课题研究希望解决的问题和将要取得的成果，即通过研究获得的对某一教育现象及其有关现象之间的相互联系的科学认识。研究一个课题，需要经过深思熟虑的推敲，明确研究目标，这样才能把研究问题的内容与方向把握住，并成为界定研究范围的标尺。为了使研究目标明确，便于操作，可以从过程论和系统论两个层面对课题目标进行分解。

首先，从过程论的角度分析，可以把课题研究目标分成三个层次，分别是任务目标、状态目标和成果目标。任务目标又叫作研究工作目标，通过制订研究任务书来表达，内容包括课题研究的任务是什么，由谁去完成，如何完成，什么时候完成等。状态目标对于教育实验研究来说，是对被试施加实验变量以后，旧状态发生变化，研究者所期望达到的新状态。成果目标是课题研究的最终目标，是研究完成后希望得到的综合性成果。三个层次的目标是相互联系的统一体，前一层次的目标是后一层次目标的手段。按层次设计课题目标，简明实用，具有导向作用。

其次，从系统论的角度来看，一些综合性较强的课题，往往存在着目标系列，应当给予明确，按它们之间的关联影响及隶属关系形成一个多层次的目标系统，便于课题研究的开展，也有利于课题成果形成一个较为完整的有机体系。例如，“关于当前教师对学生评语的现状调查与分析”这一课题，目标包含 4 个方面的内容：教师评语在由应试教育向素质教育转轨中的现状；分析造成教师评语偏离素质教育要求的原因；指出教师评语中不符合素质教育要求需改变的方面；提出相应的改进建议。显然，课题要实现的目标是明确的，目标之间包含着一定的系统性也是清楚的，每一个子目标都可以构想自己的研究方案，但处于大系统中，必须服从课题总目标的需要。

三、烹饪专业课题选择的原则与方法

（一）选题原则

选题原则就是进行课题选择时应当遵循的基本要求，其实质是为课题选择活动提供某种行为准则和标准。为了保证研究质量，选择课题时应遵循以下原则。

1. 价值性原则 选择的价值性原则，是指课题要有理论学术价值和实践应用价值。这主要表现为能满足教育工作实际的需要和教育科学本身发展的需要。教育为一定的社会政治、经济、文化所决定，又影响着政治、经济、文化的发展。随着现代社会的飞速发展，教育面临的问题越来越多，要求研究者去探索、去解决。通过教育科研的途径，可以使我国的教育事业在迅速发展的过程中得到科学的指导，少交“学费”，少走弯路。同时，教育实践的不断发展也要求教育理论不断更新、发展与完善。这不仅是教育理论自身发展的需要，也有利于提高理论的指导性，加强对教育实践的指导力度，也反映了人类对教育认识的水平在不断地提高。因此，在选择教育科研课题时，一定要考虑教育事业和教育理论发展的需要，所选课题应具有一定的理论价值和应用价值。

该原则充分反映了开展一项科研的必要性和迫切性。科学研究本身就是一种目的性和针对性很强的探索活动，这就要求作为科研起点的选题必须符合教育科学理论自身发展的需要，利于验证、批判和发展教育理论，完善教育科学本身的理论体系；必须符合教育实践应用的需要，利于指导具体的教育教学工作，全面提高教育质量。对于大部分教育工作者而言，后一方面的价值始终居第一位。当然，若用长远的眼光来看，不管是哪种类型的研究课题，它都必须首先指向其教育实践应用方面的价值，即侧重教育理论学术价值的课题，其最终目的也是指导教育实践应用，最终也会转化为教育实践应用方面的价值。

2. 创新性原则　选题的创新性原则，是指所选研究课题必须具有新意，有独创性和突破性。选择前人没有研究或研究极少的课题，自是创新，但老生常谈的问题也可以作出创新性的成果。新视角、新方法、新途径一样体现创新性，许多有创新性的教育新思想和新观点，往往是来源于研究设计、研究方法或研究技术等方面的创新。创新并非一定要另外开垦一片无人问津的问题，而是要善于把继承和创新结合起来。科学研究总是在前人已得出的科学发现的基础上进行探索，站在前人已有高度向更高的科学高峰攀登。

总之，为了获得创新性成果，教育科研应从多方面创新：第一，重视选题的创新性。要从新问题、新事物、新理论、新思想、新经验中选题；要把握时代的脉搏，从热点上选题；从独特的角度来看问题，在未开垦的处女地上进行挖掘。第二，在研究方法上创新，采用新的研究方法、手段或技术，改进、完善某些已有的研究方法。第三，在应用上创新，将一种已有的理论方法首次应用到教育领域。

3. 可行性原则　选题的可行性原则，是指只有具备一定主客观条件的教育科研选题才有预期成功的可能。课题选择必须充分考虑主客观条件，分析课题在实际研究过程中的切实可行性。从主观方面看，应分析自己的专业特长、知识基础、兴趣爱好、科研能力和经验、时间精力等；从客观方面看，应分析是否有必要的参考资料、经费、设备、时间，是否能得到领导的支持和各方面的配合等。

对于烹饪一线教师来说，选择课题应从实际出发，充分考虑自己的力量与研究课题的大小、难易是否相称。课题大了，涉及的范围广、因素多、周期长；难度大了，由于涉及的变量复杂，对研究者的主客观要求高，如果研究者力所不能及，会半途而废。小的课题，涉及范围小、变量少，对研究者的主客观条件要求相对低一些，容易出成果。而且由于课题目标集中，能较深入地解决一两个理论和实践问题，其价值也可能是很大的。尤其是初步涉足教育研究领域的人，更应该选择那些范围较窄、内容比较具体、难度较低的课题，特别是紧密结合自己的教育教学实际，有可利用的条件、成果，能直接应用于自己实践的课题。以后，随着经验的不断积累，科研能力的不断提高，视野的不断扩展，可以选择一些难度较大或综合性较强的课题。

4. 科学性原则　选题的科学性原则，是指所选研究课题必须符合教育科学理论及规律，必须具有明确的指导思想和科学根据。教育科研课题的选择必须遵循教育及与之相联系的各种事物的客观规律，必须充分认识研究的客观条件。这就要求选题必须具有一定的理论基础和实践基础，应该通过对教育的历史、现状的分析，对他人的研究成果和各方面资料的收集、整理和分析，经过严密的论证等形成课题，切忌主观想象，盲目选题。

对于烹饪一线教师来说，从教育实践中直接选定的研究课题，必须具有丰富可靠的事实依据和很强的针对性。一要尽可能选择具有普遍性的课题，少受个别的、特殊的教育现象的影响，更容易透过现象揭示教育科学的本质规律。二要选择具体的、明确的课题，界线要清，范围宜小。另外，选题的指导思想必须是正确的、科学的，所选定的课题应该能够纳入一定的教育科学知识框架或理论体系。

（二）选题方法

1. 问题筛选　教师在实际教育活动中，常常会遇到大量问题，通过对这些问题进行归类整理，再分析其重要程度和研究这些问题意义的大小，确定其研究价值，并广泛听取意见，从中选取价值明显，且适合自己研究水平和能力的问题作为课题。

2. 经验提炼　长期从事烹饪教育工作的教师在实践中都积累了不少经验。如何把经验总结出来，把经验上升到理论的高度，其中必然要回答一系列的问题，这样一个个研究的课题就出现了。

3. 资料寻疑　古人云："尽信书不如无书"，资料中往往隐含着大量科研课题。资料寻疑，即通过对有关资料的分析，比较不同观点，诘问前人的结论，揭露理论与实践的差异等，从中产生研究课题。

4. 现状分析　即通过对高等烹饪专业教学、实验现状的分析，发现或揭露教育中存在的问题，从而选择恰当的课题。

5. 意向转化　烹饪一线教师有时可能突然对教育的某一问题萌发一种探索的意向，这种意向实际上是一定的教育实践或理论信息在思维中积累的反映。这种意向如不能及时抓住的话则可能稍纵即逝；如果紧紧抓住，则可能产生一个研究课题。当这种意向出现时，如能对它做进一步的思考，使问题逐渐清晰起来；同时对有关问题的具体情况做进一步的调查，查阅相应的文献资料，分析其研究价值和自己的承受能力及其他客观条件，从而形成正式的课题。

四、烹饪专业课题选择的策略

好的选题，既取决于研究者的相关知识储备、对研究动向的关注及求新的研究态度，更得益于良好的选题策略。可以说，良好的选题策略，对于高等教育烹饪教师寻找真正有新意、有价值的科研课题，有着重要的现实意义。

（一）思维策略

选题思维策略就是研究者处理、加工研究对象的思维方法。但凡研究，都有所研究的对象。但是只有研究对象，还不能构成研究的选题，许多教师的选题就停留在这一步。造成这个问题的关键是缺少对研究对象进行精加工的选题思维策略。选题思维策略，既是教育研究者研究思维方式的具体表现，也是活化研究者知识储备的催化剂和反映研究者"学术主见"的试金石。具有新意的选题能够体现研究者独到的、个性化的思维策略，而缺乏新意的选题则反映研究者拙劣的思维策略。虽然思维策略没有僵化的规定和程序，但它也不是完全虚无缥缈、无踪可寻，总结前人的选题思维策略类型，在模仿中创造，逐步形成个性化的选题思维策略也是可行的。思维策略主要包括以下几种。

1. 批判思维策略　批判思维策略是教育研究者怀疑的思维品质的具体化。它常常表现为，研究者有意站在现成的理论、权威观点的对立面，从相反的方向怀疑它们的合理性，寻找反驳他们的突破口，或者对教育教学实践中习以为常的现象进行质疑。简单地说，就是反向求新。运用这种策略选取的课题，往往具有挑战性、颠覆性和火药味，也有利于更清醒地认识问题，更有效地解决问题。

2. 逆向思维策略　逆向思维策略中的"逆"是指方向上的回逆，如果我们一般的认识是由此及彼，那么逆向思维就应该是由彼及此。世界万物呈现出复杂的相互作用状态。人们一般只看到A事物对B事物的作用，而忽视了B事物对A事物的反作用。因此，在选题时，如果能够逆向思考，往往会获得有新意的研究主题。

3. 类比思维策略　类比思维策略主要通过两类事物相互比较，发现异同，寻求有新意的研究主题。善于用这种策略来发现问题的人，在思维品质上，往往表现为较强的迁移性和概括性。他们善于发现表面上看来不甚相近的事物间的相似之处，能在较抽象的层次上对它们进行概括、比较，“横向求新”，从而为思想搭建桥梁。这要求研究者具有较宽的知识面。类比思维策略主要包括以下两种具体的策略。

第一，通过与其他学科研究对象类比和借用其他学科的理论、方法，来发现本学科研究的新问题。向其他学科“借”来新的理论、新的方法，对教育问题加以研究，可能会让我们对习惯了的老问题产生新认识，赋予其新意。

第二，面向实际生活，从日常生活经验中提出教育科研课题。现实教育生活中蕴含着大量可以借鉴、提升的原始素材，如果教师善于发现教育生活中的点滴事件，将其迁移到教育研究中来，就可能形成富有新意的选题。

4. 聚类思维策略　在教育科研选题中，研究者运用聚类思维策略，是为了发现研究对象之间的内在联系，把相关对象整合为一个研究类型，以整体类型为研究对象，探索类型的内在机制和外部功能。这种思维策略要求研究者具有相当的抽象能力，能够从局部的、零碎的、经验性的研究对象中，抽象出它们共同的类型，以此统领所研究的对象。例如，有位教师通过课堂中的“意外”而引发思考，对课堂中的意外情况作出类型化分析，将课堂出现“僵局”现象、学生答非所问、学生回答超出教师认知范围、学生回答异常精彩等4种课堂教学中的事件整合到“教学意外事件”这一类型中，进行聚类研究，整体把握这类事件的本质。

（二）实践策略

1. 循序渐进策略　“循序渐进”就是选题时，要由小到大，由易到难，由浅入深，由单项到综合，步步为营，逐步发展。这要求研究者既有积极进取的精神，又有实事求是的态度，研究者要选准一个恰如其分的研究基点，从一个基本问题做起，选好了一个突破口，有了成果，有了经验，有了积累以后，继续深入的研究下去，扩展开来，逐渐形成自己相对稳定的研究方向或研究领域。

2.“边缘搜索”策略　所谓“边缘搜索”就是在“边缘地带”寻找未解决的问题，确立研究课题。在科学研究中，“边缘地带”往往被人们忽视，很少有人涉足，存在不少空白点和可开发之处。这里有社会科学与自然科学、技术科学的边缘，理科与文科的边缘，教育学科与其他学科的边缘，课题与课题之间的边缘等。

3. 厚积薄发策略　这就要求教师学会积累信息，提高对新信息的敏感性和获取能力，提高对各种新信息融会贯通的能力。这实际上就是要重视对信息的获取、存储和加工。要注意日积月累，我们从外界接受的信息数量和信息种类越多，信息质量越高，不同组合的种数也就越多。“不积跬步，无以至千里；不积细流，无以成江河”，量变到质变，有了厚实积累，选择课题就能游刃有余。

五、烹饪专业课题名称的表述

课题名称需用具体明确的语句来表述。一般来说，一个好的课题名称应当能够反映出所研究问题的最主要的信息。课题名称的确定与表述是课题研究的具体化，它是将一个研究方向演化为一个确切的研究课题的过程。它对课题研究起着决定性的作用，课题研究的开展和各个环节的活动都要紧紧围绕它来进行。因此，研究者应结合自己要解决的问题，反复推敲，精心选择，给出恰当的名称。

（一）课题名称的表述要准确

课题名称的表述要意义准确，就是说课题名称要能明确地表达出这项研究的主要内容和主要问题，行文含义要明确。

首先，要求课题是一个有确定含义的具体问题。教育科研课题的大小要适中，如果课题太大、太笼统，就会使研究无从下手；如果课题太小、过于狭窄，就事论事，就会使课题研究失去应有的意义和价值。

其次，对课题名称中的核心概念要给予界定，明确其内涵和外延，从而使研究在统一的基础和前提下进行。否则，在研究过程中容易“偷换概念”，或出现目标的变更或方向的转移，也可能产生研究范围的扩大或缩小等情况。

最后，课题名称的表述要清楚地说明本课题的研究范围。研究范围是对课题的研究对象总体范围的具体规定，主要明确研究的角度。因为一个问题的研究，完全可以从不同的角度去进行，不同的角度规定了不同的研究对象范围。因此，课题名称的表述应明确研究的角度，从而明确本课题对象总体的范围。研究某一课题必须在特定的范围内进行，如对此不加限定，将导致研究的困难和名不副实。

（二）课题名称的表述要突出主题

课题名称的表述要突出主题，就是说课题的表述要力求反映研究的焦点和研究方向，这样有利于研究者明确研究内容，抓住研究重点。有些课题的表述，涵盖的范围过于宽泛，论题不集中，或者题目太大，无法操作，使研究的思路无法集中。为了避免以上问题，应做到以下三点：一是课题表述的用词要具体化，即尽量使用特定含义的词汇来代替泛泛一般的词汇，课题表述应尽可能将研究的关键词包括在内。课题表述通过使用具体化的词汇，使课题研究具体明确，主题突出，也便于操作。二是教育科研课题的表述应只有一个主题。遇有不止一个主题时，应分为相应数目的课题，或化为相应数目的次级课题，并定出能包括这些小题的总课题的名称。三是要明确课题研究中的变量关系。在表述研究问题和研究具体信息时，课题名称中涉及的自变量与因变量的逻辑关系一定要清楚，这样才能为研究活动提供一个聚焦点，为下一步进行具体研究设计奠定基础。

（三）课题名称的表述要规范、简洁

课题名称的表述要规范，就是说课题表述所用的词语、句型要规范、科学，要用学术性的科研术语，不可生造词语，以免造成理解上的歧义。课题名称的表述也不能用比喻句、反问句等，最好用陈述句。此外，表述中一般不宜使用略语、阿拉伯数字、拼音字母等。课题名称的表述还要力求简洁。表述要在意义准确的前提下，用最简短精练的课题名称表达出完整的意思。不必要的字应省去，使人一目了然。例如，2006 年度全国教育科学“十一五”规划立项重点课题，课题名称最短 7 个字，最长的 39 个字，平均 19 个字。字数在 20 个字（含 20 字）以下的占 72%，课题名称的表述虽未严格限定题目的字数，但一般在 20 个字以内。

一个好的课题名称应能提供课题研究的主要信息。课题名称一经确定，就不宜中途更改，以免打乱后继环节的工作。课题名称的酝酿，是教师进行科学研究的第一步，有了好的开端，才可能有好的结果。

六、书写烹饪专业课题立项书

课题立项书是课题申报的依据，在课题申报前，相关的部门都会下发统一的课题立项书模板，申报者应根据申报书里的项目如实填写，以作为专家评审时的依据。课题立项书写作时要注意以下几个问题。

第一，研究背景是指在什么情况下开展此研究，包括立项的依据和开展研究的理由。依据既要有国外的，也要有国内的，要写开展本项目研究的理由，最好写自己预研发现了什么，言下之意："只有我才能干这一课题"，否则反对你的评语言下之意可以是："你写的项目是重要，但别人来做更合适"。要注意的是"填补空白"不是立项依据，而是在世界上占有一席之地。

第二，研究内容要写细节，避免评语"研究内容不够具体"。研究目标是"解决科学问题、学术问题"，拟解决的关键问题，解决一两个科学问题就可以，切忌"什么都做"。

第三，拟采取的研究方法技术路线及可行性分析，"研究方法和技术路线"要写得具体清楚，不宜太多（切忌为解决一个问题，什么方法都用），"可行性"是指"学术上可行"，而不仅仅是"我有几个教授、几个研究生、几台仪器"。"研究队伍"、"研究条件"和"学术思想"都具备才可行。

第四，特色和创新之处，要中肯，避免夸大，切忌吹牛。要写自己研究的特色和创新的学术思想，不是写该领域的特色。"交叉学科"是提倡的，但要说交叉点在哪。"填补空白"不是特色和创新，这里也不要写。

第五，研究计划和预期结果，计划要具体。切忌如下计划：第一年文献调研，第二年实验研究，第三年写出研究报告。预期进展不必太具体，大致设想即可。特别是对基础研究，允许课题进行过程中不断修改。预期成果，如"预期在国内外期刊发表论文几篇"或是要达到什么水平，要与"研究目标"写的相吻合，强调质量。

第三节 烹饪专业毕业论文写作指导

一、毕业论文写作的目的和意义

毕业论文是由学生自己选题，自己收集资料，在老师的指导下，用自己的语言表达自己的研究成果的实用文体，是学生必须完成的独立作业。通过毕业论文的写作及指导，可以反映作者能否运用所学的专业知识来分析和解决本学科（专业）内某一问题的学术水平和能力，同时，使学生通过毕业论文的写作，基本掌握和熟悉论文写作的大体程序、文体特征，培养学生实事求是、勤奋钻研、勇于创新的精神，为他们将来的工作，为他们进一步发展奠定一定的基础。

二、毕业论文写作的程序与要求

学生在完成论文准备工作后，开始动手撰写论文，毕业论文写作程序一般包括确定论文题目、编写提纲、写出初稿、反复修改直至定稿。这里要强调试验的开展和数据的整理应该在书写初稿之前进行。

（一）选定论题范围

选定论题范围简称选题，是论文写作的起点，即要选择确定所要研究论证的学术问题，或在实际学习中碰到的需要解决的问题。要本着将客观上的需要和主观上的可能相结合的科学的选题态度。

论题不同于论文题目，论文题目是论文的标题，是从论题范围中选择出来的，研究的范围比论题小。选择论题范围不是一件复杂的事情，因为论题范围一般比较大，比较广，是就某一领域、某一方面加以研究、探讨。作者在写作之前，应该先确定论文论题的范围，具体的论文题目可以在整理、加工资料后再加以明确。

1. 论题的来源 正确恰当地选择论题范围与论题的来源是密不可分的。论题可以从所学习的理论知识和实验知识得来。例如，烹饪营养教育专业从专业本身出发，包括三个方向：烹饪、营养、教育。如果单从专业出发，需要确定具体一个方向。例如，选定烹饪方向，那么就应该围绕烹饪方向查阅资料，确定具体研究内容。如果从学习内容出发，就可以确定论题来源。

2. 选题的一般原则 客观上讲，要选择有科学价值、有现实意义的论题；主观上讲，要选择自己感兴趣，有利于展开研究，自己可以驾驭完成的论题。

这里所说的选择有科学价值的、有现实意义的论题，主要是指：其一是要有理论价值，就是指那些对本专业、本学科的建设与发展能起先导、开拓作用，对各项工作起重要指导、推动作用的重大理论问题。其二是实用价值，就是指那些经济发展实践中迫切需要解决的实际问题，即选题应该着重考虑的是人们在社会生活和工作中的重点、难点、疑点和人们关注的热点、争论的焦点问题。具体可从以下几个方面考虑。

（1）创造性原则 即在相关专业的研究中有新的发现、新的创造。选择该专业中迫切需要解决的理论问题或工作实务中的新问题来研讨。因为每一项新的发现、新的方法，都将使该领域科学的发展、改革、业务工作向前迈进一步。

（2）现实可行性原则 就是要根据自己的专业优势、兴趣爱好，并考虑基本的实际研究能力、资料积累，以及可能争取到的指导、协调等条件去选题。爱因斯坦有一句名言：“兴趣是最好的老师”。我们应该在自己熟悉或有浓厚兴趣的业务领域内选题。

（3）补充性原则 可以去选择那些在烹饪学科的研究中、工作实践中被忽视的领域和被忽视的环节，经过研究提出见解，填补空白。

（4）前瞻性原则 根据个人的能力，尽量去选择那些尚无人问津，或是前人研究的成果或经验，在未来经济的发展中不再适用的问题，经过研究，将其发展、完善，使之更为丰富、完整。

3. 选题的方法

（1）观察事物，寻找问题，发现矛盾，探讨解决方法 论文选题主要来源于两个方面，即从理论学习中选题、从实验操作中选题。在选题中寻找问题，发现矛盾，如从新事实与旧理论的矛盾中，从不同的观点和流派的争鸣中，从别人失败的经验中，从前人的不足、缺陷或漏洞中探讨解决问题的途径，选择自己研究的课题。

（2）多方面探索和一方面选择相结合 选题要将横向空间考察和纵向时间考察相结合。根据相关专业的特点，所谓横向空间考察，就是说要树立科学的整体观念，寻找与本学科相交叉的学科领域；所谓纵向时间考察，就是要认识相关专业知识的层次性及不断抽象上升到新的具体专业理论和实务水平的无穷性，树立不断开拓和追求新知识的科学态度，不断提出相关专业新的研究课题，如烹饪与食品科学的交叉。

（3）*想象、联想、直觉选择的方法* 直觉是科学上重大发现的先导，是经验事项通向概念或假设的桥梁，研究内容是通过直觉选择出来的代表创造成果的概念或初步假设。直觉是创造之母。

4. 选题注意事项

1）虚实结合，以实为主，既要有理论分析，又要有实验方法的探讨。拟定的选题，必须结合实际，针对现实，以第一手资料为基础，必须符合事物发展的规律。最好是自己在学习上、生活里经常关心的问题，或是时常思考的问题，这十有八九会成功。

2）难度适中，量力而行。既要探索新问题，又要考虑自己的专业基础。选题切忌过大、过难、过旧。选题过大，一是难以完成，二是不好驾驭。要选与自己的知识、能力结构、地位角度、业务专长相吻合的题目。选题难度过大，会受到时间、精力和资料的限制，是很难写好写完的，若无可奈何，临时换题，时间更紧迫，不可能写好，所以要选与学习内容相一致，或者是相关相近的题目。选题过旧，别人嚼过的馍，没有味道，还会让人觉得有抄袭之嫌。选题最好是略有点难度，难易适中，选择具有时代感的题目。总之，选自己熟悉、有兴趣、经常关心研究、有思想准备的题目。

3）要有自己的见解，中心明确，避免综合论述，拼凑成章。选题时，要掌握前人和今人的研究成果，要了解该选题研究的现状及发展的趋势。若是他人已解决了的问题，可以不必花力气进行重复研究。另外，不要人云亦云，凑热闹，找“热门”，要经过深入研究，冷静地考虑，确有新见。

总之，写毕业论文，首先要找资料，看文章，了解别人已有的观点、目前存在的问题，启发自己思考。关注并了解相关学科领域的学科带头人、著名的理论著作及最新研究成果，对于论文的写作必不可少；其次对各种材料必须消化吸收、融会贯通，针对实际工作中的矛盾和经验，重点研究，形成自己的观点，提出独到的见解。看材料、写文章，犹如春蚕吐丝，先吃进桑叶，经过咀嚼、消化，排除废物，然后吐出蚕丝，做成美丽的蚕茧，进而织成五光十色的锦缎，切忌搞大拼盘，进行简单的组合装配。

（二）草拟论文提纲

提纲是文章的骨架，也是一项试验设计，体现作者的总体思路及全文的逻辑性和结构框架。通过草拟提纲，可以规划基本内容，搭好基本框架，使自己的思想明确、条理清晰，还可以发现构思的缺陷、材料的不足、论据的不充分、思路的不清晰，使论文写作少走弯路。论文提纲一般应包括文章的基本论点和主要论据，反映文章的体系结构。简单地说，提纲要列出一级题目、二级题目，如有需要，再做一些说明。提纲写好后，要与指导老师沟通，不断修改、推敲。一是推敲题目是否恰当，是否适合；二是推敲提纲的结构，是否能阐明中心论点或说明主要议题；三是检查划分的部分、层次、段落是否合乎逻辑；四是验证材料是否充分说明问题。这些工作完成后，再开始动笔写初稿也不迟。

1. 结构层次安排方法

（1）*并列法* 即表现为几个观点或几个问题、几类事情或若干事件并列在一起，形式上彼此独立，内容上共同为说明主题服务。这些内容（任务、原因、措施、成绩、经验、体会）没有谁先谁后、谁主谁次的区分，但须注意的是，各层次之间必须有内在的联系，不能互相矛盾、重复、包容，分类的标准、角度要一致。

（2）递进法　说明主题（问题）的各个层次的内容，或者是按照事情发展过程的先后次序，或者是按照事理逐层深入的关系来安排层次。用递进法安排层次，有明显的逻辑上的严密性，人们容易理解和接受。要注意的是，事情和整理的先后顺序必须是确实存在的，而且是实质性的，否则，也不能很好地说明问题。

（3）因果法　任何问题的发生总有其原因，任何做法、事态的发展总有其结果。层次的安排可结果在前原因在后，也可原因在前结果在后。

2. 论文提纲的形式　论文提纲按照详略程度大体有以下几种形式。

（1）标题式提纲　用简要的词语概括内容，以标题的形式列出。在正文中一般可以作为主线、大的框框来处理。这种写法简明扼要，一目了然。

（2）句子式提纲　用一个能够表达完整意思的句子概括内容，该句子可以带有标点。

（3）段落提纲　是句子提纲的扩充，常用来编写详细提纲，故又称详细提纲。有时，当论文逻辑构成单位的内容不能用一个句子概括时，就写成一段话来进行表述。

上述三种形式可以综合运用。论文写作者可根据内容和篇幅的需要加以选择，只要用起来得心应手即可。

3. 编写提纲的方法与步骤

1）先拟标题，拟定标题时，力求简单、具体、醒目，或揭示论点，或揭示论题。需注意的是，编写提纲的标题一般是最后确定的标题。

2）用主题句子列出全文的基本论点，以明确论文中心，统领全纲。

3）合理安排论文各大部分的逻辑顺序，用标题或主题句的形式列出，设计出论文的结构和框架。

4）对于论文中的各大部分，逐层展开，扩展深化，设置细项目，结合搜集使用的材料，进一步构思层次，形成近似论文概要的详细提纲。

5）对于每个层次分成各个段落，写出每个段落的论点句子，并依次整理出需要参考的资料，如卡片、笔记等，标上序号，排列备用。

6）检查整个论文提纲，作出必要的修改，即增加、删除、调整等。

（三）编写初稿与定稿

如何把相关实验、调查等研究成果，形成创造性的见解和观点，落实在书面篇章中，这是毕业论文写作的关键环节。

1. 起草初稿　根据编写的论文提纲，结合试验所得结论，撰写论文初稿。初稿撰写有两种方法：一是从头到尾、不间断、不停顿，一气呵成写完初稿，然后再从头仔细推敲加工修改；二是根据文章的层次结构，一部分一部分地撰写、推敲、加工修订，全文分部分写完后，再合并起来通读、统稿完成。

学生撰写毕业论文时，在搜集材料充分的前提下，撰写论文初稿应适度掌握论文写作速度，不宜求快，应始终保持充沛的精力和敏捷的思维，做到纲举目张，顺理成章，井然有序，详略得当。

2. 修订初稿　一般来说，好文章是修改出来的。论文初稿完成后，往往存在不成熟、疏漏、重复、有误、用词不当等问题，需要反复推敲修改。修改前，应重新阅读有关参考文献和资料，虚心听取论文指导教师的意见。修改论文，也是培养严谨的治学态度和良好学风的难得机会，因此要认真、严肃、不厌其烦地反复修改。修改要注意精炼、简明。

3. 定稿　论文修订后作最后检查，满意后定稿。

三、格式规范要求

根据国家标准化管理委员会1987年发布的GB7713—1987《科学技术报告、学位论文和学术论文的编写格式》的规定，凡是学术论文，通常应包括题名、作者姓名及其所在单位、目录和摘要、关键词、引言（绪论）、正文（本论）、结论、致谢、参考文献等。学生毕业论文包括题名、作者、指导教师、其所学专业、年级、班级、目录和摘要、关键词、引言（绪论）、正文（本论）、结论、致谢、参考文献等。

（一）前置部分

1. 封面　封面是毕业论文的门面，不但可以对论文起保护作用，而且可以提供应有的信息。一般应包括以下内容。

1）学校名称及论文类别。如“某某学校学士学位毕业论文”或“某某学校硕士学位毕业论文”。

2）标题。标题又称题目、文题，是以最恰当、最简明的词语反映论文中最重要的特定内容的逻辑组合。一般分为单标题和双标题两种。要求简要、明确，一般不超过20字。

3）署名。其中包括论文作者的姓名、论文指导老师的姓名和职称。学位论文和毕业论文一般不允许两人或多人在同一篇论文上署名。

4）专业名称。即论文作者所学习的专业名称。

多数情况下各高校有统一的封皮模板，认真填写即可。

2. 目录　目录即论文的纲目，主要学位论文和毕业论文需要，其他论文一般不要求有目录。标引论文目录的目的是让读者看完目录之后，对论文的选题、中心内容、结构安排等，有一个初步的了解和评价。目录的内容一般由两级标题表明，即“一”和“（一）”两层或“1”和“1.1”两层。

3. 摘要　又称概要或内容提要，是对论文基本内容的浓缩，是论文内容不加注释和评论的简短陈述。要求简要概括论文的观点和主要内容。中文摘要一般以200～300字为宜。

4. 关键词　关键词是为文献标引或检索而从论文中选取出来，能表达论文主题内容和属性类别的词、词组或术语。每篇论文选取3～5个词作为关键词，另起一行，标在摘要的左下方。标引的秩序应根据含义由大到小、由内容到形式，每一关键词之间留一空格，不加标点。

（二）主体部分

1. 绪论　绪论也称引言、导论、导言、序言，是学术论文正文的开头部分。论文在此处的内容包括研究动机、问题背景、选题原因、和实际的关系、研究的重要性、研究目的、研究假设或待解决问题、名词及定义，以及研究范围和限制等。文献资料作有系统的鉴别、综合、整理与分析。扼要地归纳及比较，并提出个人见解及评论，建立研究的线索与思路。

2. 正文

1）能清楚地描述取样对象及方法、范围和性质，选用适合的研究工具，详细交代研究的实施程序，有初步性探讨，以确定研究方法及程序的可行性。

2）正确、清楚及合理地将资料整理、交代和分析。统计图表的应用适当而且清楚。

3）论文的主要观点在此部分得到充分的论证，包括理论和实践两个部分。

3. 结论　结论是立论在得到证明之后的自然归宿，应与本论部分的立论相一致。它是对本论部分的主要观点做科学的概括，而不应当是不厌其烦的重复。要求做到以下两点。

1）结论是放在大架构中的思考分析，观点需要具体明确，要有自己的创见。

2）直接回答研究问题。论据充分，层次清楚，观点明确，要点分明，评论合理可信。建议具有参考价值。

4. 参考文献　文后列出参考文献的目的和作用有三：一是表明作者对他人研究成果的尊重，也表明作者对课题研究的依据及科学而严谨的治学态度；二是从另一个侧面反映了本课题研究的深度和广度，有利于自己今后进一步研究该课题时作必要的参考；三是有利于研究相同或相似课题的同行了解此项研究前人所做的工作。格式要求如下。

1）著作：作者、书名、出版社、出版时间、页码。

例如：张传军，钟宝. 饮食文化［M］. 东北师范大学出版社，2014：64-132.

2）期刊：作者、论文篇名、刊号、年、卷（期）、页码。

例如：卢肖平. 马铃薯主粮化战略的意义、瓶颈与政策建议［J］. 华中农业大学学报（社会科学版）. 2015（03）：1-7.

3）博、硕士论文：作者、论文篇名、刊号、年、卷（期）、页码。

例如：杨妍. 马铃薯泥品质影响因素研究［D］. 江南大学. 2007. 06. 23-40.

5. 致谢　它是指对在毕业论文的研究和写作过程中，给予过帮助、支持的个人和组织表示感谢。

6. 注释或附录　注释或附录是指对论文中的引文出处和某些词语的说明和解释。分尾注、脚注和夹注。其格式与参考文献的格式一致。

（三）毕业论文的字体、字号、格式

毕业论文的字体、字号、行间距等内容，各个学校会有统一的模板，写作时按模板要求写作即可。

本章小结

本章主要阐述烹饪专业教学研究内容、方法等，教学研究选题，以及学生毕业论文写作的要求，重点在于如何进行教学研究选题，学生如何书写本科毕业论文。该章是本科学生必须要掌握的技能。

思考练习

根据教学研究选题、论文写作要求，围绕烹调工艺内容自拟题目，完成一篇论文。

第二篇　烹饪专业主干课程的教学方法

教学方法在我国古代已经出现，因为存在教学行为，自然会有与之相应的教学方法。教学方法是指师生为有效完成一定的教学目的和任务，而在教与学的互动过程中采用的方式和手段的总称。它是完成教学任务、实现教学目标和提高教学质量的关键所在。完成教学任务需要一定的教学方法，在目标、任务、内容确定以后，教师能否恰当地选用教学方法，就成为其能否完成任务并实现预期目标的决定性因素。同样的教学内容，不同教师教授的效果差异很大，除了教师的知识水平和教学态度外，关键就是教学方法问题。用什么样的教学方法，不但影响着学生对知识、技能的掌握情况，而且对学生的智能和个性发展有重大影响。烹饪专业常用的教学方法有讲授教学法、演示教学法、案例教学法、示范教学法、三段式实习指导法、讨论教学法等。

第七章 烹饪化学的教学方法

学习目标

通过本章的学习，使学生了解烹饪化学课程的性质，掌握适合该课程的教学方法，并能合理利用不同的教学方法进行教学。

知识导入

烹饪化学是烹饪专业一门重要的基础课程，目前已形成了较为系统的理论体系和未来发展延伸的方向。烹饪化学的发展离不开其他学科理论与技术的支持，并将与其他学科进一步交叉融合。烹饪化学与烹饪原料学、烹饪营养学、烹饪卫生与安全学、烹饪工艺学、面点工艺学等学科密切相关，彼此相辅相成、互相搭界但又不混淆，作为基础课程如何最大限度让学生学懂，教学方法至关重要。

第一节 教学方法的选择

一、烹饪化学课程分析

烹饪化学是高等烹饪营养与教育、餐饮管理与服务、西餐工艺、烹饪工艺与营养等专业的一门重要的专业基础课，是烹饪学科体系和营养学科的重要组成部分。烹饪化学为烹饪工艺学、菜肴制作技术等专业课程直接提供科学理论基础和知识，同时也为烹饪学科的其他有关课程如营养卫生学、烹饪原料学提供相关理论和知识；使学生能以现代食品科技的观点、知识和方法来更好地学习和掌握烹饪技能，提高学生的科技文化水平和整体素质，增强学生适应社会和烹饪职业的能力。该课程要求学生了解烹饪原料及菜肴的化学组成，熟悉其主要成分的重要理化性质及与之相关的应用；了解烹饪加工中的有关理化变化及工艺中的应用和控制；了解菜肴色香味的化学基础知识及有关应用。

二、适宜采用的教学方法

适合烹饪化学课程的教学方法主要有讲授教学法、演示教学法、实验教学法、多媒体教学法等。

（一）讲授教学法

讲授教学法指教师通过语言系统，连贯地向学生传授科学文化知识的方法。该方法能使学生在短时间内获得大量系统的科学知识，有助于发展学生的智力，也便于教师按计划有条理地完成教学任务，充分发挥教师的主导作用。这种方法的教学内容往往是由教师以系统的方式传授给学生，学生没有充分的机会对学习内容及时作出反馈，因而学生的主动性和积极性不易发挥。

1. 主要讲授方式　教师通过口头语言向学生描绘情境、叙述事实、解释概念、论证原理和阐明规律。它是教师使用最早的、应用最广的教学方法，可用以传授新知识，也可用于巩固旧知识，其他教学方法的运用几乎都需要同讲授教学法结合进行。讲授教学法有多种具体方式。

1）讲述，侧重生动形象地描绘某些事物现象，叙述事件发生、发展的过程，使学生形成鲜明的表象和概念，并从情绪上得到感染。

2）讲解，主要是对一些较复杂的问题、概念、定理和原则等进行较系统而严密的解释和论证。讲解在文、理科教学中都广泛应用，在理科教学中应用尤多。当演示和讲述不足以说明事物内部结构或联系的时候，就需要进行讲解。在教学中，讲解和讲述经常是结合运用的。

3）讲演，教师就教材中的某一专题进行有理有据首尾连贯的论说，中间不插入或很少插入其他活动。

4）讲读，是教师的讲述、讲解与学生的阅读有机结合，讲、读、练、思有机结合的讲授方式。

2. 基本要求

第一，课前要认真备课，对要讲授的知识点做到胸有成竹，讲起来才能游刃有余，同时要注意学生反馈，调控教学活动的进行。

第二，教学语言要准确，有严密的科学性、逻辑性；吐字清晰，音调适中，速度及轻重音适宜；讲授时要有一定感情的投入。

第三，充分贯彻启发式教学原则，讲授的内容须是教材中的重点、难点和关键，使学生随着教师的讲解或讲述开动脑筋思考问题，讲中有导，讲中有练。学生主体作用表现突出，表现为愿学、想学，才能使讲授教学法进行得生动活泼，而不是注入式。

第四，讲授的内容宜具体形象，联系旧知识抽象的概念原理，要尽量结合其他方法，使之形象化，易于理解。对内容要进行精心组织，使之条理清楚，主次分明，重点突出。

（二）演示教学法

演示教学法是教师通过展示实物、直观教具或演示实验等示范性操作，使学生获得知识或巩固知识的方法。使用时要求做好演示前的准备，要使学生明确演示的目的、要求、过程，讲究演示的方法。

这种方法综合运用了实物直观教学法和任务驱动法把教学内容以任务的形式演示给学生，这样就能很好地掌握相关的教学内容。演示教学法对学生知识理解的作用在于它能依据学生的识记特点，把成套的、连续的、整体的教学内容化整为零、变快为慢、化小为大，既掰得开，又揉得细，做到重点的地方重点教授，使本来看不见或看不清的东西变为看得见、看得清，使抽象难懂的东西成为具体的易识记的东西。根据学生不同的认识阶段，提出不同的要求，利用正确的感性材料，纠正学生在知识理解上的错误，以教师演示动作的鲜明性、生动性、准确性帮助学生确切地理解教材、掌握教材，用教师提供的大量感性材料，帮助学生形成正确概念，揭露事物的本质特征，培养他们抽象的概括能力，发展智能。实践证明，演示教学法不失为一种灵活运用的知识传递方法。

演示教学法一般分为以下三种：①启发性演示，即让学生先观看演示，然后思考问题，学生有了感性知识后，就能更容易明白教师讲解的内容；②巩固性演示，即先讲授教学内容，再看演示，用以巩固或印证所讲的知识；③复习性演示，即用实验进行提问、考查等。

演示教学法对于基础理论知识的传授来说是比较好的方法，在强调学生创新素质和能力培养的今天自然应该把握分寸，恰当应用。关键要根据知识、能力、素质发展的不同教学目标，配合使用，灵活运用。演示教学法开始要引发问题，创设问题情境，启动学生思维，应用演示教学法能调动学生的积极性，使学生进入角色。

1. 演示教学法设计

1）确定教学对象，设定教学目标。

2）演示前要做好准备，避免因出现预想不到的问题而浪费时间，影响教学效果。

3）演示时要尽可能让学生运用多种感官去充分感知演示对象，创造手、脑、眼、耳并用的学习条件，提高教学效果。

4）教师要引导学生观察演示对象的主要特征和重要方面，把握好教具呈现的时机，防止分散学生注意力或使他们的注意力分散到一些细枝末节上，要引导学生进行比较、分析、综合，得出科学的结论。

2. 演示教学法的应用分析

（1）应用条件和场合　要运用演示教学法进行本项内容的教学，所需要的条件和场合主要有：具有实际操作经验的教师、专业专用教室、演示内容所需仪器设备及材料等。

（2）目标、内容　目标：演示教学法的目标是通过教师的演示，使教学内容变得活泼生动，学生能从直观的演示中获得比普通的讲授更多的知识与灵感。

内容：教学法中，学生学习的途径由以课本为中心转变为以演示为中心。若教师选择了一个比较适宜的演示，则可以充分调动学生的学习积极性。所以教师应注意选择恰当的演示。演示的内容所涉及的知识和技能应在教学大纲所要求的范围之内，内容是学生比较熟悉的，通过学生的认真学习与观看是有能力完成的。

（3）注意事项　演示内容的确定应注意以下事项。

第一，演示要具有可行性，即演示应从已有的教学资源和教学大纲规定的范围出发，可以选择在以前课堂上讲过的例子，或者学生比较熟悉的，这样学生可以在演示过程中或结束时有较深刻的体会，也能融入到演示中去。

第二，注意所选择演示内容的简易性，即不应选择太难的例子来演示，演示的内容应是学生比较容易掌握的，增强学生学习的自信心，调动学生学习的积极性。在实施演示教学法的初期应该是这样的，在实施了一段时间后，随着学生本身操作技能的提高及理解力的上升，可以适当提高演示内容的难度，教师应该把握好这个度，不能一直保持在一个水平，也不能将难度提得太高。

第三，演示的内容应具有可操作性，即演示应当是适应课堂的，有些菜肴的制作或许具有较高的技巧或难度，应当演示给学生看，但在课堂上实施，由于条件、时间等的限制，就不具有可操作性。

第四，演示应当能激发学生学习的自觉性。这就要求教师不仅要有较高的专业实际操作水平，还要选择合适的例子，在演示过程中，让学生体会到烹饪是一门艺术，一门需要经过刻苦的努力才能取得成功的艺术，激发学生自觉学习的动力。

第二节　教学方法的运用

适用于“烹饪化学”课程的教学方法很多，下面以演示教学法为例，选取烹饪化学课程中的“蛋白质的起泡性及其在烹饪中的应用”一节进行运用，主要进行教学设计及教案的写作。

一、教学目标

掌握蛋白质起泡性的相关原理及能够制作相关食物。

二、教学重点

熟悉原理并能利用该原理制作相关食物。

三、教学设备及原料

鸡蛋、白糖、面粉、打蛋器。

四、教学过程

1）讲授：讲授蛋白质起泡的原理及要演示的相关品种。

2）演示：①利用打蛋器搅打蛋清，让学生观察蛋清的变化；②演示蛋糕的制作和雪衣豆沙的制作。

3）提问、重复操作：根据演示内容，允许学生进行提问，如果多数学生对于某个操作步骤理解不够准确，可以进行重复性操作，加深理解。

4）课后作业：要求以小组为单位，利用蛋白质的起泡性制作一款食品。

本章小结

本章主要讲述了两种适合于烹饪化学的教学方法，通过该方法能够更细致地学习相关知识。

思考练习

结合课程特点设计不同的教学方法，并写出设计思路。

第八章 烹饪原料学的教学方法

学习目标

通过本章的学习，使学生了解烹饪原料学课程的性质，掌握适合该课程的教学方法，并能合理利用不同的教学方法进行教学。

知识导入

烹饪原料学课程是阐述各类烹饪原料特点、种类、营养价值及烹饪运用的一门专业基础课程。通过本课程的学习，使学生能正确地认识与掌握各种烹饪原料性质和特点，了解烹饪原料在烹饪中的运用规律。烹饪原料课程是一门极其重要的专业基础课程，为后续烹饪专业课程的学习打下基础。

第一节 教学方法的选择

一、烹饪原料学课程分析

烹饪原料学的主要内容包括烹饪原料的资源和分类、烹饪原料生物学基础、烹饪原料的色香味形基础和烹饪特性、烹饪原料的品质检验和保藏原理、粮食类烹饪原料、蔬菜类烹饪原料、果品类烹饪原料、花卉药草类烹饪原料、畜禽类烹饪原料、蛋品和乳品烹饪原料、鱼类烹饪原料、其他水产品烹饪原料、干货制品类烹饪原料、半成品烹饪原料、调料和食品添加剂、辅助烹饪原料及烹饪原料的安全性等，知识讲解深入浅出，简洁精练，具有较强的适用性和实用性。烹饪原料学作为高等职业院校、高等专科学校及本科院校高职教育烹饪、餐饮管理与服务等相关专业的课程，为学生今后从事相关工作打下坚实基础，通过本门课程的学习，要求学生认识各种原材料，并熟悉其食用方式和适合的烹饪方法。

二、适宜采用的教学方法

适合烹饪原料学课程的教学方法主要有讲授教学法、演示教学法、实验教学法、参观教学法、多媒体教学法等。

（一）实验教学法

实验教学法是学生在教师指导下，利用一定的材料、仪器设备进行独立作业，通过观察事物的变化获得知识的方法。

1. 实验教学法教学的特点

1）学生亲自动手，利用一定的仪器、设备、工具，通过实验获得直接知识。

2）学生亲自参加实验性的实践活动，获得的知识印象深刻，能更加确定知识的可靠性。

3）实验教学法本身可以培养学生的科学态度、科学方法和科学实验技能，提升学生独立开展研究的能力。

2. 运用实验教学法的基本步骤

1）认真计划。主要进行教学内容的计划，包括题目、目的、要求，实验所需仪器、材料、工具等。

2）班级分组。教学实践中一定要进行分组实验，确保实验效果。

3）实验准备。对实验所需的仪器、设备、材料等做好检查和准备，确保实验能够顺利进行。

4）讲清实验目的及要求并做好指导。实验开始前，要讲清实验的目的及要求，必要时要对相应的仪器设备的使用方法进行讲解，让学生掌握正确的使用方法后再操作，减小实验的误差。实验进行时，要随时检查学生的操作情况，指导纠正实验中的错误，帮助解决实验中遇到的困难。

5）总结评价。实验完成后，及时总结，评价优缺点，明确改进方向。

（二）参观教学法

参观教学法是教师根据教学目的组织学生到校内外一定场所，对实际事物进行直接观察，从中获得知识或巩固验证已学知识的一种教学方法。由于烹饪原料的种类繁多，样式不一，质地不同，描述过程较为困难，参观教学法这种直观教学方式有效地使教学和生产实际密切联系起来，帮助学生更好地领会、认识所学知识。

1. 参观教学法的种类

（1）*准备性参观*　在讲授某一节课程之前，先组织学生去农贸市场、屠宰场、标本馆等地进行实地参观，这种参观的目的是为学生学习新知识积累必要的感性认识和引起学生的兴趣，为正式学习奠定基础。

（2）*并行参观*　在学习某一节课程的过程中，为了方便讲解和加深学生的印象，将学生带到实地，根据实际原料，进行有条例的参观讲解，老师相当于讲解员的角色。

（3）*总结性参观*　在讲授完某一节课程之后，组织学生参观已讲过的东西，这种参观可以帮助学生巩固和加深课堂上所学过的知识。

2. 参观教学法的步骤

（1）*参观前准备*　根据教学的要求，确定参观的目的和地点，认真做好相关联系工作；参观前教师应先亲临现场去了解参观的地点和所需观察的对象情况；制订参观计划，包括具体要求、观察的重点和进行的步骤及注意事项；出发前向学生说明参观的目的、要求，简单介绍参观对象的情况，向学生提出相应的注意事项和应遵循的规律。

（2）*参观中的要求*　如果参观的目的是让学生搜集感性材料，获得实际知识，就应要求学生认真听取讲解人的讲解，把注意力集中在重点观察对象上，并作记录；如果要在现场进行教学活动，教师首先要简明扼要地向学生讲明原理，然后结合现场，边参观边讲解，同时启发学生提出需要解决的问题，并给予解答，且要注意使全体学生都能参与到教学活动中，最后作出小结，巩固收获；参观讲解结束后，可以组织学生进行提问，进一步了解某些特殊原料的相关特性和食用方式；参观调查过程中注意安全。

（3）*参观总结*　参观结束后，要及时进行总结，教师对照参观计划考查完成情况，并根据教学要求，指导学生整理有关材料，引导学生把所获得的感性认识上升为理性认识。

第二节　教学方法的运用

适用于烹饪原料学课程的教学方法很多，下面以参观教学法为例，选取烹饪原料学课程中的"动物性原料"一章进行运用，主要进行教学设计及教案的写作。

一、教学目标

通过参观，使学生了解动物性原料的主要种类和品种特点，熟悉肉质特性、分档取料及应用，能够正确地选择和运用不同的动物性原料。

二、教学重点及难点

畜类原料的分类、分档取料及应用；禽类原料的分类、分档取料及应用；水产类原料的分类及应用；蛋、乳类原料的特性及应用。

三、教学准备

1）制订教学计划，明确参观目的。

2）选择、联系参观地点，提前进行实地考察，确定参观流程及参观重点。

3）确定出行方式，确保出行安全。

四、教学过程

1）由参观地的负责人介绍总体情况，由各部门或各摊位负责人介绍各种原料的具体特性和使用方式；或者由教师结合工作实际对各种原料进行讲解。在该过程中，学生可以通过记录、照相等方式对原料进行记录。

2）参观结束时，组织学生进行座谈提问，之后教师对参观情况进行总结。

3）课后要求每位学生书写分析报告，对各种原料的特征、食用方式进行介绍，考查学生的掌握情况。

本章小结

本章重点讲述了两种适合于烹饪原料学课程的教学方法，通过该方法能够帮助学生更细致、全面地学习相关知识。

思考练习

选择一节烹饪原料学课程，采用实验教学法进行教学设计及教案写作。

第九章 饮食营养卫生学的教学方法

学习目标

通过本章的学习，使学生掌握适合该课程的教学方法，并能合理利用不同的教学方法进行教学，以提高教学质量。

知识导入

饮食营养卫生学是烹饪专业的一门专业基础课，本课程的任务是通过对营养学与食品卫生学的学习，使学生能够运用所学知识解决实际操作中的一般技术问题，掌握营养配餐、营养成分测定及相关食物卫生问题、微生物指标检测知识，并在今后的工作中能较快地适应生产岗位的需要，能负担相关技术岗位的工作。

第一节 教学方法的选择

一、饮食营养卫生学课程分析

饮食营养卫生学是烹饪专业的一门专业基础课程，是在现代应用营养学、卫生学的基础原理指导下研究烹饪过程与营养、卫生关系的一门应用性学科，是学生在修完烹饪化学、烹饪原料学、烹调工艺学等专业基础课及专业课以后开设的。本课程有较强的科学性、社会性和应用性，能够防止病从口入，在确保消费者安全方面起到决定性的作用，与国计民生关系密切，学科的形成与发展受文化、经济、科学技术的影响较深，是烹饪与营养教育专业学生综合专业的一部分，在专业学科中占有重要地位。

通过本课程的系统学习，使学生了解人体对营养素的消化、吸收、需要量、供给量及食物来源，营养素缺乏症或过多症的表现、诊断及预防，掌握平衡膳食的一般规律，了解并掌握烹饪原料的营养价值，烹饪原料在加工过程中营养素的各种变化，以达到合理烹调、合理膳食，增进健康、增强体质、预防疾病的目的，了解烹饪卫生的内容及学习方法，掌握餐饮食品生物性危害及其控制、烹调工艺的卫生与安全，为后期的烹饪学专业课程奠定理论基础。

二、适宜采用的教学方法

适合烹饪原料学课程的教学方法主要有案例教学法、调查教学法、实验教学法、讲授教学法、项目教学法等。

（一）案例教学法

案例教学是以教学案例为载体，是基于一定的教育目标，选择一定的教学案例从事教学的一种教学方法。

案例教学法是教育者本着理论与实际有机结合的宗旨，根据教学目的和要求，以案例为基本素材，将学生引入特定的真实情境中，通过师生间的多向互动，积极参与平等对话和研讨，重点培养学生的批判、反思意识及团体合作能力，并促使学生充分理解问题的复杂性、变化性和多样性等的教学模式。案例可以把抽象的原理、概念等具体化，把它们置于一定的实际情景中。

烹饪专业案例教学法是将案例讨论的方法运用到课堂教学活动中，是教师根据课堂教学目标和教学内容的需要，通过设置一个个具体案例，引导学生参与分析、讨论、表达等活动，让学生在具体的问题情境中积极思考、主动探索，以提高教与学的质量和效果，培养学生认识问题、分析问题和解决问题等综合能力的一种教学方法。它与其他教学方法不同，不但指向于教，而且涵盖于学。案例教学法可以在烹饪专业的许多教学内容中运用，如在营养学、食品安全学、菜肴创新、筵席设计、原料采购等教学内容中运用。

1. 案例教学法的设计

（1）*准备阶段* 由于课堂授课时间非常有限，所以课前准备环节就显得尤其关键，这个阶段是整个课程案例教学的基础。和其他教学方法相比，案例教学法需要教师和学生在课堂教学前都做好充分的准备，他们一定要熟悉该堂课案例教学的相关内容，能够分析并且评估相应的案例内容，从而使案例教学法在该课程中得以顺利实施。

一是教师准备。首先，教师要确定教学目标。其次，根据课程的教学目的编写或选择相应的案例。再次，案例必须体现时效性，反映社会热点话题。最后，案例难度必须适当，要和学生的知识水平及分析能力相适应，贴近学生的生活和专业。

二是学生准备。学生作为案例教学法的主体，其课前预习的充分与否对案例教学法预期效果能否达到起着非常重要的作用，所以，教师应该在用案例教学法的前两周将一些相关的案例材料发给学生。学生应该首先对这些案例材料进行深入的阅读和分析，做到了然于胸，并且能够理解教师设计这些案例的真正意图所在，其次将在课上需要交流的问题及时提炼出来，作好和其他同学在课堂上进行讨论的准备。

（2）*教学实施* 教学实施就是在课程活动中，教师组织学生对所选案例进行探究，进而去发现和解决问题。在课程组织阶段，教师扮演着穿针引线的主持人角色，应该注意到每个具体的环节，以辅助此案例教学的顺利开展。这个环节可以从以下几个方面进行。

第一，班级分组、布置任务。根据班级人数，把班级分成若干组。根据选课人数，在分组的时候，教师应该考虑尽可能地将不同学习能力和水平的学生分在同一组以保证小组讨论得以顺利地开展。此外，为了体现小组讨论的有序性，教师应该为每组指定或者由组员推举一位小组长。小组长主要负责组织本小组的讨论、整理本组的发言提纲。在这个环节，教师的主要职责就是在最大程度上发挥自身的主导作用，引导、组织学生开展好小组讨论，把握好学生讨论的议题，使小组讨论可以持续有序地进行。

教师在引入案例之前，应该简明扼要地提出对学生的要求。一方面，要求学生在接下来的学习过程中做好案例记录，要记录下案例描述中的关键细节和自己对于案例的疑惑之处。另一方面，教师可以提出一些思考题目，以供学生一边思考问题一边聆听案例陈述。

第二，陈述案例。教师对所选案例的背景做简要的回顾性介绍，这是课程案例教学的开端，主要让学生对案例的来龙去脉有一个清晰的了解。

第三，小组讨论。小组讨论在整个案例教学的实施过程中起着至关重要的作用，决定着案例教学的成败。小组讨论的宗旨在于，让学生在熟练把握人与人之间交流和沟通的基础上，提升他们的团队精神和合作意识。

第四，班级讨论。每个小组首先要派出代表向全班同学汇报、陈述本组对某一议题的讨论结果。接下来，由该小组其他成员对小组代表的发言进行完善和补充。然后，由其他小组的成员就刚才小组发言者的陈述进行提问，由刚才的发言者回答疑问。最后，全班同学一起就该议题进行讨论，达成一个接近统一的答案。在这个过程中，教师应该尽量不打断学生的发言，只有当学生的讨论偏离了议题或者在某一点上反复纠缠时，教师才要用一些过渡性的话语，使讨论回到正题。

第五，教师总结和评价。在班级讨论结束后，教师要及时地对当堂的案例教学进行总结和评价。一方面，教师应该总结回顾此次案例讨论的思路方法、重点难点，并结合教材上的相关理论就解决的问题给出明确的答案，帮助学生对知识的掌握由感性认识上升到理论的高度；另一方面，教师应该对学生当堂的表现作出简要的评价，将学生的课堂表现及时记录到其平时表现当中，同时指出学生表现的优点和缺点，以便他们下次更好地参与案例教学活动。

2. 学生反馈和教师反思　案例教学课堂活动实施的结束，并不意味着该课程案例教学活动的完结。学生和教师都有一些后续工作要完成，对于学生来讲，他们需要根据课堂的讨论进行反馈，即撰写案例分析报告；对于教师来说，则需要对该堂的案例教学适时地进行反思。

学生在撰写案例分析报告之前，教师应该就案例报告的撰写写作规范和相关内容作出明确规定，并对学生提交的报告进行批改。因此，学生撰写案例分析报告的过程不仅可以培养他们的写作能力，还可以为他们今后撰写学年论文、毕业论文乃至其他学术性论文奠定一定的写作基础。

（二）项目教学法

1. 概念及核心思想　项目教学法是指为让学生在教师指导下通过完成一个完整的“工作项目”而进行学习的教学方法。其核心思想是让学生通过完成一个完整的项目来实现知识之间的联结，发展完整的职业能力。

2. 应用条件和场合　此种教学方法适用于中餐菜品的烹调。

3. 目标、内容、媒体、环境、组织　在项目教学法中，学生学习的途径由以课本为中心转变为以“项目”为中心。好项目可以充分调动学生学习的积极性。所以项目的选取非常关键。必须设计合理的子项目难度梯度。项目所涉及的知识和技能在教学大纲所要求的范围以内，内容是学生所比较熟悉的，通过学生主动的探索和学习是有能力完成的。在项目完成过程中，最好有利于对学生进行情感、态度和价值观的教育，介绍项目内容要讲究艺术性，吸引学生的注意力，激发学生学习的积极性和讨论的热情，特别是结合学生自身的情况，使学生对所确定的项目及其结果有着较强的兴趣。

4. 注意事项　项目的确定可以由几位任课教师和部分学生共同制订。项目的确定应注意以下事项。

1）从已有的教学资源和社会实际状况出发，项目要可行。发掘学生身边的案例，可以让学生自身形成一个比较完整的案例，让学生谈问题、谈感想、谈设想、谈自己亲朋好友的想法和期望。

2）最初实施的项目所涉及的内容应是学生较易掌握的，这样学生的信心就会增强，学习积极性就会提高。以后可以逐步提高项目的难度，可促使学生学习和运用新的知识、技能，解决过去从未遇到过的实际问题。

3）项目任务必须是非常具体的、可操作的。

4）项目应能激励学生收集有关资料，激发学习自觉性。

第二节　教学方法的运用

适用于饮食营养卫生学课程的教学方法很多，下面以案例教学法为例，选取《营养学》“合理的膳食与营养平衡”一节进行运用，主要进行教学设计及教案的写作。

一、教学目标

通过案例教学，使学生了解合理膳食与营养平衡的相关知识，能够利用所学知识解决实际问题。

二、教学重点及难点

合理膳食及营养平衡的重要性；现代文明病产生的原因分析；能够针对不同人群进行营养配餐。

三、教学准备

1）制订教学计划，明确教学目的。

2）教师准备教学案例，并提前公布给学生。

四、教学过程

1）分组及布置任务。

2）案例呈现、提出问题。①你如何看待案例中的“文明病”这一社会现象？案例给我们什么启发？②如何理解合理的膳食营养均衡？③运用所学烹饪知识，结合膳食营养标准设计一款有针对性的药膳。

案例讨论结束后，共同归纳案例教学法的特点及作用。

3）小组讨论、班级讨论。

4）总结。进行两方面总结：一是总结讨论结果；二是总结案例教学。

本章小结

本章重点讲述了两种适合于饮食营养与卫生课程的教学方法，通过该方法能够帮助学生更细致、全面地学习相关知识。

思考练习

选择一节饮食营养与卫生的课程内容，采用其他教学法进行教学设计及教案写作。

第十章 烹饪工艺学的教学方法

学习目标

通过本章的学习，使学生掌握适合该课程的教学方法，并能合理利用不同的教学方法进行教学，以提高教学质量。

知识导入

俗话说“民以食为天”，中国烹饪始终屹立于世界民族之林，得益于精湛的烹饪技艺，本章我们就来学习烹饪工艺的相关知识，烹饪工艺学依照内容构成包括面点工艺学和烹调工艺学，但无论是哪一个，实践操作都是关键。本章学习中注意理论与实操性结合，提高学生的实际动手能力。

第一节 教学方法的选择

一、烹饪工艺学课程分析

烹调工艺学是研究和指导烹调技术体系中技能性很强的一个部分，是烹饪教学体系中一门重要的课程，是继学过中国饮食文化、烹饪营养学、烹饪原料学等基础课之后学习的又一门重要专业课，为学生今后从事烹饪研究工作、烹饪技术工作，以及经营、管理等方面打下坚实基础。通过对本门课程的学习，使学生了解中国烹饪技术体系的形成和发展，理解中国烹饪的主要特点及中国烹饪技法的基本原理，掌握烹调技法的操作流程，并能从事本项工作的独立操作。

面点工艺学是烹饪与营养教育专业的一门主干课程，是继烹饪化学、烹饪原料学、烹饪营养学、烹饪卫生学等专业基础课后所开设的以研究面点的工艺流程、烹饪原理和加工技术为主要内容的一门科学；本课程主要包括面点工艺基础、面坯调制、制馅、成型、熟制工艺、面点的组合与运用等内容，有着完整的专业理论和知识体系，对面点的实践操作有着重要的指导作用。通过本门课程的教学，使学生了解中国面点的历史沿革和未来发展趋势；熟悉我国面点的基本特点和风味流派；掌握面点的加工原理和制作技术，并能根据不同的筵席和设宴目的，对面点进行科学合理的设置和组配，达到具有较深的理论研究和实践操作能力及良好的职业道德和思想素质的目的，为实现专业人才培养目标奠定坚实的基础。

二、适宜采用的教学方法

适合烹饪原料学课程的教学方法主要有练习教学法、示范教学法、三段式实习指导法、演示教学法等。

（一）练习教学法

1. 含义 练习教学法是指在教师指导下，学生通过课堂作业和课外作业，以巩固知识、形成技能技巧的一种教学方法。

这种活动一般要在掌握特定知识的基础上，运用已学过的知识到实际活动之中，通过学习实践活动，巩固和加深已学的知识，并在练习活动中初步学会运用知识于实际的本领。在多次反复练习的过程中，掌握技能技巧。练习还有助于培养学生分析问题和解决问题的能力，发展其创造能力和工作才干，培养学生对工作认真负责和勇于克服困难的品质。

练习教学的种类很多，针对不同专业特点有不同的练习要求和方法，如烹调专业的学生菜肴制作练习、面点专业的学生面点品质制作练习、旅游专业口头模拟导游练习等。

2. 基本要求

1）要使学生明确练习的目的与要求，并在有关理论指导下进行练习。

2）练习时，既要使学生知道自己练习的目的与要求，又要在练习后知道自己的练习结果，能自我检查、自我分析、及时发现问题及时解决。

3）要注意练习的经常性和循序渐进性。练习做到有计划，有步骤。

4）结合实际，尽可能使练习多样化，难易程度也要适中。

（二）示范教学法

示范教学法就是以示范技能作为有效刺激，引起学生相应的学习行动，使他们通过模仿，有效地掌握专业技能的一种教学方法，示范教学法是专业课教学的基本方法。

1. 示范教学法的特点　示范教学法具有鲜明的特点，在示范性教学中，教师操作示范，学生观看、记忆、模仿，在这个教学过程中，教师是主体，学生是客体，传播的过程即示范表演的过程。因此，教师的一举一动都是学生感知、记忆的对象，具有示范性。在示范性教学中学生通过眼、耳等感觉器官来感知操作要领、工作程序及注意事项等，再辅之以记忆思维，最终学会操作技能，因此具有感知性；示范性教学中教师操作、讲解，学生观看、记忆、练习，是一个师生互动的过程，所以示范性教学具有互动性。

2. 示范教学法的程序　示范教学法的程序比较简单，一般程序是确定教学目标→提出示范主题→说明模仿要求→示范操作过程→学生模仿练习→评价总结。在专业教学中，示范教学法的运用最为普遍，具体应用可以归结为三类，第一类是以教师为主体的示范教学方法，第二类是以学生为主体的示范教学方法，第三类是以师生示范为主体的教学方法。

3. 示范教学法的分类

（1）*以教师为主体的示范教学法*

1）概念：就是以烹饪专业教师示范各种烹饪技法的操作方法、工艺流程、操作要领作为主要教学媒介，引导学生尝试、模仿、思考，进而掌握专业技能的教学方法。

在烹饪专业课的教学中，教师的示范操作是学生学习的主要途径，其操作的方法、技巧、经验都是通过示范性操作传授给学生的。许多烹饪行业的特级大师都有手把手的授业恩师，手把手的概念其实就是示范教学法。示范教学法的应用非常广泛。例如，在进行刀工训练、火候掌握、油温控制、成熟度的把握等具体操作技巧的教学时，没有教师的示范讲解，学生无论如何也是领悟不到其中的细微变化的。

2）应用条件和场合：以教师为主体的示范教学法，可以胜任烹饪专业的所有技术操作性工作，无论是高档宴席的制作，还是造型菜品的展示，教师都能以示范的形式进行教学活动，而且不受时间地点的影响。例如，我们经常可以看见专业教师进行的现场展示，如现场抻面、扯面、刀削面表演，蒙眼雕刻、月季花雕刻还原、气球上拉肉丝、后背上剁肉馅、电磁炉上制作文思豆腐等技术展示。

3）目标、内容、媒体、环境、组织分析：以教师为主体的示范教学法，在制订教学目标时，要充分考虑专业设施设备的实际情况及原材料的实际情况。要根据学生的接受能力，选择合适的示范环节，如果是面对高一的学生，则尽量用最简捷的示范方法，达到教学目标，如果面对的是高三的学生，则要用尽量多的示范方法表达教学目标。

以教师为主体的示范教学法在进行教学内容的阐述时，要化繁为简，化整为零。例如，在进行月季花的雕刻过程中，要将月季花的花瓣与花瓣面坯的关系进行交代，并且要一瓣一瓣地进行讲解，将每一个操作动作进行分解分析，越细致越好，这也是示范教学法的优势。

以教师为主体的示范教学法可以使用的媒体非常多，可以是日常操作使用的工具和设备；也可以用实物投影仪、数码照相机、摄像机将操作的流程和环节进行详细解读；还可以用其他人或视频材料进行示范，教师进行解说和引导。所以在以教师为主体的示范教学法中，要注意对各种媒介材料进行细致的研究，并将其运用于此教学方法之中。

在进行教学组织时，教师要时刻观察课堂中学生的学习情绪，及时调整示范过程，不要只管自己操作，完成示范主题即可，要将教学内容与学生活动进行有效的组织。并注意用问题引导学生参与到示范教学之中，不能让学生无所事事而溜号。要运用多种方法尽可能营造有利于学生分析、比较、讨论的环境，还要多使用最能发挥示范功能的多功能烹饪实习室，实现理实一体化教学。

4）注意事项：教师在进行示范教学时，最容易犯的毛病就是只顾自己的操作环节，或者陶醉于这种操作的氛围之中，而忽略了对课堂的控制。因此在进行示范教学法时要有针对性地做好以下两个方面的工作。

第一，营造问题情境。教师在示范教学中，通过设计有针对性的问题引起学生对示范操作的思考。引起学生注意，启发学生积极思维，强化学生的记忆。例如，有意突出菜肴制作过程中的物性变化、色泽变化、色彩搭配及菜品典故等，引起学生的注意，激发其认知兴趣。另外，通过饮食文化史、菜系发展史等来影响学生关心所学的专业，从而更加了解自己的专业，更加热爱自己的专业。

第二，激发学习动机。教师在烹饪工艺示范教学过程中，要用激烈的餐饮市场现状、就餐者的口味趋向，分析新工艺、新原料、新菜点与烹调技术的关联。在每一次示范教学中培养德、勤、智、技全面发展的烹饪专业学生，激发学习的热情，立足当前，把握今天，努力学好专业知识和专业技能。

（2）以学生为主体的示范教学法

1）概念：就是以烹饪专业的高年级学生、同一年级其他班的同学或者是本班学生为示范主体，这些学生在一定程度上比其他学生的操作技能要熟练和准确，通过学生示范专业技巧、制作方法、工艺流程、操作要领作为主要教学媒介，引导学生尝试、模仿、思考，进而掌握专业技能的教学方法。

在实践过程中，运用以学生为主体示范的教学方法可以有效地刺激学生的学习热情，体现了教学中以学生为主体的教育理念。

2）应用条件和场合：烹饪专业的所有技能性项目均适合采用示范教学法，但在应用以学生为主体的示范教学法时，还是要进行精心的选择和设计的。

此种方法在选择应用场合时要慎重，多应用于基本功训练课、复习课教学中。

3）目标、内容、媒体、环境、组织分析：以学生为主体的示范教学法的目标是通过这些“小先生”，形成一种明确、具体的表述，表明通过“小先生”的示范行为说明教学的结果，并使学生学习的目标明确、具体、可观察、可操作和可测量。

以学生为主体的示范教学法在选择内容时，要注意选择技能操作不太复杂，学生可以自行掌控的项目，如刀工、勺工技术，简单的面食或菜肴的配菜和制作等。对难度较大、技术关键较多的操作项目还是应以教师示范为主。

以学生为主体的示范教学法中媒体运用不宜过多，主要突出“小先生”自己的学习经验和感受，应用部分平面课件即可。

以学生为主体的示范教学法中，教师的主导地位非常明显，要始终处于组织者和领导者的角色，要时刻观察“小先生”的操作情况，还要观察其他学生的学习情况，随时调整教学进程，组织教与学的各个环节，尤其是要组织好总结内容。

这种方法最适宜选择在实习室中进行，因为这种环境可以模糊教学的情境，“小先生”不会感觉到紧张。

4）注意事项：以学生为主体的示范教学是一个特殊的教学过程，学生的心理变化会直接影响着教学的效果，因此，作为教师要时刻观察学生的各种表现，有针对性地做好以下两个方面的工作。

第一，突出示范生的学习热情，而不以他们的优秀技能作为主要引导方向，避免打击技能掌握较慢学生的学习热情，注意引导学生的学习情绪，要树立目标，为成为“小先生”这样的优秀学生而努力。

第二，要将示范生学习这些技法时出现过的问题，摆在学生面前，展现技术学习的困难，突出训练的成效，把“小先生”克服困难、认真训练的精神摆出来与学生分享。

（3）以师生示范为主体的示范教学法

1）概念：是指学生在教师的指导下，进行某些新技能方法的示范，但技术难度还不宜过大，在进行技术难度较大的操作时，教师再进行示范操作，或者是学生给教师打下手，配合教师进行专业技能方法的示范。这种教学方法是教师示范法和学生示范法的综合运用，最能够体现当前的教学理念，即师生互动式教学模式。

在这种教学法中，让力所能及的学生成为助教，既有利于教师的导和教，又有利于学生的学和做。例如，在进行菜肴制作时，某些配料、小料、调料的制作，糊浆的调制和盘饰等操作完全可以交由学生来完成，这对于专业技能的提高和工作习惯的训练具有非常重要的价值。

2）应用条件和场合：使用这种教学方法的前提条件是学生必须熟悉操作项目的部分内容，比如说，在进行干煸牛肉丝的制作方法教学时，学生可能不会菜品的炒制过程，但是对于切肉丝并不陌生，只是对于肉丝的粗细要求不太了解，所以可以让学生来为老师做助手，教师指导其完成肉丝的切配工作，同时完成示范教学的部分内容。

使用这种教学方法时，可以选在专业技术考级或教学实习活动结束后进行的教学活动中，此时学生的操作水平都有了较大的进步，大部分学生可以在教师的语言指导下进行菜点的制作，可以有选择地引导学生配合教师进行高档菜点或造型菜点的示范制作。

3）目标、内容、媒体、环境、组织分析：以师生为主体的示范教学法的目标是通过对这些菜点的共同制作，使学生主动参与到研究型学习之中，而不再是旁观者或“应声虫”，形成自主学习的习惯。

以师生为主体进行示范教学时，要选择技能操作相对复杂的内容，强调技术，要求举一反三。例如，让两名学生各自进行水煮鱼和酸菜鱼的制作，让所有学生从两道菜的刀工处理、成菜色泽到口味区别上进行比较，找出其共性特征和差异性特点。

以师生为主体的示范教学法，对于原材料使用要求较高，而且非常有特点，不再以大量的原料进行训练为主，而是以精细化原料的差异性使用为主。因此，在菜点的应用上要求使用更多、更贵重、更有特点的原料和调料。

以学生为主体的示范教学法中，教师的主导地位更加明显，要始终处于组织者和观察者的地位，要用更多、更细致的技术难题和技术细节来控制学习的过程和组织形式。在组织教学时，可以根据原料的贵重程度，选择一个学生、几个学生、几组学生或全班学生的示范操作，可以采用各种形式的趣味竞赛、小组对抗、生生对抗、师生对抗等活动来调动学生的参与热情和学习兴趣。

这种方法可以以任何形式、在任何环境下进行，因为这个示范可以是在纸上进行的设计，也可以是在实习室中的操作，因此可以不拘形式、不拘环境进行。

4）注意事项：以师生为主体的示范教学是一个研究性的教学过程，在实施过程中既要充分调动学生的创造力，也要注意组织的秩序性，要合理安排教学内容，确保学生对某些技术要有较深刻的理解和掌握。

示范教学法是形象化教育艺术的一种具体体现，实践证明，此法运用恰当，可培养学生的学习情趣，提高学习效果。

第一，要符合专业、教材特点和课型类别的需要，适合进行示范的专业课程，多为技能、技术性要领较多的实践内容，以中西式热菜制作、中西式点心制作为主要内容的课程较适用于示范性教学，在营养、卫生、饮食史等课程教学中就不适宜使用此方法。第二，要贴近学生的生活实际。法国教育家赫尔巴特认为，教学必须首先唤起学生已有的观念，然后在此基础上引导学生掌握新的观念。在运用“小先生教学法”中，如果学生在示范的过程中进入了角色，将家庭生活中菜肴制作的感觉带入示范之中，就会亲历过程感同身受，引起心灵的共鸣，受到启发，加深对操作内容的理解，同时也可升华专业情感。第三，要追求实际效果。示范教学法是学生乐于接受的学习方式，能有效地活跃课堂气氛，激发学习兴趣，巩固知识，形成能力，培养情感。但示范的目的绝不限于此，更是为了实现教学目标，为了追求高效率的课堂教学效果。因此，在使用哪一种示范教学法时，教师要多进行思考，通过学生示范、师生共同示范，学生能学到多少，与教师示范比较是否有差别。所以教师在进行设计与实施示范方法的过程中，一定要把握本质要点，不流于形式，防止使示范教学失去意义。

（三）三段式实习指导法

1. 校内基本功训练指导法 基本功训练课程贯穿了专业教学的全过程，它是一个长期渗透、点滴积累的过程。从接触专业的第一天起就要使学生了解实训操作的重要性，也就是要让每一个学生都必须掌握就业岗位的工作内容和工作技能，确定一切学习的目的都是为了适应专业岗位的需要，这样才能面对就业市场的选择。专业基本功训练、指导过程要从实际工作角度进行教学难度、教学场景的设计，树立良好的职业习惯与专业素质，为学生迈向职业生涯的第一步打下坚实的基础。

（1）校内基地练功　烹饪专业的校内基地其实就是专业技能的实习室，通常情况下，设立烹饪专业的中等职业学校，都要建设专业实习室，基本可分成4个模块，即中餐冷、热菜实习室，中、西式面点实习室，西餐冷、热菜实习室和基本功训练实习室。针对各个教室的功能设计，要配备齐全的训练设施，制订指向性明确的训练科目。

（2）校内分岗训练　模拟实际岗位，创设情境教学。以烹调工艺学为例，在厨房实际工作中，岗位分工非常明确，不同岗位的工作内容与专业技能存在极大的不同，但是各个岗位的专业技能与烹饪专业技能课程所涵盖的知识范围不完全相同，所以在实习训练中要参照实际岗位需要设置情景教学，运用项目教学法将教学过程放置在一个模拟的、特定的情景场合之中。根据现代餐饮生产管理需要，结合现代厨房管理理念，模拟厨房生产部门设置，遵循厨房生产流程布局，围绕厨房生产，设置从（水台岗位）原料初加工→（砧板岗位）切配处理→（炒锅岗位）上灶烹调→（烧腊岗位）冷菜制作加工→（面案岗位）面点制作加工等几个小组，按照工作流程，让学生轮流在各个部门（小组）模拟厨房实际生产过程，让学生在其中扮演角色，既提高了学生学习专业技术的兴趣，又锻炼了学生的实际生产技术能力，同时也让学生了解在工作中各部门、各厨师、各岗位之间密切配合、团队合作的重要性，培养集体协作的意识。

2. 实习基地实习指导法　企业实习是实践教学环节中最主要和最有效的教学方式，是学生接触社会、实践专业技能必不可少的步骤。但是企业实习存在最大的弊端，就是企业不欢迎学校过多参与学生的实习工作，但是学校还不能完全放手学生的实习管理，这就造成了实习存在的众多问题。因此，专业实习必须要着重于校外实习基地的开发和建设，为在实习基地指导学生的专业实践学习打好基础。

3. 餐饮企业顶岗实习指导法　经过实习基地的锻炼后，学生可按计划开展企业顶岗实习，此阶段的学习将是学生独自走向社会的开始，学校不会派带队实习指导教师全程陪护，而是由学生自己独立完成在企业的就业式顶岗实习。大部分用人单位招收这类学生应是在校学习两年之后，由企业直接招聘。对于企业来讲，虽然学生还要经过试用期或培训期，但学生已经过实习基地的轮岗实习，事实上学生已经是经历过企业考察期的员工，顶岗实习就已经等同于就业。对于学校来讲，学生虽然已经到餐饮企业进行过顶岗实习，可以说已经算就业了，但是由于学生还并未真正毕业，仍是学校的学生。所以，学生在顶岗实习期间既是企业职工，又是学生，具有双重身份。在对学生管理上，企业直接负责，学校间接负责。学生在顶岗实习阶段已完全融入企业的工作、生活环境之中，企业以员工的标准管理学生的日常工作，这时学校要积极协助和配合企业的管理，对学生的顶岗实习表现情况进行走访式管理，对于有问题的学生进行疏导教育和配合企业进行严格管理。

第二节　教学方法的运用

适用于烹饪工艺学课程的教学方法很多，下面以示范教学法为例，选取烹饪工艺学课程中的“平刀法和直刀法”一节进行运用，主要进行教学设计及教案的写作。

一、教学目标

通过本次课的学习使学生掌握平刀法、直刀法的相关操作要点，并能熟练运用两种刀法。

二、教学重点

平刀法、直刀法操作要领；肉类原料的肌肉纹理判断。

三、教学工具及材料

砧板、菜刀、猪肉、牛肉、鸡肉等。

四、教学过程

1. 提问，展示原料，引出示范主题

1）里脊是长在哪里的肉，它应该是怎么生长的？（也可以问里脊肉的纹理是什么样的？）

2）根据学生回答情况进行补充，展示里脊肉纹理原料，引导学生识别、判断肉的纹理，同时可以介绍肉的纹理对菜肴质量的影响，展示牛肉、鸡肉的图片。展示几道用里脊肉丝为主料制作的菜肴，并着重说明口感的特点，将肉丝纹理与菜肴进行结合。

2. 切里脊肉丝

1）运用平刀推片、平刀拉片、平刀推拉片等方法，将里脊肉筋膜剔去。

2）运用平刀推片、平刀拉片、平刀推拉片方法，将里脊肉批成厚度为 0.2 厘米的片。

3）运用推切、拉切、推拉切方法，将里脊肉片切成 5 厘米长、火柴梗粗的丝。

3. 讲解说明 推拉刀切是将推刀切与拉刀切连贯起来运用的刀法。操作时，刀先向左前方行刀推切，接着再行刀向右后方拉切。一前推一后拉迅速将原料断开。这种刀法效率高，主要应用于韧性较强的原料，是加工肉丝、鱼片、鸡片的主要加工方法。

4. 学生训练指导 示范结束，学生分组模仿训练，教师巡视、检察，纠正动作，并做错误动作记载，及时反馈，引起学生注意，及时点评，必要时可再进行示范。加强课堂互动性，调节课堂气氛，增强学习兴趣，并及时调整课堂安排，以减少学生的失误率，加快学生进程。

5. 教学总结 总结示范情况，总结操作中学生出现的错误动作，纠正情况并加以点评，总结全班训练成绩，引导训练方法，掌握平刀法、直刀法的操作方法和要领。

本章小结

本章主要讲述了三种适合于烹饪工艺学的教学方法，通过该方法能够更细致地学习相关知识。

思考练习

结合课程特点设计不同的教学方法，并写出设计思路。

第十一章 烹调原理的教学方法

学习目标

通过本章的学习，使学生了解烹调原理课程的性质，掌握适合该课程的教学方法，并能合理利用不同的教学方法进行教学。

知识导入

烹调原理是烹调工艺学的姐妹课程，对烹调工艺学具有一定的指导意义，对烹饪的每个环节的相关原理进行深入地论证分析，综合多个学科门类，具有较强的理论性，在这门课程的教学中，不仅要具有较强的理论知识基础，还应具备灵活的教学方法，才能让这门课程的教学取得较好的效果。

第一节 教学方法的选择

一、烹调原理课程分析

烹调原理是从生物学、生理学、生物化学、营养学、物理学、传热学、流体力学等角度，系统地阐明烹调的科学原理，科学地解释烹调工艺选择的理论及各种烹饪现象，是指导烹饪工艺的一门重要的课程，是继学过中国饮食概论、烹饪营养学、烹饪原料学、烹饪卫生与安全学等基础课之后学习的又一门专业选修课，为学生今后从事烹饪研究工作、烹饪技术工作等方面打下坚实基础。

通过对本门课程的学习，使学生了解中国烹饪技术体系的形成和发展，理解中国烹饪的主要特点及中国烹饪技法的基本原理，掌握刀工力学、花刀块的形成机制、勺工力学、干货原料的涨发机理、烹调热源、烹调中的传热介质、原料初步熟处理的机制、原料糊浆芡的作用、呈味的机制及调味、味觉现象、汤的制作原理、菜肴的感官检验等。

除要求学生牢固掌握本学科的基础理论、专业知识外，更要特别重视加强基本操作原理的研究，系统地阐明烹调的科学原理，科学地解释烹调工艺选择的理论及各种烹饪现象。

二、适宜采用的教学方法

适合烹调原理课程的教学方法主要有讲授教学法、演示教学法、实验教学法、讨论教学法等。

（一）讨论教学法

讨论教学法强调在教师的精心准备和指导下，为实现一定的教学目标，通过预先的设计与组织，启发学生就特定问题发表自己的见解，以培养学生的独立思考能力和创新精神。

讨论教学法是在教师的组织和指导下，以小组或班级为单位，围绕一定的问题和内容各抒己见，展开讨论、对话或辩论等，进行知识和思想的交流，互相启发、共同探讨，以求辨明是非、扩大知识面和提高认知能力。讨论教学法是和讲授（或称演讲）教学法相对应的概念。顾名思义，与讲授教学法不同，讨论教学法摒弃了传统的灌输式、填鸭式的做法，在教师的组织和引导下，全体学生都积极参与课堂讨论，从而实现教与学的互动。有学者指出，讨论教学法就是指以讨论为基本教学方法的教学。这是个较为简洁的定义。展开来说，讨论教学法就是教师通过预先的设计与组织（甚至包括进行适用于讨论教学教材的编撰），学生经过课前预习思考，在课堂上由教师引导就某一问题发表见解，教师就讨论结果作一定总结，从而使学生变被动为主动探寻知识的一种教学方法。

1. 讨论教学法的基本条件

1）教材方面。凡是学生已有一定的基础知识，而新知识又是可以在原有知识的基础上通过分析、归纳就能总结出来的教材内容，可用此方法进行教学。所以，这种教学方法在综合性强的新课、练习课和复习课中均可使用。

2）学生方面。首先，学生必须改变过去那种教师讲、学生听的旧习惯，一定要认识到，上课的过程就是自己主动学习、积极思维的过程。其次，是要有敢于大胆发表自己的见解及敢于争辩的勇气，要有认真倾听别人的意见，正确对待各种讨论结果的良好品质。当然也应具有相对独立地进行讨论的思想基础和一定的语言表达能力。

3）教师方面。教师必须摒弃满堂灌、填鸭式的教学方法，要有民主思想和民主作风，要有群众观点，要坚信自己的教育对象通过引导、讨论、分析，是能自己学会的；要放下架子与学生打成一片，构成融洽的师生关系，营造融洽的讨论氛围。此外，教师必须认真备课，精心设计讨论题和教学过程，还必须有一定的组织能力和应变能力。这就要求教师要更多地了解学生实际，向学生学习，不断总结经验教训，学会及时、恰当地处理讨论的各种问题，努力提高自己的教学灵活性。

2. 讨论教学法的教学流程　在讨论教学中，教师一定要在课前给学生制订内容，学生进行预习，师生为了完成教学目标共同努力，一般情况下，应有以下几个流程。

（1）准备阶段　教师根据本节课的内容，给学生设定预习内容或者预习知识点，学生根据教师的预习内容自行学习，熟悉内容。

（2）设计问题　教师应该在达成教学目标的前提下，设计几个主要问题，问题是授课内容的重难点，学生相互讨论，相互提问质疑纠正问题。

（3）提供资料　教师提供相关资料，学生可根据资料进行深入的讨论。

（4）启发思路　在讨论过程中，教师应引导学生向有利于达成教学目标的方向思考，并启发学生。

（5）得出结论　对学生的讨论结果进行归纳总结，点评，布置作业。

（二）演示教学法

具体内容请见第七章第一节（二）演示教学法的内容。

第二节　教学方法的运用

适用于烹调原理课程的教学方法很多，下面以演示教学法为例，选取烹饪化学课程中的“原料涨发工艺”一节进行运用，主要进行教学设计及教案的写作。

一、教学目标

掌握原料涨发的基本原理和方法，并能进行实际操作。

二、教学重点

熟悉原理并能利用该原理进行操作演示。

三、教具

原料，涨发工具，其他相关设备。

四、教学过程

1）讲授：讲授原料涨发原理及要演示的相关品种。

2）演示：①利用涨发工具，演示涨发过程中原料的变化；②演示相关原料的涨发。

3）提问、重复操作：根据演示内容，允许学生进行提问，如果多数同学对于某个操作步骤理解不够准确，可以进行重复性操作，加深理解。

4）课后作业：要求以小组为单位，利用原料涨发原理，制作一款食品。

本章小结

本章主要讲述了两种适合于烹饪原理的教学方法，通过该方法能够更细致地学习相关知识。

思考练习

结合课程特点设计不同的教学方法，并写出设计思路。

第十二章 餐饮企业管理的教学方法

学习目标

通过本章的学习，使学生了解餐饮企业管理课程的性质，掌握适合该课程的教学方法，并能合理利用不同的教学方法进行教学。

知识导入

餐饮企业管理课程是一门管理学课程，具有管理学的一般共性，但又有其特点，餐饮企业的特殊性使其在管理学上具有不同于其他企业管理的一些特点，具有较强的理论性，在这门课程的教学中，不仅要具有较强的理论知识基础，还应具备灵活的教学方法，才能让这门课程的教学取得较好的效果。

第一节 教学方法的选择

一、餐饮企业管理课程分析

餐饮企业管理课程是阐述餐饮经营与管理的基本理论、技能的一门综合性专业课程。通过本课程的学习，使学生能正确地认识理解酒店各服务机构设置的重要性，掌握餐饮企业各部门的管理内容。培养学生系统地掌握酒店管理的基本理论，是一门极其重要的专业课程。

通过对本门课程的学习，使学生掌握餐饮企业各个部门的管理要点，同时重点加强对知识的应用了解和掌握。

餐饮企业管理具有较强的综合性和实践性，在教学过程中，要从课程内容、教学方法、学生能力培养等方面进行探索和实践。尽可能采用多媒体教学，使学生很好地掌握基本知识和技能要点。教学中注重理论联系实际。

二、适宜采用的教学方法

适合餐饮企业管理课程的教学方法主要有讲授教学法、案例教学法、情境教学法等。

（一）情境教学法

情境教学法是指在教学过程中，教师有目的地引入或创设具有一定情绪色彩的、以形象为主体的生动具体的场景，以引起学生一定的态度体验，从而帮助学生理解教材，并使学生的心理机能得到发展的教学方法。情境教学法的核心在于激发学生的情感。情境教学，是在对社会和生活进一步提炼和加工后才影响于学生的。诸如榜样作用、生动形象的语言描绘、课内游戏、角色扮演、诗歌朗诵、绘画、体操、音乐欣赏、旅游观光等，都是寓教学内容于具体形象的情境之中，其中也就必然存在着潜移默化的暗示作用。

情境教学中的特定情境，提供了调动人的原有认知结构的某些线索，经过思维的内部整合作用，人就会顿悟或产生新的认知结构。情境所提供的线索起到一种唤醒或启迪智慧的作用。比如正处于某种问题情境中的人，会因为某句提醒或碰到某些事物而受到启发，从而顺利地解决问题。创设情境的途径初步归纳为以下 4 种。

1. 生活展现情境　即把学生带入社会，带入大自然，从生活中选取某一典型场景，作为学生观察的客体，并以教师语言的描绘，鲜明地展现在学生眼前。

2. 实物演示情境　即以实物为中心，略设必要背景，构成一个整体，以演示某一特定情境。以实物演示情境时，应考虑到相应的背景，如“大海上的鲸”“蓝天上的燕子”“藤上的葫芦”等，都可通过背景，激起学生广远的联想。

3. 图画再现情境　图画是展示形象的主要手段，用图画再现课文情境，实际上就是把课文内容形象化。课文插图、特意绘制的挂图、剪贴画、简笔画等都可以用来再现课文情境。

4. 表演体会情境　情境教学中的表演有两种，一是进入角色，二是扮演角色。“进入角色”即“假如我是课文中的××”；扮演角色，则是担当课文中的某一角色进行表演。由于学生自己进入、扮演角色，课文中的角色不再是在书本上，而是自己或自己班集体中的同学，这样，学生对课文中的角色必然产生亲切感，很自然地加深了内心体验。

情境教学的一般流程是：带入情景→优化情境→凭借情境→拓宽情境，教师在上课过程中，应严格遵循这个流程，使得学生对学习有真实的情感体验。

（二）多媒体教学法

多媒体教学法是先进的辅助教学法，从实际教学工作应用来看，餐饮企业管理教学可使用多媒体课件和教学影像等多种媒体。

1. 多媒体课件

（1）概念　多媒体课件（courseware）是在一定的学习理论指导下，根据教学目的设计的，反映某种教学内容与教学策略的计算机软件。多媒体课件简单来说就是老师用来辅助教学的工具，创作人员根据自己的创意，先从总体上对信息进行分类组织，然后把文字、图形、图像、声音、动画、影像等多种媒体素材在时间和空间两方面进行集成，使它们融为一体并赋予它们以交互特性，从而制作出各种精彩纷呈的多媒体应用软件产品。多媒体课件必须根据教学大纲的要求和教学的需要，经过严格的教学设计，并以多种媒体的表现方式和超文本结构制作而成的课程软件。

（2）多媒体课件的特点

1）交互性：多媒体课件不但可以在内容的学习使用上提供良好的交互控制，而且可以运用适当的教学策略，指导学生学习、更好地体现出“因材施教的个别化数学”，无论是视觉、听觉还是视听媒体，它们的信息传递方式基本上是单向的，多媒体课件突破了这一限制，实现双向通信、人机交互，为教与学带来了极大的方便。

2）集成性：多媒体课件的教学内容与表现形式多样，集文字、图形、图像、声音、动画、视频于一体，在承载信息方面真正实现多媒体化，从而提高教学的效率和质量。

3）智能性：多媒体课件具有超文本的动态结构，把计算机的内在运算机制与智能性的外部工作联系起来，能根据学生的反映作出判断，帮助学生决定相应的学习策略，学生可以按照自己的目的和认知特点重新组织信息，采用不同的学习路径进行学习，智能性的反应更符合人类的认知规律，便于学生进行联想思维。

4）信息传输网络化：交互类媒体以数字化方式存储、处理信息，经过编码压缩后的信息数据量小，适合网络传播，而且传输及时、可靠、效率高，多数情况下能做到双向实时传输。

5）丰富的表现力：多媒体课件不仅可以更加自然、逼真地表现多姿多彩的视听世界，还可以对宏观和微观事物进行模拟，对抽象、无形事物进行生动、直观的表现，对复杂过程进行简化再现等。这样，就使原本艰难的教学活动充满了魅力。

6）极大的共享性：网络技术的发展，多媒体信息的自由传输，使得教育在全世界交换、共享成为可能。以网络为载体的多媒体课件，提供了教学资源的共享。多媒体课件在教学中的使用，改善了教学媒体的表现力和交互性，促进了课堂教学内容、教学方法、教学过程的全面优化，提高了教学效果。

（3）多媒体课件制作工具

多媒体课件制作，主要利用文字、图像、动画设计软件，常用的有以下几种。

1）PowerPoint：美国微软公司办公自动化软件Office家族中的一员，是专门用来制作演示文稿的工具软件。它主要用于学术交流、产品展示、工作汇报、情况介绍等场合的幻灯片制作和演示，可以通过计算机播放文字、图形、图像、声音等多媒体信息。更是教师讲课的首选课件制作工具。

2）Flash：优秀的动画设计制作软件，当今使用最广泛的多媒体课件制作软件之一。它是一种交互式动画设计工具，用它可以将音乐、声效、动画及富有新意的界面融合在一起，以制作出高品质的动态效果。不仅可以单独播放使用，更可以用在网页中播放。

3）PhotoShop：深受广大平面设计人员和广告设计人员喜爱的图像处理软件之一。它在图像编辑、图形制作、特效及颜色处理等方面所具有的强大功能令人叹服，是事实的图形图像处理的工业标准。

4）Authorware：功能强大的交互式多媒体工具软件，该软件应用范围涉及教育、娱乐、科学等各个领域。一直是众多多媒体开发工具中的佼佼者。使用Authorware制作课件非常直观、明了，使用者无需掌握高深的编程技巧，就能制作出包含文字、声音、图像、动画等多种元素在内的，界面华丽，交互性强，控制灵活的教学课件。

在教学中，最常用的就是PowerPoint，它是一种易学易用的软件，操作方法简单，它以页为单位制作演示文稿，然后将制作好的页集成起来，形成一个完整的课件，在理论课教学和实践课教学中都可使用，是目前教学中使用最广泛的一种教学载体。如果制作时间不充裕，结构比较简单，使用它能在短时间内编制出幻灯片类型的课件，具有较强的时效性。

2. 教学影像 教学影像是较高级的电化教学组织形式。由于受经济条件的制约，在许多学校还不能很快普及多媒体平台式的教学模式。但是影碟（VCD）、数字影碟（DVD）、录像带、盒式录像机（VCR）、微电影、纪录片等影像资料非常普及，许多学校都能开展影像式电化教学。电视录像、电影的共同特点是视听并用，能充分地发挥学生感官的作用，它是一种综合性的教学媒体，能表现图像、文字、图表、符号等视觉信息，同时又能表现语言、音乐和其他音响等听觉信息，并且具有真实性。它是一种形象化的教学媒体，能真实地再现客观事物，并能以形象的方式展示客观事物，有助于把复杂的难以理解的事物变成简单化容易理解的事物。艺术性很强，能激发人的情感，使人产生美的感受。尤其是影像教学操作灵活多样，可以根据教学内容的需要，进行重放、慢放、快放、静止画面等。总之，利用电视录像和电影进行教学，生动直观，视听结合，灵活再现，更富有教学感染力，更能加深对知识的理解、记忆，有利于提高教学质量，可以增大单位时间内的教学信息量，有助于提高教学效率。

（1）影像为主的多媒体教学法应用分析　影像能够将要学习的东西鲜明地呈现在学生面前，帮助学生理解，加深学生的印象。利用影像进行教学活动，对于餐饮企业管理教学内容来说，增加了直观性、方便的资源共享。在餐饮企业管理课程中适合利用影像进行的教学内容有很多，如星际酒店餐厅设计与布局、餐厅环境布置、宴会设计等。

（2）目标、内容、媒体、环境、组织分析　影像教学资料本身都具有明确的教学目标。在教学中，教师只要根据教学要求和教学对象，依照教学内容的重点和难点，确定使用不同的播放内容和播放时长，就可明确解决学生学习过程中某个方面或者某个环节的问题。

但在运用影像手段时，应考虑具体教学的任务和要求是什么，确定进行教学的具体目标。例如，是激发学习兴趣，调动学习积极性，还是解决某一重点、难点问题；是为了提供感性材料弥补学生已有经验的不足，还是为了揭示事物发展变化的内在规律；是为了帮助理解、加深印象、促进记忆，还是为了使学生运用已学过的知识；是扩大知识面、丰富教学内容、启发想象力，还是培养某方面的技能技巧；是为了提高教学效率，还是为了扩大教学范围和规模等。同时制订的教学目标要适中，既不能过高也不过低，特别要考虑如何充分发挥影像媒体的作用，克服形式主义。

影像课程内容的设计，大致应分为三个阶段，即分析阶段、计划阶段和评价阶段，每一阶段都有明确的任务和内容。其教学目标依据课本内容，但又不局限于课本，能够充分考虑到教学实际，对实际教学具有极大的指导价值。

烹饪专业的许多教学内容，很早以前就出现了各种各样的教学录像，许多烹饪专业学校在这方面的资料非常丰富。影像是媒体选择与组合优化性的最高标准。但最优化不等于理想化，所有的影像资料都有其局限性，在选择电教媒体时，要根据教学内容和本校的具体条件，利用最简单、最有效的影像媒体，尽可能地使教学达到最佳效果。

影像教学具有丰富的表现力。教学手段不受时间、时空的限制，不受课堂局限，在动态中表现事物和现象来辅助教学，教师可以根据教学内容和学生的具体情况，选用不同的影像内容，运用特技、全景、中景、近景、特写及镜头的推、拉、摇、跟、移等，可从各个角度来表现事物的空间特征、时间特征和运动特征。对所讲的教学内容中涉及的事物在大与小、近与远、快与慢、动与静、虚与实之间互相转化，把事物的现象、变化过程、彼此间的联系生动形象地再现于课堂上，变静为动，突破教学难点，便于学生仔细观察，充分理解。

教学程序原则上是由教材内容顺序决定的，设计组织教学程序时，对于怎样导入新课，影像媒体何时动用、怎样运用，运用影像要解决哪些问题，影像媒体如何与传统教学媒体有机的结合等，都应有明确而周密的安排。使用影像也要讲究方法，方法不当必然影响教学效果。教师要根据教材和学生的实际情况，恰当地选择影像资料和播放的方法、时机。

（3）注意事项　影像教学的目的是在一定的教育目标指导下创造、设计和应用各种影像资料的手段达到教育最优化的效果。教学包含两个要素，一是影像播放工具，二是影像资料在教学中的应用，两者结合，构成影像教学。影像播放工具又包括两个方面，即硬件和软件。硬件是指各种播放设备仪器。软件是指各种影像教材，如录音磁带、录像磁带、幻灯片、投影片、电影片、激光视盘等。因此在日常使用中，要注意对影像播放工具和影像资料的保护。

影像教学是由教师、电教工具、受教育者组成的三位一体的完整结构体系，教师是电化教学的主导，影像播放工具是完成教学的手段，学生是教学的承受者。在影像教学过程中，要正确处理三者的关系。

为了达到一定的教学目的，有时仅靠一种媒体是不能很好完成的，往往需要把多种媒体结合在一起，综合加以利用，才能达到预期的效果。例如，幻灯、投影以表现静止画面为主；电影、电视以表现动作、过程为主等。

第二节　教学方法的运用

适用于餐饮企业管理课程的教学方法很多，下面以多媒体教学法为例，选取餐饮企业管理课程中的“餐饮企业的餐厅和厨房设计”一节进行运用，主要进行教学设计及教案的写作。

一、教学目标

掌握餐厅设计与布局、厨房设计与布局的基本理念和方法，并能进行实际操作。

二、教学重点

餐厅主题的确定、厨房布局的实施。

三、教学所用设备及软件

计算机、PowerPoint、PhotoShop、Flash 等。

四、教学过程

1）搜集各种资料，制作幻灯片，幻灯片里可插入图片、动画、视频等。

2）课堂中以幻灯片为辅助进行讲解，并且通过设计图纸，星际酒店餐厅、厨房图片，建造施工影像等讲解教学中的重点内容。例如，讲解厨房布局，可以先通过观看酒店厨房布局视频或厨房布局图片了解布局的基本形式，接下来再通过图纸、文字讲解设计理念。

本章小结

本章主要讲述了两种适合于餐饮企业管理的教学方法，通过该方法能够更细致地学习相关知识。

思考练习

结合课程特点设计不同的教学方法，并写出设计思路。

第十三章 中国饮食文化课程的教学方法

学习目标

通过本章的学习，使学生了解中国饮食文化课程的性质，掌握适合该课程的教学方法，并能合理利用不同的教学方法进行教学。

知识导入

中国饮食文化是烹饪专业的专业基础课，具有浓郁的人文历史文化气息，课程内容具有一定的深度和广度，在讲述过程中，应具备一定的知识基础，要讲好这门课程，可以选择不同的教学方法以适应教学的要求。

第一节 教学方法的选择

一、中国饮食文化课程分析

本课程作为专业基础课，应在专业课前开设，可以减少专业课有关历史方面的知识，增加专业理论和实践技能方面的内容，为学好专业课起着重要的作用，它不但能正确引导学生了解专业、认识专业，稳定专业思想，树立正确的人生观、价值观，而且对学生了解中国饮食文化的历史发展、民族食俗和社会进步都有着重要的意义。

通过学习，使学生了解中国饮食文化的概念、特点和历史发展，熟悉饮食文化的历史进程和食物变迁的原因及饮食文化的差异性，懂得中国饮食文化是中国文化的重要组成部分，是我国劳动人民几千年的历史积淀，掌握各时期饮食文化的发展标志、特征、饮食思想观念、食物结构构成，重点掌握中国饮食民俗礼仪、肴馔文化、筵宴文化及茶、酒文化等知识，以提高学生的综合文化素质。

二、适宜采用的教学方法

适合中国饮食文化课程的教学方法主要有讲授教学法、学导式教学法等。

（一）讲授教学法

讲授教学法指教师通过语言系统，连贯地向学生传授科学文化知识的方法。该方法能使学生在短时间内获得大量系统的科学知识，有助于发展学生的智力，也便于教师按计划有条理地完成教学任务，充分发挥教师的主导作用。这种方法的教学内容往往是由教师以系统的方式传授给学生，学生没有充分的机会对学习内容及时作出反馈，因而学生的主动性和积极性不易发挥。

1. 主要讲授方式 教师通过口头语言向学生描绘情境、叙述事实、解释概念、论证原理和阐明规律的教学方法。它是教师使用最早的、应用最广的教学方法，可用以传授新知识，也可用于巩固旧知识，其他教学方法的运用，几乎都需要同讲授教学法结合进行。讲授教学法有多种具体方式。

1）讲述：侧重在生动形象地描绘某些事物现象，叙述事件发生、发展的过程，使学生形成鲜明的表象和概念，并从情绪上得到感染。

2）讲解：主要是对一些较复杂的问题、概念、定理和原则等，进行较系统而严密地解释和论证。讲解在文、理科教学中都广泛应用，在理科教学中应用尤多。当演示和讲述不足以说明事物内部结构或联系的时候，就需要进行讲解。在教学中，讲解和讲述经常是结合运用的。

3）讲演：教师就教材中的某一专题进行有理有据首尾连贯的论述，中间不插入或很少插入其他的活动。

4）讲读：是教师的讲述、讲解与学生的阅读有机结合，讲、读、练、思有机结合的讲授方式。

2. 基本要求

第一，课前要认真备课，对要讲授的知识点做到胸有成竹，讲起来才游刃有余，同时要注意学生反馈，调控教学活动的进行。

第二，教学语言要准确，有严密的科学性、逻辑性；吐字清晰，音调适中，速度及轻重音适宜；讲授具有一定感情投入。

第三，充分贯彻启发式教学原则，讲授的内容须是教材中的重点、难点和关键，使学生随着教师的讲解或讲述开动脑筋思考问题，讲中有导，讲中有练。学生主体作用表现突出，表现为愿学、想学，才能使讲授教学法进行得生动活泼，而不是注入式。

第四，讲授的内容宜具体形象，联系旧知对抽象的概念原理，要尽量结合其他方法，使之形象化，易于理解。对内容要进行精心组织，使之条理清楚，主次分明，重点突出。

（二）学导式教学法

1. 概念 所谓学导式教学法，就是在教师指导下，学生进行自学、自练的一种方法。它把学生在教学过程中的认知活动视为教学活动的主体，让学生用自己的智慧主动地去获取知识，发展各自的智能，从而达到在充分发挥学生主动性的基础上，渗入教师的正确引导，使教学双方各尽其能、各得其所。

烹饪专业学导式教学法是提倡学生自学、教师指导贯穿其中的一种教学方法。其本质特征是：教学重心从“教”转移到“学”上，学生自主地、直接地、快速地参与教学全过程，课堂上几乎三分之二的时间是由学生主动进行的“自学—解疑—精讲—演练”活动，个体和群体相结合，变“讲”堂为“学”堂。这是对传统习惯的以教师为中心、重教轻学、同步教学和学生被动依赖的注入式满堂灌的彻底否定和学生被动接受教师的启发而“不启不发”乃至“启而不发”的“启发与注入并存”的重大突破。学导式重视学生学的方法与理念，强调以自学为主体的“自学—解疑—精讲—演练”这四个环节，学生直接从教材中获得知识，掌握学法，形成学力，学生的知识、技能、智力、能力和品行得到生动活泼地主动开发。学导式教学法同时强调教师的指导作用，关注在充分发挥学生主体性基础之上教师的恰当指导。显然，学导式教学法既是课堂教学的具体方法，又是适用于职业技术教育教学的指导思想。

学导式突出学生学、教师导的思想，即“学导思想”。体现“学导思想”的各类教学模式，即“学导式教学模式”；体现“学导思想”的各类教学方法，正是“学导法”。现在，学导式教学模式真正把学习的主动权交给了学生，同时也把学好这门课的责任交给了他们。学生在自学时精神振奋，因为他们要能够自己阅读教材，必须先进行自学并自己思考。这应该成为教学常规，违反这条常规，也就违反了常情。现在，学导式课堂上整个学习过程由学生自己掌握，教师只相机引导，因为学生凡是读了教材可以领悟或无师自通之处，教师就不需重复讲解，可由学生复述或答题、演练，而由教师检查验收；只有在学生力不胜任时，才由教师提示、点拨、演示、精讲。学生自学，特别是能得到教师指导的自学，强化了学生与教材的直接联系。在解疑等环节又采取个体与群体相结合、横向联系相互讨论的形式，多人异步，这完全适用于学生基本独立学习的整个教学过程。学导式使师生形成了多方向探讨、多层次交流、民主和谐的课堂气氛。学导式把这种要求贯穿在以学生独立学习为主的“自学—解疑（讨论）—精讲—演练”这四个环节组成的教学过程中。这样，学导式教学模式让学生多人异步、提出的问题完全可能超出教师备课的范围，学可促导，突显学生的创新精神，完全能够一题多解，师生可以相互启发。

学导式教学法充分扶植和积极利用学生自学的积极性，并在学生普遍自学的基础上，不断提高他（她）们独立分析问题和解决问题的能力，使每个学生的智能都能获得积极主动地有效开发。

学导式教学法普遍适用于职业教育、高等学校、干部学校和成人教育。学导式真正把学习的主动权交到了学生手里。它要求教学过程从多教少学到少教多学，最后达到不教自学的境界。同时，需要逐步完善配套的工作：变教学大纲、教案为自学大纲、学案，变教材为学材——学生根据各自的实际情况和教学要求定出自学方案、变课本为开放型自学型，变“教参”为“学参”——变成学生的自学参考资料；努力改善自学条件，使学生的知识、技能、智力、能力、品行在课堂教学中交互作用、相互促进。这样，学导式教学法必将取得人才培养与开发的良好效果。

2. 应用条件和场合　学导式教学法可以在教室、实验室等不同场合使用，没有固定的场所限制。又因教师在进行辅导答疑常常需要一对一讲授，所以班额最好控制在30人以内。

3. 目标、内容、媒体、环境、组织　教学目标的设定应符合专业人才培养要求，内容紧贴专业实际，结合多媒体教室，在上课之前，需要将学生进行分组。每组4～5人，要注意学生理解能力的差异，将学习好的学生和其他学生有机搭配组合，形成可以相互帮助与促进的小组。

4. 注意事项

1）强调学生的主体作用，要求学生具有一定的自学能力，提高学习的积极性，应引导学生充分理解与参与学习，变“被动”学习为“主动”学习。

2）避免“自学”的随意性，要有针对性，解决同类问题或根据教学目标，提高学生学习情绪，以便把学生注意力集中到课的内容上来，从而保持良好的教学环境。

3）在课堂上注意控制学生的学习过程，把握住学生的心理状况，适合学生不同基础等情况。

4）教师要有敏锐的观察力、灵活的思维能力、准确的判断力，根据学生各方面的差别，在学习中表现出来的差异（个体的或部分的），把握学生需要解决的疑难、障碍等切入点，选择最佳的方法和途径进行指导。

第二节　教学方法的运用

适用于中国饮食文化课程的教学方法很多，下面以演示教学法为例，选取烹饪化学课程中的“中国地方菜系”一节进行运用，主要进行教学设计及教案的写作。

一、教学目标

掌握中国各大菜系形成的原因和代表性菜肴。

二、教学重点

熟悉四大菜系的区域位置及形成原因。

三、教具

地图、图片、学习资料等。

四、教学过程

（1）编写学导式教学指导计划书　将指导思想、学习方法、教学内容、实验、练习、讨论、测验等各教学环节定时、定量地规定在计划中，作为整个教学过程的指令（表 13-1）。

表 13-1　教学指导计划书

学科	地方风味	班级		授课日期	
标题	第一节　地方风味（上）				
教学目的与要求	一、了解中国饮食文化的渊源 二、熟悉历史上有关饮食方面的记载 三、掌握菜系的概念及四大菜系的代表地、风味特点及代表名菜				
教学内容	一、菜系，是指在一定区域内，由于气候、地理、历史、物产及饮食习俗的不同，经过漫长历史演变而形成的一整套自成体系的烹饪技术和风味，形成鲁、川、粤、淮扬四大菜系，并被全国各地所承认的地方菜肴 二、四大菜系				
教学方法	讲授教学法、学导式教学法				
学习方法	自学为主				
教具准备	教案、多媒体投影设备				
重点难点	重点：四大菜系的代表地、风味特点及代表名菜 难点：中国饮食文化历史				
指导思想	采用学导式教学法，在课堂上以学生为主体，充分发挥学生学习的主动性和积极性，对其中一般问题由学生自学完成，重点难点知识由教师精讲				
课堂流程	教师引入新课（5 分钟） 学生自学课文及附属资料（25 分钟） 教师精讲（10 分钟） 练习答疑（5 分钟）				

（2）激活自学兴趣、辅导自学　从以讲授为主的注入式教学法转到以自学为主的学导式教学法，学生能否适应是学导式教学法成败的关键。要让学生明白，知识的海洋是如此浩瀚，其增长速度又如此迅猛，在学校无论如何也学不完将来工作所需要的全部

知识，关键是培养学习能力。只有掌握独立获取知识的本领，才能适应未来社会。让学生明确学习意义，才能激发学生自学的兴趣。

第一步，定时阅读，学生按计划先硬着头皮自己看书，一遍不懂再看一遍，直到看懂为止。第二步，整理读书笔记。第三步，查阅文献等。

（3）答疑　受民族地域不同影响及菜系的研究内容相对较抽象，因此，在学生自学时，教师要掌握学生学习情况并随时辅导答疑。

（4）精讲　个别深奥难懂的内容，仍然以讲述为主。在每一个新内容开始时进行概述，在自学过程中穿插精讲。在精讲时应根据平时观察和学生提出的共性问题进行精辟分析，讲深讲透。

（5）演练　学生可以根据自学及教师讲解内容完成研究报告，可以分别对不同地方菜系进行总结（注：实践类课程，演练可以由学生自行操作及公式推导）。

（6）讨论并自我归纳总结　所有教学内容结束时，组织一次综合分析讨论课，联系实际开展讨论，然后再让学生将知识和学习方法进行归纳总结，找出规律性的东西。通过使用学导式教学法，可以激发学生的学习兴趣，让学生在自学中获得知识，对其中的重点和难点的深刻讲解也容易为学生所理解和记忆，可以较好地实现教学相长，老师与学生共同提高。对四大地方菜系的讲解要注意其中的联系与区别，让学生在课后适当地练习，以巩固所学知识。

本章小结

本章主要讲述了两种适合于中国饮食文化的教学方法，通过该方法能够更细致地学习相关知识。

思考练习

结合课程特点设计不同的教学方法，并写出设计思路。

主要参考文献

陈琦，刘儒德. 2007. 当代教育心理学［M］. 北京：北京师范大学出版社

陈苏华. 2008. 烹饪工艺学［M］. 南京：东南大学出版社

国家教委职业技术教育中心研究所. 1998. 职业技术教育原理［M］. 北京：经济科学出版社

胡迎春. 2010. 职业教育教学法［M］. 上海：华东师范大学出版社

黄艳芳. 2010. 职业教育课程与教学论［M］. 北京：北京师范大学出版社

李朝辉. 2010. 教学论［M］. 北京：清华大学出版社

罗斌. 2011. 无领导小组讨论教学法研究［M］. 长沙：湖南人民出版社

马建富. 2015. 职业教育学［M］. 上海：华东师范大学出版社

裴娣娜. 2014. 教育研究方法导论［M］. 合肥：安徽教育出版社

王道俊. 2009. 教育学［M］. 北京：人民教育出版社

韦恩·吉斯伦. 2005. 专业烹饪［M］. 大连：大连理工大学出版社

杨柳. 2009. 中国餐饮产业发展报告［M］. 北京：社会科学文献出版社

叶伯平. 2006. 餐饮业人力资源管理［M］. 北京：清华大学出版社

张传军，郑昌江. 2012. 烹饪教学法［M］. 南京：江苏教育出版社

张传军. 2014. 饮食文化［M］. 长春：东北师范大学出版社

张毅. 1998. 关于建立烹饪教育学的初步思考［J］. 美食研究，15（1）：6-9

郑昌江. 1992. 中国菜系及其比较［M］. 北京：中国财政经济出版社